유비쿼터스 시대의

정보통신 관련법

신 현 식

도서출판 GS인터비전

제자 이야기 1

10분의 짬에도 연구하시는 교수님

저는 교수님을 뵐 때 마다 평생교육이란 것을 찾아 볼 수 있었습니다.

언제나, 아무 때나 교수님 방에 들어가 보면 교수님께서는 책상에서 무언가를 연구하고 생각하시는 것을 볼 수 있었습니다. 다른 교수님들께서는 수업을 마치고 담배를 태우시거나 무슨 이야기들을 하시는데 교수님께서는 짧은 10분에도 무언가를 연구하시는 것을 볼 수 있었습니다.

교수님께서는 수업시간을 통하여 성실성을 무척 강조하시면서 저희들에게 좋은 말씀들을 하여주셨습니다. 저도 교수님 밑에서 배우면서 교수님으로부터 성실성을 배우고 싶을 때가 있습니다. 그리고 교수님께서 내법에 관한 강의를 하실 때 마다 저는 이렇게 생각을 해 보았습니다.

교수님의 강의는 빈틈이 없다는 것을 말입니다.

원래 내법도 법인만큼 딱딱하고 지루할 줄 알았던 내법이 어떤 때에는 호기심이 생기기도하고 재미있게 느껴지는 이유는 무엇일까 생각해 보았습니다. 그것은 교수님의 강의야 말로 명강의라는 것을 찾아볼 수 있었습니다.

반복교육, 평생교육 이런 모든 교육들을 교수님으로부터 더 배우고 싶습니다.

교수님 감사합니다.

내내 평안 하십시오.

대학교 2학년을 마치면서

전 광 복 올림(현재 KT 강릉지사 차장)

제자 이야기 2

교수님들의 훌륭한 제자들을 보면서

한 학기동안 고생 많으셨습니다. 언제나 발표 수업을 통해서 새로운 선진식 수업을 하게 되어서 좋았던 것 같습니다. 발표를 준비하고 다른 사람의 발표를 들으면서 수업이 더 재미가 있으며 정말 효과적으로 학습하게 되었습니다. 또 학기 중에 현장에 나가서 눈으로 직접 보고 느낀 게 많았습니다. 이런 기회는 처음이라 너무 좋았고, 앞으로 자주 있었으면 좋겠습니다. 교수님의 훌륭하신 제자들을 보면서 저도 그분들을 본받아 열심히 해야겠다는 생각을 많이 하였습니다. 평소에 교수님께 인사를 드리면 항상 웃으시면서 이름을 불러 주시면서 "공부 열심히 해라" 라는 말씀은 언제나 제게 힘이 되고 있습니다. 교수님의 그런 인간적인 모습 정말 좋으신 것 같습니다.

항상 예의 바르게 열심히 하는 모습 보여 드리겠습니다. 한 학기동안 수고 많이 하셨고 다음 학기에도 잘 부탁드리겠습니다. 공부는 많이 하였는데 글씨 쓰는 게 느려서 공부한 것을 다 적지 못하였습니다.

방학기간에도 건강히 잘 지내시길 바랍니다.

2008년 6월19일
전남대학교 전자통신공학과 3학년
신계호 올림

제자 이야기 3

존경하는 교수님께..

벌써 한 학기가 끝나고 있습니다. 교수님의 강의를 듣기 시작한지 얼마 안 된 것 같은데 시간이 참 빠르게 지나가고 있습니다. 교수님의 수업을 듣다 보면 선진교육이 얼마나 좋은 것인지 느낄 수 있었습니다. 내 자신이 직접 자료를 찾아보고 PPT를 작성해서 발표하는 것이 저에게는 많은 도움이 되었던 것 같습니다.

남의 수업은 들으면서도 솔직히 이해가 가지 않았지만 제가 직접 조사해서 발표한 수업은 이해도 잘 되었고 남들에게도 전문가처럼 이야길 해줄 수 있다는 게 좋았습니다. 제가 발표한 수업을 교수님께서 들으시고 지금까지 했던 것 중에 가장 잘했다는 말을 들었을 때는 기분이 너무 좋았고 고생한 보람도 있었습니다.

가장 기억에 남는 것은 견학을 통해 '현장 실습이 무엇이구나.' 눈으로 보고 익히고 할 수 있어서 좋았습니다. 그 계기로 저도 통신 분야 쪽에 관심이 생기게 되었고 이쪽 분야로 나가봐야겠다는 생각이 들었습니다. 제가 가끔 찾아가더라도 좋은 말씀 많이 해주십시오. 한 학기 동안 많은 것을 배울 수 있어서 감사합니다.

2학기 때도 좋은 모습으로 찾아뵙겠습니다. 항상 건강하십시오.

2010년 6월 8일
전남대학교 전자통신공학과 3학년
조상덕 올림

책을 내면서

제자들의 글에서 보듯이 정보통신법이나 전파법은 강의하기가 대단히 어렵습니다. 법인만큼 딱딱하고 학생들의 흥미가 별로 없는 과목입니다.

그러므로 본인은 이 교과서를 저술하면서 법 내용보다는 여러 가지의 사례와 그림, 사진 등을 포함시켜 학생들이 쉽게 이해할 수 있도록 저술하려고 노력하였습니다. 그러므로 강의하시는 교수님께서는 법과 그림, 사진 등을 잘 활용하여 학생들의 이해가 쉽도록 활용하시기 바랍니다.

그리고 가능하면 2~3명의 인원으로 팀을 구성하여 주제별로 발표수업을 하고 또한 통신관련 분야인 방송국, KT, 교통관제센터, 공항관제탑, 산업체 등의 많은 견학을 함으로써 학생들이 졸업을 하고 본인들이 '이러한 곳에서 취업을 하게 되는구나.' 하고 관심을 갖고 공부도 열심히 하게 됩니다.

그러므로 이 과목에서는 전기통신기본법, 전기통신사업법, 정보화 촉진기본법, 정보통신망이용촉진에 관한 법, 인터넷 주소자원에 관한 법, 정보통신공사업법에 대하여 본법을 중심으로 집결하였습니다. 또한 주관식, 객관식 문제를 수록하여 학생들의 예습 복습에 도움이 되도록 하였습니다.

이 과목을 선택한 학생들에게 이 교과서가 다소나마 힘이 될 수 있다면 그것으로 필자에게는 큰 기쁨이 될 것입니다.

본서가 출간되도록 항상 애써주신 GS인터비전 편집부 직원 여러분, 그리고 끝까지 원고 정리에 협조해 준 제자 조의주 박사와 주석종, 문성환군 에게도 감사를 드립니다.

2010년 8월
남해안이 보이는 바닷가 연구실에서
저자 신현식

차 례

전기통신 관계법

I

PART

정보통신의 발전 1

2008년 출범한 새 정부의 전파, 통신, 방송 정책은 이러한 기초위에 시장기능을 통한 주파수관리제도를 강화하고 전파, 통신, 방송, 전화 이용제도의 미비점을 개선하고 주파수 회수 및 재배치와 관련한 사업자간 갈등을 효율적으로 조정함과 동시에 차세대 전파자원의 개발과 확보를 위한 전기통신분야도 새롭게 변모하여 시대적 요구에 부흥하기 위하여 ITU의 4G 이동통신 주파수 국제분배에 적극 대응하여야 할 중요한 시기에 접하고 있다.

방송통신위원회는 전기통신에 관한 사항을 관장함을 물론 전기통신기본계획 및 수립권 기술정보의 관리권, 중요통신설비이 설치승인권, 전기통신기술기준의 결정권 새로운 통신방식의 채택권, 형식승인권, 성능 실험기관의 지정, 각종보고, 검사권, 필요시 전기통신설비의 통합운영권 및 설비의 매수권, 비상시의 통신권 확보 등과 통신사업자의 영역확대 및 국민의 통신기본권의 신장을 위하여 기존법 제정의 제안과 역할을 담당하고 지식경제부장관은 기술진흥계획의 수립 및 시행, 관리, 육성 등을 관장한다.

1.1 전파의 발명

1.1.1 맥스웰의 예언

영국 북부 스코틀랜드 영주의 아들로 태어나 중학교에 입학한 맥스웰은 처음에는 「바보녀석」이라는 별명이 붙여질 만큼 성적이 좋지 못한 학생이었다. 그러나 수학에 뛰어난 재능을 보여서 케임브리지 대학을 졸업할 때에는 수학분야 치고의 영예인 스미스상을 수상하였으며, 이러한 수학적 능력을 바탕으로 전자기파의 존재를 예언하였다.

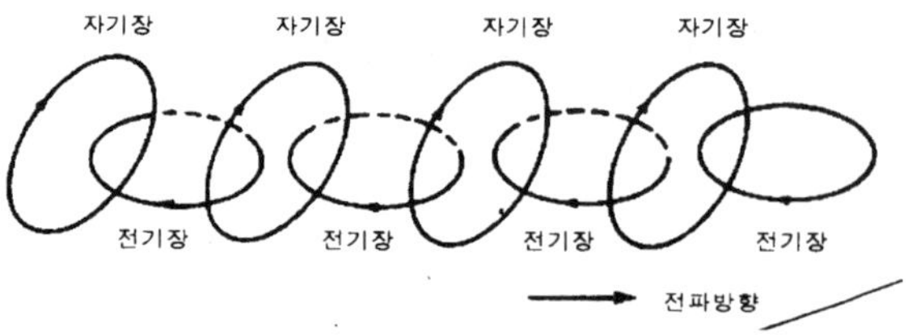

그림1.1 맥스웰의 전자기파 예언

전자기파의 존재를 이론적으로 이끌어 내는 데에는 새로운 법칙이 필요하지 않았다. 맥스웰은 새로 첨가한 「전기장의 변화는 자기장을 형성한다.」라는 법칙과 전작 유도에서 밝혀진

「자기장의 변화는 전기장을 형성한다.」라는 법칙을 조합하기만 하면 된다. 이 두 법칙은 닭이 알을 낳고, 알이 닭으로 되는 닭→알→닭→알…과 같은 형태를 하고 있다. 만약 최초에 어디에선가 전기장의 변동이 있었다면 그것은 자기장의 변동을 만들어낸다. 그림 I -8에 나타낸 바와 같이 전기장→자기장→전기장→자기장…과 같은 형태로 번갈아 상대를 만들어 내면서 공간을 전파해 갈 것이다. 맥스웰은 이상과 같은 추론에 의해서 전자기파를 예언하고, 그 속도를 이론적으로 계산하여 그것이 3×10^8 m/sec 라는 것을 제시하였다. 이러한 전자기파의 속도는 빛의 속도와 같은 것이다. 이러한 속도의 일치로부터 맥스웰은 한걸음 더 나아가서 「빛도 전자기파의 일종이다」라고 하는 가설을 제창했다. 이것이 그 유명한 맥스웰은 빛의 전자기파 설이다.

1.1.2 헤르츠의 실험

「주파수 00 ㎐로 보내 드렸습니다」 말은 방송에서 자주 듣는 말이다. 헤르츠는 맥스웰이 예언한 전자기파의 존재를 실험으로 확인한 사람으로 그의 업적을 찬양해서 붙여 주파수 단위가 Herz이다. 헤르츠는 초기 실험에서 그림1.2에서와 같이 전자유도 코일에서 발생한 고전압을 두 개의 금속구 사이에 가하여 단속적인 불꽃 방전을 실험하던 중에 우연히 그 근방에 놓아두었던 절단코일의 금속구 사이에서도 불꽃이 방전되는 것을 확인하였다. 그 무언가가 전달된 것이다. 전자기파의 실체를 확인한 순간이었다.

여기서 헤르츠는 전자기파를 반사시키기 위하여 그림 1.3에서와 같이 발신기와 마주

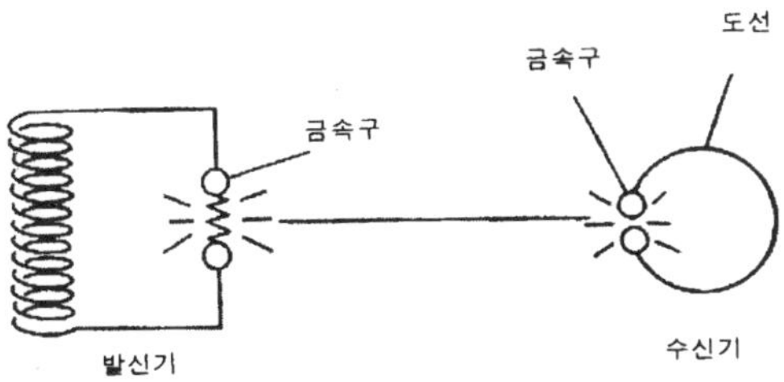

그림 1.2 헤르쯔의 불꽃방전 실험

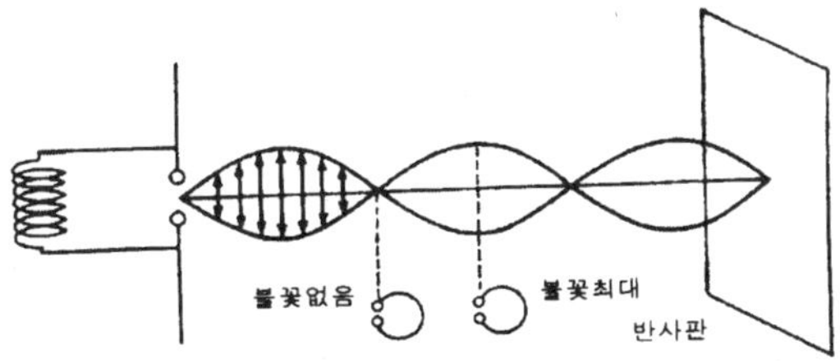

그림1.3 헤르쯔의 전자기파 반사 실험

보는 위치에 금속판을 두었다. 그리고 수신기를 발신기와 반사판 사이의 여러 위치에 두고 불꽃이 방전되는 상태를 조사하였다

그가 예상했던 대로 수신기의 위치에 다라서 불꽃 방전이 센 곳과 거의 없는 곳이 관측되었다. 이로부터 발생된 전자기파의 마디와 마디 사이의 거리를 측정하여 그 속도가 맥스웰이 예언한대로 $3\times10^8\ m/\mathrm{sec}$라는 것을 확인하였다.

헤르츠는 공간에 전자기장의 강약이 존재하고, 또 유한한 속도로 전파한다는 것을 실증한 것이었다. 헤르츠의 전자기파 발견에 관한 뉴스는 온 세계로 퍼져나갔고, 이로 인해서 전자기파를 이용한 무선통신 시대가 개막되기에 이르렀다.

1.1.3 전자파의 실험

이제 겨우 12살 되는 마르코니는 당시의 이름난 과학자 리기(Rigi) 교수의 실험실에서 잔일을 거들며 지내고 있었다. 탁자 위에는 한 부분이 잘린 쇠고리가 하나 세워져 있었는데 잘린 두 끝에는 금속으로 된 공이 달려 있었다. 그 두 금속 공 사이에서 반짝반짝 튀는 푸른 전기의 불꽃을 바라보고 있던 마르코니는 크게 놀란 듯 했다. 소년은 동그란 두 눈으로 한참이나 그 불꽃을 바라보고 있다가 이윽고 리기 교수에게 물었다.

"선생님, 이게 뭐죠? 책상 위의 공에서 불꽃이 튀면 선생님이 붙잡고 있는 쇠고리 사이에서도 불꽃이 튀네요. 그건 어떻게 해서 그렇게 되죠? 정말 신기한데요."

마치 요술이라도 구경하듯 마르코니는 자꾸만 같은 질문을 했으나 리기 교수는 그저 빙긋이 웃으면서 어린 마르코니를 바라보고 있을 뿐이었다. 마침내 교수는 천천히 입을 열어 설명하기 시작했다.

"전기의 불꽃이 튈 때는 언제나 그 고리 주위에 전파라는 것이 나온단다. 이런 전파가 있다는 것은 이미 20년 전에 영국의 맥스웰이란 사람이 알아낸 사실이지. 지금 우리가 했던 실험도 이미 독일의 헤르츠라는 물리학자가 해본 것이란다. 그걸 다시 한 번 해본 데 지나지 않아."

실험기구를 정리하면서 리기 교수는 어린 마르코니가 잘 이해할 수 있도록 자세히 설명해 주었으나 소년의 얼굴에서는 여전히 놀랍다는 표정이 사라지지 않았다.

"전파, 전파란.... 전파란 참으로 신기한 것이구나."

마르코니는 그 신기한 현상에 대한 경이로운 마음을 언제까지나 간직하고 있었다.

맥스웰이 전자파의 존재를 예언한 지 24년만에 독일의 헤르츠가 처음으로 스파크 방전을 이용하여 전자파의 발생 실험에 성공하였다. 헤르츠는 또한 실험에 의하여 전자파는 광선과 같이 직진하고 금속판에 의하여 반사하는 것을 관찰하고, 전자파의 존재를 실증하게 되었다. 전자파를 무선통신에 이용하게 된 것을 1896년에 이탈리아의 마르코니가 무선 통신기를 발명한 후부터이다. 마르코니는 브랜디가 발명한 검파기에 자신이 고안한 안테나와 어스를 결합하여 최초로 무선통신에 성공하였다.

1897년 7월 영국으로 건너간 마르코니는 무선전신주식회사를 설립하였는데 이는 후일에 마르코니무선전신회사로 발전하였다. 그리하여 1899년에는 영불 해협을 횡단하는 무선 통신에 성공하였는데, 이때에 이용된 전파의 파장은 수미터였다고 한다. 1901년 12월 12일 마르코니무선전신주식회사는 무선 통신으로 2,000마일의 대서양 횡단을 성공함으로써 유선통신과 대항하게 되었다.

마르코니와 그의 동료가 전달된 모르스 부호를 해독하는 모습

마르코니와 그의 친필사인

1.2 통신의 발달 과정

1.2.1 유선전신

1830년 독일인 실링(Schiling)이 전자기를 이용한 전신을 황제앞에 공개시험

1837년 영국인 쿡(Cooke)와 훼스톤(Wheaston)이 공동으로 전신기 발명

1837년 미국인 모르스(Morse)씨가 모르스 부호를 고안하여 뉴욕(Newyork)대학에서 공개

1845년 워싱톤(Washington)과 볼티모어(Baltimore)간 개통

1851년 도버(Cover)해협에 해저선 부설

1866년 여국과 미국간 4000Km 대서양횡단 성공

1876년 미국인 벨(Bell)이 전화기 발명

1.2.2 무선전신

1821년 페러데이(Faraday)가 전동의 모터 원리를 발견

1864년 맥스웰(Maxwell)이 페러데이(Faraday)의 전기현상을 이용하여 이론을 정립

1888년 독일인 헤르쯔(Hertz)가 멕스웰(Maxwell)이 전자파란 것을 예언한지 24 년

후에 전자파를 실험으로 증명 헤르쯔(Hertz)이 이름을 빛내기 위하여 주파수 단위로 사용함

1987년 마르코니(Marconi)는 이태리 출생으로써 무선전신을 실용화 하는데 성공

1900년 미국과 유럽사이에 무선전신의 성공

1909년 마르코니(Marconi) 노벨물리학상 수상

1901년 대서양 횡단 무선전신 성공

1920년 라디오방송 성공

1928년 흑백텔레비젼방송 개시

1945년 최초의 컴퓨터 애니악 발명

1953년 칼라텔레비전 방송 개시

1962년 최초의 위성인 텔스타(Telstar) 1호가 유럽과 미국사이에 텔레비전 신호 중계

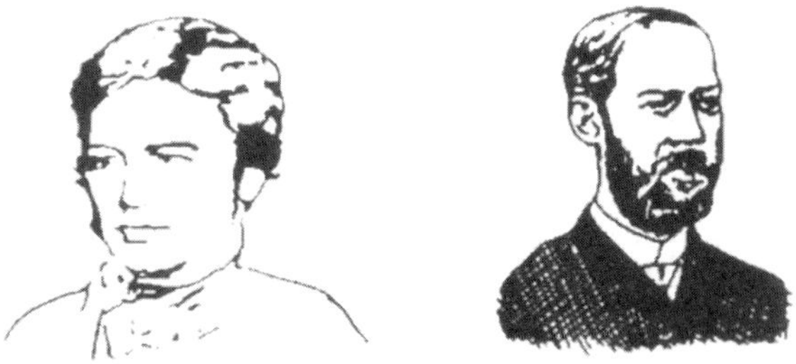

그림 1.4 페레데이와 헤르쯔

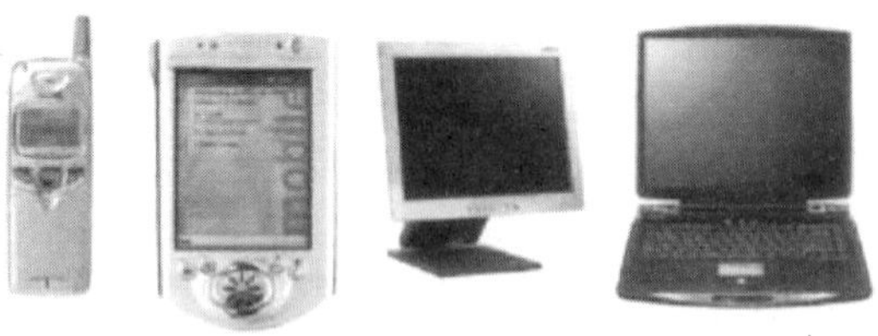

그림 1.5 오늘날 각종 통신기기

그림 1.6 벨이 발명한 최초 전화기

1965년 최초의 상업적인 통신 얼리버드(Early Bird)로 서비스 시작
1970년 벨 시스템에서 광섬유 통신 개발
1976년 퍼스널 컴퓨터 개발
2000년 이동통신의 발달로 휴대폰, 스마트폰, PDP등

1.2.3 우리나라의 통신발달

1885년 처음으로 서울과 인천 사이에 설치되어 이용
1902년 서울과 인천 간에 일반인을 위한 전화 업무가 시작
1908년 공전식 자동 교환기가 설치, 운용
1935년 스트로저식 자동 교환기가 설치, 운용
1979년 반전자식 자동 교환기가 도입, 운용
1984년 는 순수 국내 기술로 국산 전전자식 자동 교환기 TDX-1 개발을 성공
1986년 역사적인 국산 전전자 교환기 TDX-1이 개통

현재는 각종 첨단 교환 기능을 갖춘 TDX-100까지 개발되어 세계적인 통신 선진국으로 발돋움하였다. 20세기 정보 통신 시대를 연 또 하나의 획기적인 발명 가운데 하나는 19세기 말에 마르코니(Marconi, Guglielmo)가 발명한 무선 전신이었다.

그림 1.7은 통신 시스템의 구성의 예이다.

1910년 월미도 등대에 무선국을 설치하여 광제호와 처음으로 교신, 운용
1923년 서울경성 우체국 용산 분실에서 최초의 공중 통신 업무 취급
1924년 제주 및 목포에 무선전신국 설치
1929년 무선전신법이 전면적인 개정
1958년 자동차용 이동 통신 시설이 도입되어 운용
1961년 최초의 일반 대중용 이동 전화 서비스 시작
1988년 올림픽을 거치면서 급속한 발전을 거듭함
1996년 우리 나라의 기술진에 의해 세계 최초로 CDMA 방식의 디지털 셀룰러 이동 전화를 상용화함으로써 국제 표준으로 정착시키게 하는 원동력이 되었다.

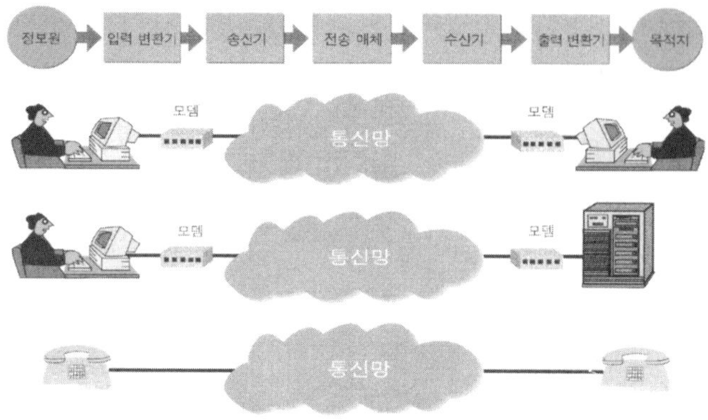

그림 1.7 통신 시스템 구성의 예

1.3 전파법의 연혁

우리나라에서는 1910년에 한국정부탁지부 소속인 항로 표지 감시선인 광제호와 인천 월미도 등대에 처음으로 무선을 시설하였다. 1923년 서울경성 우체국 용산 분실에서 최초의 공중 통신 업무를 취급하였으며, 1924년 제주 및 목포에 무선전신국을 설치하고 해안 업무뿐만 아니라, 고정 업무까지 취급하여 전파의 이용이 본격화되었다.

전파 이용이 날로 증가하고 법제화가 필요함에 따라 1915년 무선전신법이 1929년에 무선통신의 보호와 전반적인 면에서 개정이 행하여졌다.

8·15 해방 후 무선전신법을 계속 사용해 오던 중 1961년 12월 30일 법률 제 924호로 전파법이 공포되어 시행되었다. 그 후 수 차례에 걸쳐 개정되었으며, 2000년 1월 16일 법률 제 6197호로 정보화시대에 맞추어 새로이 개정되었다.

1.4 정보통신 관련 법령

넓은 의미에서 정보통신법이라 할 때에는, 헌법, 국가보안법, 정부조직법 기타 법령에서도 유선통신의 취급관계, 행정기관의 조직·권한 등에 관계가 있는 것은 모두 이에 포함되어 있다고도 할 수 있으나, 본 하에서는 좁은 의미로서 직접 유선전화의 시설, 운용, 감독, 유선전화에 관한 범죄 예방, 통신행정기관의 설치 등에 관한 헌장과 협약 및 국내법령을 분류하여 그 성격과 내용을 기술 하고 있다.

1.4.1 국내 전파관계 법규

전파에 관한 국내법규는 기본법령과 관계법령으로 대별할 수 있다. 기본법령이란 전파에 관한 가장 기본이 되는 법령으로서 방송통신위원장이 주관하는 것들이며, 관계법령이란 법령의 목적은 다르지만 내용 중에서 전파에 관한 규정이 있는 것들을 말한다.

1) 기본법령

정보통신기본법은 행정법의 일부분을 이루고 있다. 일반적으로 행정법이라고 불리는 것은 대별하여 행정조직에 관한 것과 행정작용에 관한 것으로 구별된다. 정보통신기본법은 이와 같이 분류할 경우의 행정작용의 법이다. 전기통신행정의 이와 같은 근거 법으로서는 전기통신기본법, 전기통신사업법과 전파법 및 방송법 등이 있다.

(1) 정보통신기본법

이 법은 전기통신에 관한 기본적인 사항을 정하여 전기통신을 효율적으로 관리하고 그 발전을 촉진함으로써 공공복리의 증진에 이바지함을 목적으로 한다.

(2) 정보통신법시행령

정보통신법에서 위임된 사항과 그 시행에 관하여 필요한 사항 등을 규정한 대통령령을 말한다.

(3) 정보통신법시행규칙

정보통신법시행령에서 위임된 사항과 그 시행에 관하여 필요한 사항을 규정한 법령을 말한다.

(4) 방송통신기기 인증규칙

전기통신기본법의 규정에 의한 전기통신자재에 대한 형식승인, 전파법의 규정에 의한 무선설비의 기기에 대한 형식검정 또는 형식등록 및 전파법의 규정에 의한 전자파장해기기 또는 전자파로부터 영향을 받는 기기에 대한 전자파적합등록에 관하여 필요한 사항을 규정한 법령을 말한다.

(5) 무선국의 운용에 관한규칙

전파법의 규정에 의하여 무선국의 운용 등에 관하여 필요한 사항을 규정한 법령을 말한다.

(6) 전파측정에 관한규칙

전파법의 규정에 의하여 전파환경의 측정 등에 관하여 필요한 사항을 규정한 법령을 말한다.

2) 관계법령

(1) 전기통신 사업법

전기통신사업법의 운영을 적정하게 하여 전기통신사업의 건전한 발전을 기하고 이용자의 편의를 도모함으로써 공공복리 증진에 이바지함을 목적으로 하는 법령으로 전파법에서 전파관리업무에 사용되는 공중선과 그 부속설비의 건설 또는 보수에 관하여 준용되는 사항을 규정하고 있다.

(2) 정보통신 공사업 법

정보통신공사의 조사·설계·시공·감리·유지관리·기술관리 등에 관한 기본적인 사항과 정보통신 공사업의 등록 및 정보통신공사의 도급 등에 관하여 필요한 사항을 규정함으로써 정보통신공사의 적정한 시공과 공사업의 건전한 발전을 도모함을 목적으로 하는 법령이다.

(3) 방송법

방송의 자유와 공기능을 보장하고 방송의 공적책임을 높임으로써 시청자의 권익보호와 민주적 여론형성 및 국민문화의 향상을 도모하고 방송의 발전과 공공복리의 증진에 이바지함을 목적으로 하는 법이다.

그림 I -11. KBS 여의도 본사

(4) 선박안전법

선박으로 하여금 감항성을 보지(保持)하고 인명과 재화의 안전보장을 필요한 시설을 하게 함으로써 해상에 있어서의 제 위험을 방지함을 목적으로 하는 법이다. 이 법은 선박의 안전에 관한 사항을 규정한 것이며, 그 중에 일정한 선박에는 반드시 무선국의 설비를 필요로 한다는 요지를 규정한 것이다.

(5) 선박직원법

선박의 항행의 안전상 필요한 선박직원의 자격, 정원 등을 규정한 것이며 선박국에 배치할 선박통신사인 선박직원에 대하여도 그 자격 및 정원수를 규정하고 있다.

(6) 항공법

국제민간항공조약의 규정과 동 조약의 부속서로서 채택된 표준과 방식에 따라 항공기의 항행의 안전을 도모하기 위한 방법을 정하고 항공시설 설치·관리의 효율화를 기하여 항공운수사업의 질서를 확립함으로써 항공의 발전과 공공복리증진을 목적으로 하는 법

① 정보통신법의 개요

오늘날 우리는 사회 생활의 질서를 유지하고 많은 인간 상호간의 배분 및 협력의

관계규율하기 위하여 발달한 규범을 법이라고 한다. 법에는 관습적으로 성립한 관습법과 문서의 형식을 갖춘 성문법이 있는바, 근대 국가에서는 성문법이 법의 중요부분을 점유하고 있다. 우리나라의 성문법에서는 헌법을 정점으로 하여 법 형식의 차이에 의하여 각자 단계적으로 법률, 대통령령, 국무총리령, 부령, 고시 등이 규정되어 있다.

법률은 우리나라 헌법의 정하는 방식에 따라 국회에서 제정되는 것으로서 헌법 다음으로 우월적인 효력을 가지고 있다. 국민의 권리의무에 관한 중요사항은 모두 법률에 규정하게 되어 있으며, 국민의 의무위반에 대하여는 벌칙 등의 제재 규정이 있는 것이 보통이다.

대통령령은 국무회의에서 제정된 명령의 1종으로서 헌법과 법률의 규정을 실시하기 위하여 제정되는 것과 법률의 위임에 의하여 제정되는 것이 있다. 어느 것이나 국무회의의 결정에 의하여 성립되고 대통령이 공포하게 되어 있다.

부령은 각부 장관이 맡은 행정사무에 대하여 법률 혹은 대통령령을 시행하기 위하여 또는 법률 혹은 대통령령의 특별한 위임에 의하여 발하는 명령을 말한다.

고시는 공적기관이 그의 결정한 사항 기타 일정한 사항을 공식으로 일반에게 알리는 것을 말한다. 방송통신위원회 고시는 통상 관보 기타 방송통신회보에 게재되어 공고된다.

유선통신을 이용하는 분야에 있어서 그 질서를 유지하기 위한 법령이 넓은 의미의 정보통신법이다.

쉬어가기

눈에 보이지 않는 보화

오늘날 우리는 지식정보화 사회라고 일컬어지는 21세기 미래사회에 진입하고 있다. 과거에는 땅이나 금광, 석유, 공장 등이 부의 척도였지만, 지금은 눈에 보이지 않는 지식이 부의 척도로 지칭되기에 이르고 있다. 대표적인 예로 빌게이츠가 있지만, 정말 그에게는 땅이나 금광 석유나 이렇다할 공장 등이 없다. 그럼에도 불구하고 소프트웨어라 하는 두뇌지식만으로 세계 최고의 갑부가 되었으며, 이는 수 천년의 인류 역사상 처음 있는 일임에 모두가 놀라고 있는 것이다.

이렇듯 우리는 과거와는 달리, 눈에 보이지 않는 지식이나 무형의 자산을 찾고 이용하기에 이르렀다. IT분야에서의 이러한 사례는 더 극명하게 드러난다. 대표적 무형의 자산으로 바로 눈에 보이지 않는 전파를 들 수 있겠다. 꿈의 통신 시대를 열고자 최근 시행한 IMT-2000 사업자 선정시 전파 즉, 주파수 할당으로 정부가 1조 3000 억원을 2개 통신사업자로부터 일시 출연금으로 받았다. 눈에 보이지 않는 전파를 할당해 주는 대가로 통신 사업자가 막대한 비용을 정부에 출연한 것이다. IMT-2000사업과 관련해서는 독일에서도 수십조원에 이르는 출연금이 책정된바 있으며, 여타 유럽과 여러 국가에서도 예외가 될 수는 없었다.

눈에 보이지도 않고, 손에 잡히는 것 없는 전파야말로 공기와 더불어 대표적인 무형의 자산인 것이다. 옛날로 되돌아간다면, 강물을 팔았던 봉이 김선달 마저 놀랄 사건이 되었을 것이다. 그러나 지금은 우리 모두가 너무나 당연한 것으로 생각하고 있다. 이는 우리의 의식이 시대변천과 더불어 바뀌어 가고 있으며, 과거 물질중심의 유형적 가치관에서 점차 무형의 가치를 좇아 인류문명이 진전해 가고 있는지도 모른다.

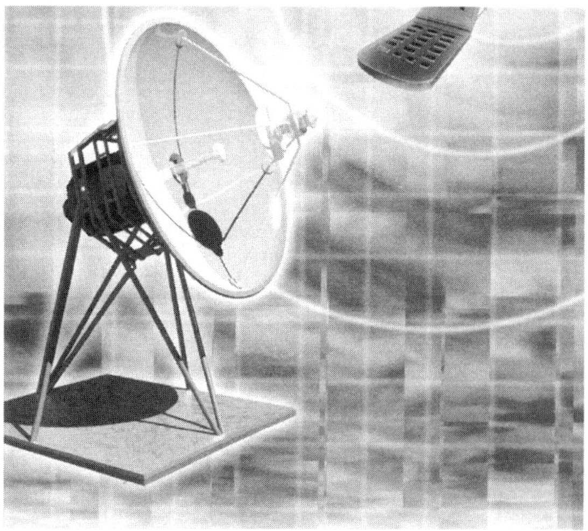

전기통신 기본법 2

전기 통신 기본법 내용

* 전기 통신의 기본적 사항
* 전기 통신의 발전 촉진
* 전기 통신의 효율적 관리
* 공공복리 증진

제1장 총칙

제1조(목적)

이 법은 전기통신에 관한 기본적인 사항을 정하여 전기통신을 효율적으로 관리하고 그 발전을 촉진함으로써 공공복리의 증진에 이바지함을 목적으로 한다.

제2조(정의)

이 법에서 사용하는 용어의 정의는 다음과 같다.

1. "전기통신"이라 함은 유선·무선·광선 및 기타의 전자적 방식에 의하여 부호·문언·음향 또는 영상을 송신하거나 수신하는 것을 말한다.
2. "전기통신설비"라 함은 전기통신을 하기 위한 기계·기구·선로 기타 전기통신에 필요한 설비를 말한다.

쉬어가기

통신은 사람과 사람, 사람과 기계 등과 같이 모든 개체 사이의 의사소통이나 정보를 교환하는 것을 일컫는다. 이러한 정보를 교환함에 있어서 여러 가지 전송 매체를 통신의 수단으로 사용해 왔다.

3. "전기통신회선설비"라 함은 전기통신설비중 전기통신을 행하기 위한 송·수신 장소간의 통신로 구성설비로서 전송·선로설비 및 이것과 일체로 설치되는 교환설비 및 이들의 부속설비를 말한다.
4. "사업용전기통신설비"라 함은 전기통신사업에 제공하기 위한 전기통신설비를 말한다.
5. "자가전기통신설비"라 함은 사업용전기통신설비외의 것으로서 특정인이 자신의 전기통신에 이용하기 위하여 설치한 전기통신설비를 말한다.
6. "전기통신기자재"라 함은 전기통신설비에 사용하는 장치·기기·부품 또는 선조 등을 말한다.
7. "전기통신역무"라 함은 전기통신설비를 이용하여 타인의 통신을 매개하거나 전기통신설비를 타인의 통신용으로 제공하는 것을 말한다.
8. "전기통신사업"이라 함은 전기통신역무를 제공하는 사업을 말한다.

제3조(전기통신의 관장)

전기통신에 관한 사항은 이 법 또는 다른 법률에 특별히 규정한 것을 제외하고는 방송통신위원회가 이를 관장한다.

제4조(정부의 시책)

방송통신위원회는 이 법의 목적을 달성하기 위하여 전기통신에 관한 기본적이고 종합적인 정부의 시책을 강구하여야 한다.

그림 2.1 방송통신위원회의 조직도

제5조(전기통신기본계획의 수립)

① 방송통신위원회는 전기통신의 원활한 발전과 정보사회의 촉진을 위하여 전기통신 기본계획(이하 "기본계획"이라 한다)을 수립하여 이를 공고하여야 한다.

② 제1항의 기본계획에는 다음 각호의 사항이 포함되어야 한다.

1. 전기통신의 이용효율화에 관한 사항
2. 전기통신의 질서유지에 관한 사항
3. 전기통신사업에 관한 사항
4. 전기통신설비에 관한 사항5. 전기통신기술(전기통신공사에 관한 기술을 포함한다. 이하 같다)의 진흥에 관한 사항
6. 기타 전기통신에 관한 기본적인 사항

③ 방송통신위원회는 제2항제4호 및 제5호의 사항에 관한 기본계획을 수립하고자 하는 경우에는 미리 관계행정기관의 장과 협의하여야 한다.

제6조 삭제

제7조(전기통신사업자의 구분)

전기통신사업자는 전기통신사업법이 정하는 바에 의하여 기간통신사업자, 별정통신사업자 및 부가통신사업자로 구분한다. 〈개정 1997.8.28〉

제2장 삭제

(제8조, 제9조, 제10조, 제11조, 제12조, 제13조, 제14조, 제15조, 제15조의2)

제3장 전기통신설비

제1절 사업용전기통신설비

제16조(전기통신설비의 유지 · 보수)

전기통신사업자는 그가 제공하는 전기통신역무의 안정적인 공급을 위하여 그의 전기통신설비를 대통령령이 정하는 기술기준에 적합하도록 유지 · 보수하여야 한다.

제17조(전기통신설비설치의 신고 및 승인등)

① 기간통신사업자는 중요한 전기통신설비를 설치 또는 변경하고자 하는 경우에는 대통령령이 정하는 바에 의하여 미리 방송통신위원회에 신고하여야 한다. 다만, 새로운 전기통신기술방식에 의하여 최초로 설치되는 전기통신설비에 대하여는 대통령령이 정하는 바에 의하여 방송통신위원회의 승인을 얻어야 한다.

② 제1항의 규정에 의한 중요한 전기통신설비의 범위는 방송통신위원회가 정하여 고시한다.

제18조(전기통신설비의 공동구축)

① 기간통신 사업자는 다른 기간통신 사업자와 전기통신설비를 공동으로 구축하여 사용할 수 있다. 이 경우 기간통신 사업자는 미리 다른 기간통신 사업자와 협의하여야 한다.

② 방송통신위원회는 기간통신사업자가 제1항의 규정에 의한 협의를 함에 있어서 대통령령이 정하는 바에 따라 필요한 자료를 조사하여 제공할 수 있다.

③ 방송통신위원회는 제2항의 규정에 의한 자료의 조사를 효율적으로 수행하기 위하여 대통령령이 정하는 바에 따라 전기통신분야의 전문기관으로 하여금 당해 조사를 수행하게 할 수 있다.

④ 방송통신위원회는 다음 각호의 1에 해당하는 경우에는 대통령령이 정하는 바에 따라 제1항의 규정에 의한 기간통신사업자에게 전기통신설비의 공동구축을 권고할 수 있다.

1. 제1항의 규정에 의한 협의가 성립되지 아니한 경우로서 당해 기간통신사업자의

요청이 있는 경우

2. 공공의 이익을 증진하기 위하여 필요하다고 인정하는 경우

⑤ 기간통신사업자는 전기통신설비의 공동구축을 위하여 국가 · 지방자치단체 · 정부투자기관 또는 다른 기간통신사업자 소유의 토지 또는 건축물 등의 사용이 필요한 경우로서 이에 관한 협의가 성립되지 아니하는 경우에는 방송통신위원회에 당해 토지 또는 건축물 등의 사용에 관한 협조를 요청할 수 있다.

쉬어가기

방송통신위원회는 와이브로를 키우기 위해 무선인터넷 정액 요금, 결합 요금 확대 및 저가형 스마트폰 보급확산, 와이브로·와이파이 단말기 보급 촉진과 와이브로·WCDMA망 연계를 통한 데이터 요금 인하, 와이브로·WCDMA·와이파이 연계 서비스 제공을 통한 다양한 서비스 제공 유도(와이브로 기반의 모바일 인터넷전화, 모바일 IPTV 제공 여건 조성), 와이브로 행정서비스 모델 발굴(스마트 그리드, m-텔레컨퍼런스, m-CCTV 등)등도 추진키로 했다.

⑥ 방송통신위원회는 제5항의 규정에 의한 협조요청을 받은 경우에는 국가기관·지방자치단체 또는 정부투자기관의 장이나 다른 기간통신사업자에게 제5항의 규정에 의하여 협조요청을 한 기간통신사업자와 당해 토지 또는 건축물 등의 사용에 관한 협의에 응할 것을 요청할 수 있다. 이 경우 국가기관·지방자치단체 또는 정부투자기관의 장이나 다른 기간통신사업자는 정당한 사유가 없는 한 기간통신사업자와의 협의에 응하여야 한다.

제19조 삭제

제2절 자가전기통신설비

제20조(자가전기통신설비의 설치)

① 자가전기통신설비를 설치하고자 하는 자는 대통령령이 정하는 바에 의하여 방송통신위원회에 신고하여야 한다. 신고사항중 대통령령이 정하는 중요한 사항을 변경하고자 하는 때에도 또한 같다.

② 제1항의 규정에 불구하고 무선방식의 자가전기통신설비 및 군용전기통신설비등 다른 법률에 특별한 규정이 있는 것에 대하여는 그 법률에 의한다.

③ 제1항의 규정에 의하여 자가전기통신설비의 설치에 관한 신고 또는 변경신고를 한 자는 그 설치공사 또는 변경공사를 완료한 때에는 그 사용전에 대통령령이 정하는 바에 따라 방송통신위원회의 확인을 받아야 한다.

④ 제1항의 규정에 불구하고 대통령령이 정하는 자가전기통신설비는 신고없이 설치할 수 있다.

제21조(목적외의 사용의 제한)

① 자가전기통신설비를 설치한 자는 그 설비를 이용하여 타인의 통신을 매개하거나 설치한 목적에 반하여 이를 운용하여서는 아니된다. 다만, 다른 법률에 특별한 규정이 있거나 그 설치목적에 반하지 아니하는 범위안에서 다음 각호의 1에 해당하는 용도에 사용하는 경우에는 그러하지 아니하다.

1. 경찰 또는 재해구조업무에 종사하는 자로 하여금 치안유지 또는 긴급한 재해구조를 위하여 사용하게 하는 경우
2. 자가전기통신설비의 설치자와 업무상 특수한 관계에 있는 자간에 사용하는 경우로서 방송통신위원회가 고시하는 경우
3. 삭제

② 자가전기통신설비를 설치한 자는 대통령령이 정하는 바에 의하여 관로 · 선조등의 전기통신설비를 기간통신사업자에게 제공할 수 있다.

③ 전기통신사업법 제33조의5 · 제34조의6(동조제5항을 제외한다) 및 제35조의 규정은 제2항의 규정에 의한 설비의 제공에 관하여 이를 준용한다.

④ 삭제

제22조(비상시의 통신의 확보)

① 방송통신위원회는 전시 · 사변 · 천재 · 지변 기타 이에 준하는 국가비상사태가 발생하거나 발생할 우려가 있는 경우에는 자가전기통신설비를 설치한 자로 하여금 전기통신업무 기타 중요한 통신업무를 취급하게 하거나 당해 설비를 다른 전기통신설비에 접속할 것을 명할 수 있다. 이 경우에는 전기통신사업법의 전기통신업무에 관한 규정을 준용한다.

② 방송통신위원회는 제1항의 경우에 필요하다고 인정하는 경우에는 기간통신사업자로 하여금 그 업무를 취급하게 할 수 있다.

③ 제1항의 경우에 그 업무의 취급 또는 설비의 접속에 소요되는 비용은 정부가 이를 부담한다. 다만, 자가전기통신설비가 전기통신역무에 제공되는 경우에는 당해 설비를 제공받는 기간통신사업자가 이를 부담한다.

제23조(시정명령등)

① 방송통신위원회는 자가전기통신설비를 설치한 자가 이 법 또는 이 법에 의한 명령에 위반한 때에는 일정한 기간을 정하여 그 시정을 명할 수 있다.

② 방송통신위원회는 자가전기통신설비를 설치한 자가 다음 각호의 1에 해당하는 경우에는 1년 이내의 기간을 정하여 그 사용의 정지를 명할 수 있다. 〈신설 2000.1.28, 2008.2.29〉

1. 제1항의 규정에 의한 시정명령을 이행하지 아니한 경우
2. 제20조제3항의 규정에 위반하여 확인을 받지 아니하고 자가전기통신설비를 사용한 경우
3. 제21조제1항의 규정에 위반하여 타인의 통신을 매개하거나 설치한 목적에 반하여 자가전기통신설비를 운용한 경우

③ 방송통신위원회는 자가전기통신설비가 타인의 전기통신에 장해가 되거나 타인의 전기통신설비에 위해를 줄 우려가 있다고 인정되는 경우에는 그 설비를 설치한 자에게 당해 설비의 사용의 정지 또는 개조·수리 기타의 조치를 명할 수 있다.

제24조(과징금의 부과)

① 방송통신위원회는 제23조제2항의 규정에 의하여 자가전기통신설비에 대한 사용의 정지를 명함에 있어 그 사용의 정지가 당해 자가전기통신설비를 이용하여 제공되는 전기통신역무의 이용자에게 심한 불편을 주거나 기타 공익을 해할 우려가 있는 경우에는 그 사용정지명령에 갈음하여 10억원 이하의 과징금을 부과할 수 있다.

② 제1항의 규정에 의하여 과징금을 부과하는 위반행위의 종별과 그 정도에 따른 과징금의 금액 기타 필요한 사항은 대통령령으로 정한다.

③ 방송통신위원회는 제1항의 규정에 의한 과징금을 납부하여야 할 자가 납부기한까지 이를 납부하지 아니하는 때에는 국세체납처분의 예에 의하여 이를 징수한다.

제3절 전기통신설비의 기술기준등

제25조(기술기준 등)

① 전기통신설비를 설치·운영하는 자는 그 설비를 대통령령이 정하는 기술기준에 적합하게 하여야 한다.

② 기간통신사업자 및 별정통신사업자는 방송통신위원회가 정하여 고시하는 전기통신설비를 설치하거나 설치한 설비를 확장한 경우에는 전기통신역무의 제공을 개시하기 전에 당해 전기통신설비가 제1항의 규정에 의한 기술기준에 적합한지 시

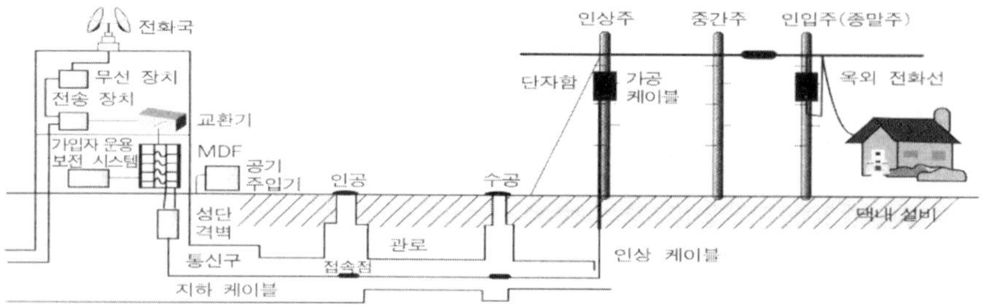

그림 6-34 통신 시설의 구성도

험하고 그 결과를 기록 · 관리하여야 한다.

③ 전기통신설비의 설치 및 보전은 설계도서에 의하여 행하여야 한다.

④ 제3항의 규정에 의한 설계도서의 작성에 관하여 필요한 사항은 대통령령으로 정한다.

⑤ 방송통신위원회는 전기통신설비가 기술기준에 적합하게 설치 · 운영되는지를 확인하기 위하여 다음 각 호의 어느 하나에 해당하는 경우에는 소속공무원으로 하여금 전기통신설비를 설치 · 운영하는 자의 설비를 조사 또는 시험하게 할 수 있다.

1. 전기통신설비 시책수립을 위한 경우
2. 국가비상사태를 대비하기 위한 경우
3. 재해 · 재난 예방을 위한 경우 및 재해 · 재난 발생시
4. 전기통신설비의 이상으로 광범위한 통신장애가 발생할 우려가 있는 경우

⑥ 제5항의 규정에 따른 조사 또는 시험을 하는 경우에는 조사일 또는 시험일 7일 전까지 그 일시 · 이유 및 내용 등에 대한 조사 · 시험계획을 전기통신설비를 설치 · 운용하는 자에게 통지하여야 한다. 다만, 긴급을 요하거나 사전통지의 경우 증거인멸 등으로 조사 · 시험목적을 달성 할 수 없다고 인정하는 경우에는 그러하지 아니하다.

⑦ 제5항의 규정에 의하여 조사 또는 시험을 하는 공무원은 그 권한을 표시하는 증표를 지니고 이를 관계인에게 내보여야 하며, 출입시 성명 · 출입시간 · 출입목적 등이 표시된 문서를 관계인에게 주어야 한다.

⑧ 제1항에 따라 전기통신설비를 설치·운영하는 자는 불법복제 검출시스템에 의하여 복제가 의심되는 것으로 검출된 이동전화(「전기통신사업법」 제4조제2항에 따른 기간통신역무 중 주파수를 할당받아 제공하는 역무를 이용하기 위한 통신단말장치를 말한다)를 방송통신위원회에 신고하여야 한다.

제26조(관리규정)

① 기간통신사업자는 전기통신역무의 안정적인 제공을 위하여 전기통신설비의 관리규정을 정하여 전기통신설비를 관리하여야 한다.

② 제1항의 규정에 의한 관리규정에 명시하여야 할 사항은 대통령령으로 정한다.

제27조(기술기준 위반에 대한 시정명령)

방송통신위원회는 설치된 전기통신설비가 제25조의 규정에 의한 기술기준에 적합하지 아니하게 된 경우에는 이의 시정 기타 필요한 조치를 명할 수 있다.

제28조(새로운 전기통신방식등의 채택)

① 방송통신위원회는 전기통신의 원활한 발전을 위하여 새로운 전기통신방식등을 채택할 수 있다.

② 방송통신위원회는 제1항의 규정에 의하여 새로운 전기통신방식등을 채택한 때에는 이를 고시하여야 한다.

제29조(표준화의 추진)

① 방송통신위원회는 전기통신의 건전한 발전과 이용자의 편의를 도모하기 위하여 전기통신의 표준화를 추진하고 전기통신사업자 또는 통신기자재생산업자에게 이를 권고할 수 있다. 다만, 「산업표준화법」에 따른 한국산업표준이 제정되어 있는 사항에 대하여는 그 표준에 따른다.

② 방송통신위원회는 전기통신의 표준을 채택한 때에는 이를 고시하여야 한다.

③ 제1항에 따른 전기통신의 표준화의 추진에 관하여 필요한 사항은 대통령령으로 정한다.

제30조(한국정보통신기술협회)

① 전기통신의 표준화에 관한 업무를 효율적으로 추진하기 위하여 한국정보통신기술협회(이하 "협회"라 한다)를 둘 수 있다.

② 협회는 법인으로 한다.

쉬어가기

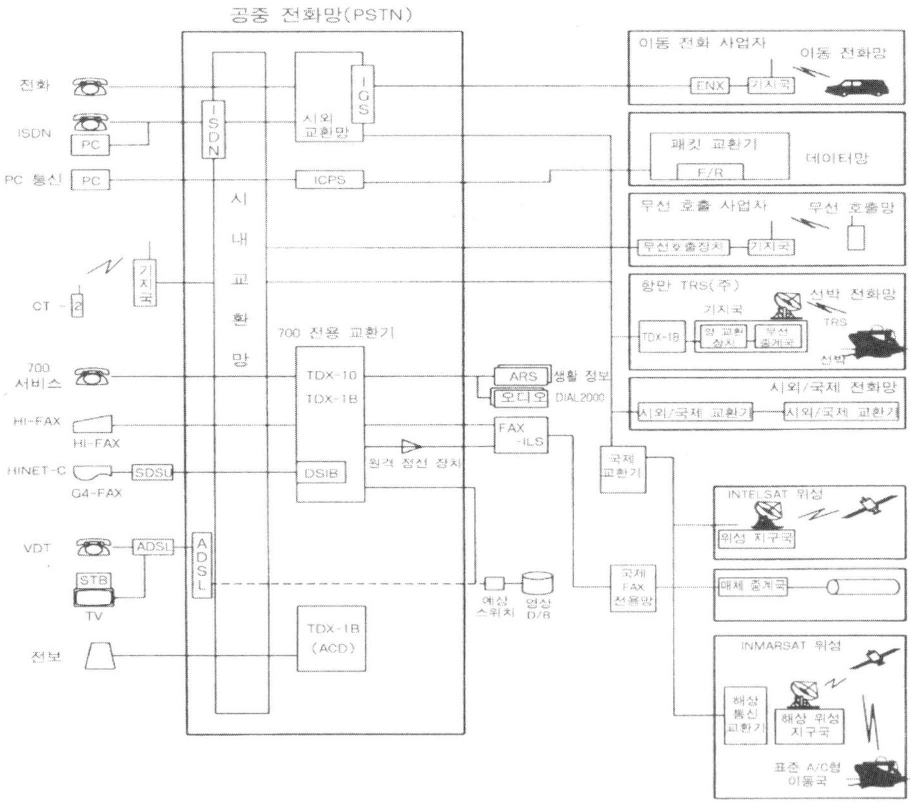

국내 통신망 간 상호 접속 현황

③ 정부는 협회의 설립과 운영을 위하여 필요한 경우에는 예산의 범위안에서 협회에 출연할 수 있다.

④ 방송통신위원회는 협회의 운영이 법령 또는 정관에 위배된다고 인정되는 경우에는 정관 또는 사업계획의 변경이나 임원의 개임을 명할 수 있다.

⑤ 협회에 관하여 이 법에서 정한 것을 제외하고는 민법중 재단법인에 관한 규정을 준용한다.

제4절 전기통신설비의 통합운영 등

제30조의2(관로시설의 확보 등)

① 다음 각호의 1의 시설등을 설치하거나 조성하는 자(이하 "시설설치자"라 한다)는 전기통신설비를 수용할 수 있는 공동구 또는 관로 등의 설치에 관한 기간통신사업자의 의견을 들어 그 내용을 반영하여야 한다. 다만, 기간통신사업자의 의견 반영이 심히 곤란한 경우에는 그러하지 아니하다.

1. 도로법 제2조의 규정에 의한 도로
2. 철도사업법 제2조제1호의 규정에 의한 철도
3. 도시철도법 제3조제1호의 규정에 의한 도시철도

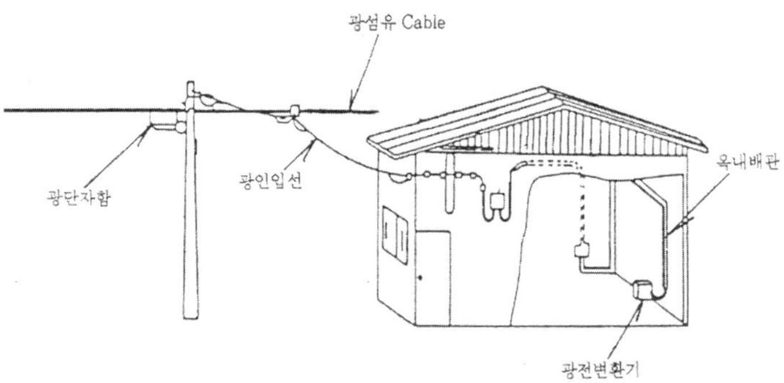

그림 2..3 일반 가정집의 전화가설

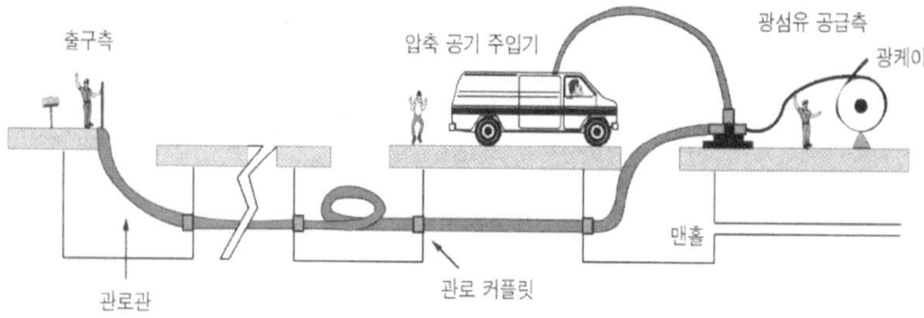

그림 2.4 공기 압력에 의한 광케이블 포설

4. 산업입지및개발에관한법률 제2조제5호의 규정에 의한 산업단지
5. 자유무역지역의지정및운영에관한법률 제2조제1호의 규정에 의한 자유무역지역
6. 「항공법」 제2조제9호에 따른 공항구역
7. 항만법 제2조제4호의 규정에 의한 항만구역
8. 기타 대통령령이 정하는 시설 또는 택지

② 기간통신사업자가 제1항의 규정에 의하여 공동구 또는 관로 등의 설치에 관하여 제시하는 의견은 대통령령이 정하는 관로설치기준에 적합하여야 한다.

③ 전기통신사업법 제33조의5, 제34조의6(동조제5항을 제외한다) 및 제35조의 규정은 제1항의 규정에 의하여 설치된 공동구 또는 관로 등의 제공에 관하여 이를 준용한다.

④ 시설설치자가 제1항의 규정에 의한 기간통신사업자의 의견을 반영할 수 없는 경우에는 기간통신사업자의 의견을 받은 날부터 30일 이내에 그 사유를 당해 기간통신사업자에게 통보하여야 한다.

⑤ 시설설치자가 제1항의 규정에 의한 기간통신사업자의 의견을 반영하지 아니한 경우 해당 전기통신사업자는 방송통신위원회에 조정을 요청할 수있다.

⑥ 방송통신위원회는 제5항의 규정에 의한 조정요청을 받아 조정을 할 경우 관계중앙행정기관의 장과 미리 협의하여야 한다.

⑦ 제5항 및 제6항의 규정에 의한 조정에 관하여 필요한 사항은 대통령령으로 정한다.

제30조의3(구내통신설비의 설치)

①「건축법」 제2조제1항제2호의 규정에 의한 건축물에는 구내용 전기통신선로설비 등을 갖추어야 하며, 전기통신회선설비와의 접속을 위한 일정 면적을 확보하여야 한다.

② 제1항의 규정에 의한 건축물의 범위, 전기통신선로설비 등의 설치기준 및 전기통신회선설비와의 접속을 위한 면적확보 등에 관한 사항은 대통령령으로 정한다. 〈개정 2008.2.29〉

제30조의4 삭제

제31조(전기통신설비 등의 통합운영)

① 방송통신위원회는 전기통신설비의 효율적인 관리·운영을 위하여 필요한 경우에는 이 법 또는 다른 법률에 의하여 설치된 전기통신설비와 그에 부속된 토지·건물 기타 구축물(이하 "전기통신설비등"이라 한다)을 대통령령으로 정하는 기준과 절차에 따라 선정된 기간통신사업자(이하 "통합운영통신사업자"라 한다)로 하여금 통합운영하게 할 수 있다.

② 방송통신위원회는 제1항의 규정에 의하여 전기통신설비등을 통합운영하게 하고자 하는 경우에는 전기통신설비통합운영계획(이하 "통합운영계획"이라 한다)을 수립하여 관계행정기관의 장과 협의한 후 국무회의의 심의를 거쳐 대통령의 승인을 얻어야 한다.

③ 제2항의 규정에 의한 통합운영계획에는 다음 각호의 사항이 포함되어야 한다.

1. 통합의 대상·시기·방법 및 절차
2. 통합후의 전기통신설비등의 운영에 관한 사항
3. 기타 대통령령이 정하는 사항

④ 방송통신위원회는 제2항의 규정에 의한 통합운영계획을 수립하고자 하는 경우에는 미리 통합하고자 하는 전기통신설비등의 설치자와 협의하여야 한다.

제32조(전기통신설비등의 매수)

① 통합운영통신사업자는 제31조제1항의 규정에 의한 전기통신설비등의 통합운영을

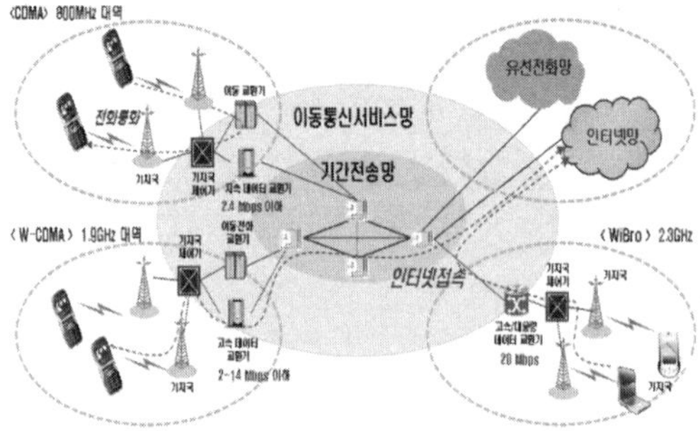

그림 2.5 이동통신망 개념도

위하여 필요한 경우에는 당해 전기통신설비등의 매수를 청구할 수 있다. 이 경우 당해 전기통신설비등의 소유자는 정당한 사유없이 이를 거부하여서는 아니된다.

② 제1항의 규정에 의하여 통합운영통신사업자가 매수를 청구한 국유 또는 공유의 전기통신설비등은 「국유재산법」 제27조 또는 지방재정법 제82조의 규정에 불구하고 이를 통합운영통신사업자에 매각할 수 있다. 이 경우 매각가액의 산정방법 · 매각절차 · 매각대금의 지급방법 등 매각에 관하여 필요한 사항은 대통령령으로 정한다.

③ 제1항의 규정에 의하여 통합운영통신사업자가 매수하는 국유 또는 공유외의 전기통신설비등의 매수가액의 산정방법 및 기준 등에 관하여는 공익사업을위한토지등의취득및보상에관한법률 제67조제1항, 제70조, 제71조, 제74조 내지 제77조, 제78조제5항 내지 제7항의 규정을 준용한다.

제4장 전기통신기자재의 관리

제33조(형식승인)

① 방송통신위원회가 관계행정기관의 장과 협의하여 정하는 전기통신기자재를 제조 또는 판매하거나 수입하고자 하는 자는 그 전기통신기자재의 형식에 관하여 방송통신위원회의 승인을 얻어야 한다. 다만, 시험 · 연구 또는 수출용 전기통신기자재

등 대통령령이 정하는 전기통신기자재의 경우에는 그러하지 아니하다.

② 제1항의 규정에 의한 형식승인의 대상·방법 및 절차 등은 대통령령으로 정한다.

③ 방송통신위원회는 전기통신기자재가 대통령령으로 정하는 전기통신기자재의 기술기준에 적합한 경우에는 형식승인을 하여야 한다.

④ 제1항의 규정에 의하여 전기통신기자재의 형식승인을 얻은 자가 그 전기통신기자재를 판매 또는 진열하고자 하는 경우에는 대통령령이 정하는 바에 의하여 형식승인의 표시를 하여야 한다.

⑤ 제1항의 규정에 의하여 전기통신기자재의 형식승인을 얻은 자는 그 형식승인을 얻은 사항을 변경하고자 하는 때에는 대통령령이 정하는 바에 따라 방송통신위원회에 신고하여야 한다. 이 경우 변경신고를 한 사항이 제3항의 규정에 의한 기술기준과 관련이 있는 경우에는 동항을 준용한다.

⑥ 제1항의 규정에 의하여 형식승인을 얻고자 하는 자 또는 제5항의 규정에 의하여 변경신고를 하는 자는 대통령령이 정하는 수수료를 납부하여야 한다.

제33조의2(성능시험기관의 지정 등)

① 방송통신위원회는 제33조의 규정에 의한 형식승인을 함에 있어서 방송통신위원회가 지정하는 시험기관(이하 "지정시험기관"이라 한다)으로 하여금 성능시험을 하게 할 수 있다.

② 지정시험기관으로 지정받을 수 있는 자는 법인에 한한다.

③ 방송통신위원회는 대통령령이 정하는 바에 의하여 지정시험기관에 대한 검사를 할 수 있다.

④ 방송통신위원회는 지정시험기관이 다음 각호의 1에 해당하는 때에는 그 지정을 취소하거나 1년 이내의 기간을 정하여 시험업무의 전부 또는 일부의 정지를 명할 수 있다. 다만, 제1호에 해당하는 때에는 지정을 취소하여야 한다.

1. 허위 기타 부정한 방법으로 지정을 받은 때
2. 정당한 사유없이 시험업무를 수행하지 아니한 때
3. 고의 또는 중대한 과실로 시험업무를 부정확하게 한 때
4. 정당한 사유없이 제3항의 규정에 의한 검사를 거부·방해·기피하거나 검사에

불합격한 때

5. 전기통신관계 법령에 위반한 때

⑤ 제1항의 규정에 의하여 지정시험기관으로 지정받고자 하는 자와 제3항의 규정에 의한 검사를 받는 자는 대통령령이 정하는 바에 의하여 수수료를 납부하여야 한다.

⑥ 지정시험기관의 지정 · 관리 · 시험기준 및 감독 등에 관하여 필요한 사항은 대통령령으로 정한다.

제33조의3(형식승인의 국가간 상호인정)

① 정부는 전기통신기자재의 형식승인 상호인정에 관하여 외국정부와 협정을 체결할 수 있다.

② 정부는 제1항의 규정에 의하여 협정을 체결한 경우에는 제33조의 규정에 의한 형식승인과 동일하거나 유사한 외국정부의 인증을 얻은 전기통신기자재를 제33조의 규정에 의한 형식승인을 얻은 것으로 인정하거나 외국시험기관을 제33조의2 제1항의 규정에 의한 지정시험기관으로 지정하는 것을 그 협정의 내용으로 할 수 있다

③ 방송통신위원회는 제1항의 규정에 의하여 전기통신기자재의 형식승인 상호인정에 관하여 외국정부와 협정을 체결한 경우에는 그 내용을 고시하여야 한다.

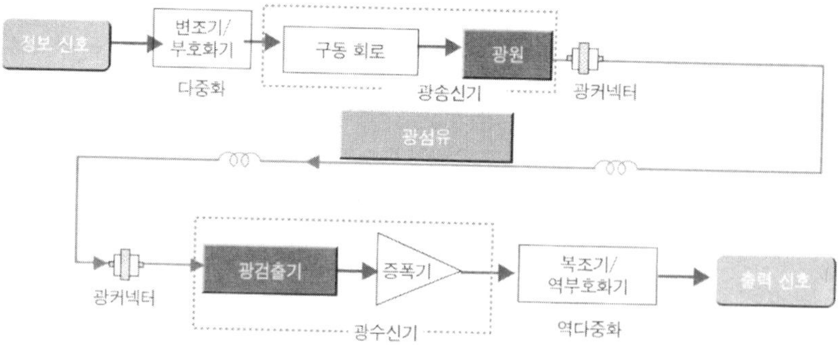

그림 2.6 광통신 시스템

제34조 삭제

제34조의2(형식승인의 해지)

① 제33조제1항의 규정에 의하여 전기통신기자재의 형식승인을 얻은 자가 전기통신기자재의 제조·판매 또는 수입을 중단하고자 하는 경우에는 방송통신위원회에 당해 형식승인의 해지를 신청할 수 있다.

② 제1항의 규정에 의한 형식승인의 해지신청에 관하여 필요한 사항은 대통령령으로 정한다.

제35조(형식승인의 취소 등)

①방송통신위원회는 제33조제1항의 규정에 의하여 전기통신기자재의 형식승인을 얻은 자가 다음 각호의 1에 해당하는 때에는 그 형식승인을 취소하거나 당해 제품의 생산중지 기타 필요한 조치를 할 수 있다.

1. 사위 기타 부정한 방법으로 형식승인을 얻은 때
2. 전기통신기자재가 제33조제3항의 규정에 의한 기술기준에 적합하지 아니하게 된 때
3. 제33조제4항의 규정에 의한 형식승인의 표시를 하지 아니하거나 허위의 표시를 한 때

② 제33조제1항의 규정에 의하여 형식승인을 얻은 자가 제1항제1호 또는 제3호에 해당되어 형식승인이 취소된 경우에는 그 형식승인이 취소된 날부터 6월의 범위내에서 대통령령이 정하는 기간내에는 당해 전기통신기자재의 형식승인을 신청할 수 없다.

제36조(사후관리)

① 누구든지 제33조제1항의 규정에 의한 형식승인을 얻지 아니한 전기통신기자재 또는 동조제4항의 규정에 의한 형식승인의 표시를 하지 아니한 전기통신기자재를 판매하거나 판매할 목적으로 진열하여서는 아니된다. 다만, 시험 또는 연구를 위한 전기통신기자재의 경우에는 그러하지 아니하다.

② 방송통신위원회는 전기통신기자재의 형식승인에 관한 사항의 이행여부를 확인하기 위하여 다음 각 호의 어느 하나에 해당하는 경우에는 소속공무원으로 하여금 생산·수입 또는 유통중인 전기통신기자재를 조사 또는 시험하게 할 수 있다.

1. 전기통신망에 위해가 발생한 경우 또는 발생할 가능성이 있는 경우
2. 무단변경, 개조 등 관계 법령을 위반하였거나 기술기준에 부적합한 기기의 생산·수입·판매를 인지한 경우

③ 방송통신위원회는 제1항의 규정에 위반하여 판매하거나 판매할 목적으로 진열된 전기통신기자재 또는 제2항의 규정에 의한 조사·시험결과 불량품으로 판정된 전기통신기자재를 생산·수입·판매 또는 판매할 목적으로 진열한 자에 대하여 대통령령이 정하는 바에 의하여 당해 전기통신기자재의 파기 또는 수거를 명할 수 있다.

④ 제25조제7항의 규정은 제2항의 경우에 이를 준용한다.

⑤ 제2항의 규정에 의한 조사 또는 시험의 절차 및 방법 등에 관하여 필요한 사항은 대통령령으로 정한다.

⑥ 제2항의 규정에 따른 조사 또는 시험을 하는 경우에는 조사일 또는 시험일 7일 전까지 그 일시·이유 및 내용 등에 대한 조사·시험계획을 피조사자에게 통지하여야 한다. 다만, 긴급을 요하거나 사전통지의 경우 증거인멸 등으로 조사·시험 목적을 달성 할 수 없다고 인정하는 경우에는 그러하지 아니하다.

제5장 분쟁의 재정(裁定) 등

제37조, 제38조, 제39조, 제40조 삭제

제40조의2(방송통신위원회의 재정)

① 전기통신사업자 또는 이용자는 다음 각호의 1의 사항에 관하여 당사자간 협의가 이루어지지 아니하거나 협의를 할 수 없는 경우에는 방송통신위원회에 재정을 신청할 수 있다.

1. 전기통신사업법 제33조의2의 규정에 의한 손해배상

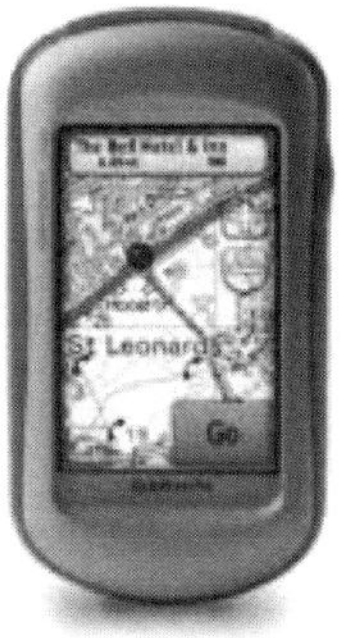

그림 2.7 GPS 단말기

2. 전기통신사업법 제33조의5제1항 · 제2항의 규정에 의한 전기통신설비의 제공, 동법 제33조의7제1항 · 제2항의 규정에 의한 무선통신시설의 공동이용, 제34조제1항의 규정에 의한 상호접속, 제34조의3제1항의 규정에 의한 공동사용 등이나 제34조의4제1항의 규정에 의한 정보의 제공 등에 관한 협정의 체결
3. 전기통신사업법 제33조의5제1항 · 제2항의 규정에 의한 전기통신설비의 제공, 동법 제33조의7제1항 · 제2항의 규정에 의한 무선통신시설의 공동이용, 제34조제1항의 규정에 의한 상호접속, 제34조의3제1항의 규정에 의한 공동사용 등이나 제34조의4제1항의 규정에 의한 정보의 제공 등에 관한 협정의 이행 또는 손해의 배상
4. 그 밖에 전기통신사업과 관련한 분쟁이나 다른 법률에서 방송통신위원회의 재정사항으로 규정한 사항

② 방송통신위원회는 제1항의 규정에 의한 재정신청을 받은 때에는 그 사실을 다른 당사자에게 통지하고 기간을 정하여 의견을 진술할 기회를 주어야 한다. 다만, 당사자가 정당한 사유없이 이에 응하지 아니하는 때에는 그러하지 아니하다.

③ 방송통신위원회는 제1항의 규정에 의한 재정신청에 대하여 재정을 한 때에는 지체없이 재정문서를 당사자에게 송달하여야 한다.

④ 방송통신위원회가 재정을 한 경우에 당해 재정의 내용에 대하여 재정문서의 정본이 당사자에게 송달된 날부터 60일 이내에 소송이 제기되지 아니하거나 소송이 취하된 때에는 당사자간에 당해 재정의 내용과 동일한 합의가 성립된 것으로 본다.

⑤ 방송통신위원회의 재정중 당사자가 지급하거나 수령하여야 할 금액에 대하여 불복이 있는 자는 재정문서의 송달을 받은 날부터 60일 이내에 소송으로 그 금액의 증감을 청구할 수 있다.

⑥ 제5항의 규정에 의한 소송에 있어서는 다른 당사자를 피고로 한다.

제40조의3(분쟁의 알선)

방송통신위원회는 제40조의2제1항의 규정에 의한 재정신청을 받은 경우에 재정을 하기에 부적합하거나 기타 필요하다고 인정하는 때에는 분쟁사건별로 분과위원회를 구성하여 이에 관한 알선을 할 수 있다.

제41조 삭제

제42조 삭제

제43조(조사 및 의견청취 등)

방송통신위원회는 재정사건의 처리를 위하여 필요하다고 인정하는 때에는 당사자의 신청 또는 직권으로 다음 각호의 행위를 할 수 있다.

1. 당사자 또는 참고인에 대한 출석의 요구 및 의견청취
2. 감정인에 대한 감정의 요구
3. 분쟁사건과 관계가 있는 문서 또는 물건의 제출요구 및 제출된 문서나 물건의 영치
4. 방송통신위원회 소속공무원으로 하여금 당사자의 사업장 기타 분쟁사건과 관련이 있는 장소에 출입하여 관계문서 또는 물건을 조사 · 열람 또는 복사하게 하는 행위

제44조 삭제

제44조의2 삭제

제5장의 2 통신재난관리

제44조의3(통신재난관리기본계획의 수립)

① 방송통신위원회는 대통령령이 정하는 기간통신사업자(이하 "주요기간통신사업자"라 한다)의 전기통신역무에 관하여 재난및안전관리기본법에 의한 재난·자연재해대책법에 의한 재해 그 밖에 물리적·기능적 결함 등(이하 "통신재난"이라 한다)의 발생을 예방하고, 통신재난을 신속히 수습·복구하기 위한 통신재난관리기본계획(이하 "기본계획"이라 한다)을 수립하여야 한다. 이 경우 기본계획은 재난및안전관리기본법 제22조의 규정에 의한 국가안전관리계획 및 자연재해대책법 제16조의 규정에 의한 방재집행계획중 통신분야의 계획으로 본다.

② 기본계획에는 다음 각호의 사항이 포함되어야 한다.

1. 통신재난이 발생할 위험이 높거나 통신재난의 예방을 위하여 계속적으로 관리할 필요가 있는 전기통신설비·그 설치지역 등의 지정 및 관리에 관한 사항
2. 통신재난에 대비하기 위하여 필요한 다음 각목에 관한 사항
   가. 우회통신경로의 확보
   나. 전기통신회선설비의 연계운용을 위한 정보체계의 구성
   다. 피해복구물자의 확보

③ 방송통신위원회는 제1항의 규정에 의한 기본계획을 수립하고자 할 때에 기본계획의 수립지침을 작성하여 이를 주요기간통신사업자에게 통보하여야 한다.

④ 주요기간통신사업자는 제3항의 규정에 의한 수립지침에 따라 통신재난관리계획을 작성하여 방송통신위원회에 제출하여야 한다.

⑤ 방송통신위원회는 제4항의 규정에 의하여 주요기간통신사업자가 제출한 통신재난관리계획을 종합하여 기본계획을 작성한다.

⑥ 방송통신위원회는 제5항의 규정에 의한 조정요청을 받아 조정을 할 경우 관계중앙행정기관의 장과 미리 협의하여야 한다.

⑦ 제5항 및 제6항의 규정에 의한 조정에 관하여 필요한 사항은 대통령령으로 정한다.

⑧ 제3항 내지 제7항의 규정은 기본계획의 변경에 관하여 이를 준용한다.

3. 그 밖에 통신재난관리에 필요하다고 인정되는 사항

쉬어가기

타이타닉호의 침몰 ......

1912년 4월 14일 새벽에 초 호화 여객선 타이타닉호가 빙산과 충돌하여 승객과 승무원 1517명의 남자들이 익사하였다. 그러나 부녀자와 어린이들 710명은 구조가 되었다. 천만다행을 구명 보트가 비치되어 있어 부녀자와 어린이들은 일단 피신시켰으나, 추운 북극 연안에서 얼어 죽고 풍랑에 휘말려 죽기 직전인데 통신사가 SOS로 온 세상에 구조 요청을 하였으므로 수 많은 인명을 구조해 낸 것이다. 망망 대해에서 침몰 직전 무선 통신의 구조 통신인 SOS는 얼마나 큰 역할을 했는지 두말 할 필요가 없다.

이 끔찍한 해난 사고는 급기야 전 세계를 자극시켜 일정한 선박에 통신시설을 강제적으로 설비하도록 규정하였고 조난 신호인 SOS와 조난 주파수 500㎑ 청수 의무가 실시되었다. 안전항해를 위한 레이다, 방향탐지기등도 설치되어 많은 해난사고를 예방하였고 선박이 구조되었다. 또한 이 타이타닉호의 계기로 구명정을 만들어 모든 선박에 의무적으로 비치토록 하였다.

제44조의4(통신재난의 대비)

① 방송통신위원회는 통신재난이 발생하거나 발생할 것이 명백한 경우에 해당지역의 통신소통과 긴급복구를 위하여 기간통신사업자로 하여금 그 기간통신사업자의 전기통신설비와 다른 기간통신사업자 또는 자가전기통신설비보유자의 전기통신설비를 통합운용하게 할 수 있다.

② 제22조제3항의 규정은 제1항의 규정에 의하여 전기통신설비를 통합운용함에 소요된 실비를 보상하는 경우에 이를 준용한다.

③ 제1항의 규정에 의한 전기통신설비의 통합운용에 관하여 필요한 사항은 대통령령으로 정한다.

제44조의5 삭제

제44조의6 삭제

제44조의7(통신재난의 보고)

주요기간통신사업자는 그 소관에 속하는 전기통신역무에 관하여 통신재난이 발생한 때에 그 현황·원인·응급조치 내용 및 복구대책 등을 지체없이 방송통신위원회에 보고하여야 한다.

제44조의8(통신재난대책본부)

① 방송통신위원회는 통신재난의 피해가 광범위하여 정부차원의 종합적인 대처가 필요한 경우에 통신재난대책본부(이하 "대책본부"라 한다)를 설치·운영할 수 있다.

② 대책본부의 장은 방송통신위원회위원장이 된다.

③ 대책본부의 구성·운영 등에 관하여 필요한 사항은 대통령령으로 정한다.

그림 2.8 전기통신 기자재

④ 주요기간통신사업자는 대통령령이 정하는 바에 따라 통신재난에 대한 피해복구의 진행상황 등을 대책본부에 보고하여야 한다.

제6장 보칙

제45조(보고 · 검사 등)

① 방송통신위원회는 대통령령이 정하는 경우에는 전기통신설비를 설치한 자에 대하여 그 설비에 관한 보고를 하게 하거나 소속공무원으로 하여금 그 사무소 · 영업소 · 공장 또는 사업장에 출입하여 설비상황 · 장부 또는 서류등을 검사하게 할 수 있다.

② 방송통신위원회는 이 법에 위반하여 전기통신설비를 설치한 자가 있는 경우에는 당해 설비의 제거 기타 필요한 조치를 명할 수 있다.

③ 제25조제7항의 규정은 제1항의 경우에 이를 준용한다.

④ 제1항의 규정에 따른 검사를 하는 경우에는 검사 7일 전까지 검사일시 · 이유 · 내용 등에 대한 검사계획을 전기통신설비를 설치한 자에게 통지하여야 한다. 다만, 긴급을 요하거나 사전통지의 경우 증거인멸 등으로 검사목적을 달성 할 수 없다고 인정하는 경우에는 그러하지 아니하다.

제45조의2(청문)

방송통신위원회는 다음 각호의 1에 해당하는 처분을 하고자 하는 경우에는 청문을 실시하여야 한다.

1. 제33조의2제4항의 규정에 의한 지정의 취소
2. 제35조제1항의 규정에 의한 형식승인의 취소

제46조(권한의 위임 · 위탁)

① 이 법에 의한 지식경제부장관 및 방송통신위원회의 권한은 그 일부를 대통령령이 정하는 바에 의하여 소속기관의 장 또는 체신청장에게 위임 · 위탁할 수 있다.

② 방송통신위원회는 제29조의 규정에 의한 업무를 대통령령이 정하는 바에 의하여 협회에 위탁할 수 있다.

제7장 벌칙

제47조(벌칙)

① 공익을 해할 목적으로 전기통신설비에 의하여 공연히 허위의 통신을 한 자는 5년 이하의 징역 또는 5천만원 이하의 벌금에 처한다.

② 자기 또는 타인에게 이익을 주거나 타인에게 손해를 가할 목적으로 전기통신설비에 의하여 공연히 허위의 통신을 한 자는 3년이하의 징역 또는 3천만원이하의 벌금에 처한다.

③ 제2항의 경우에 그 허위의 통신이 전신환에 관한 것인 때에는 5년 이하의 징역 또는 5천만원 이하의 벌금에 처한다.

④ 전기통신업무에 종사하는 자가 제1항 또는 제3항의 행위를 한 때에는 10년 이하의 징역 또는 1억원 이하의 벌금에 처하고, 제2항의 행위를 한 때에는 5년이하의 징역 또는 5천만원이하의 벌금에 처한다.

제48조(벌칙)

제33조제1항의 규정에 위반하여 전기통신기자재의 형식승인을 얻지 아니하고 이를 제조·판매 또는 수입한 자는 3년 이하의 징역 또는 3천만원 이하의 벌금에 처한다.

제48조의2 삭제

제49조(벌칙)

다음 각 호의 1에 해당하는 자는 1년 이하의 징역 또는 1천만원 이하의 벌금에 처한다.

1. 제17조제1항 본문의 규정에 의한 신고를 하지 아니하고 전기통신설비를 설치하

거나 변경한 자 또는 동조동항 단서의 규정에 의한 승인을 얻지 아니하고 전기통신설비를 설치한 자

2. 제20조제1항의 규정에 의한 신고 또는 변경신고를 하지 아니하고 자가전기통신설비를 설치한 자
3. 제21조제1항의 규정에 의한 자가전기통신설비를 이용하여 타인의 통신을 매개하거나 설치한 목적에 반하여 이를 운용한 자
4. 제22조제1항의 규정에 의한 전기통신업무 그 밖의 중요한 통신업무를 취급하게 하거나 당해 설비를 다른 전기통신설비에 접속하도록 하는 명령을 위반한 자
5. 제23조제2항의 규정에 의한 사용정지명령 또는 동조제3항의 규정에 의한 사용정지 · 개조 또는 수리명령에 위반한 자
6. 제33조제1항의 규정에 의한 형식승인을 얻지 아니하고 전기통신기자재를 판매할 목적으로 진열한 자
7. 제35조제1항의 규정에 의한 생산중지명령에 위반한 자
8. 제36조제3항의 규정에 의한 파기 또는 수거명령에 위반한 자
9. 제45조제2항의 규정에 의한 전기통신설비의 제거명령에 위반한 자

제50조 삭제

제51조(양벌규정)

법인의 대표자나 법인 또는 개인의 대리인, 사용인, 그 밖의 종업원이 그 법인 또는 개인의 업무에 관하여 제48조 또는 제49조의 위반행위를 하면 그 행위자를 벌하는 외에 그 법인 또는 개인에게도 해당 조문의 벌금형을 과(科)한다. 다만, 법인 또는 개인이 그 위반행위를 방지하기 위하여 해당 업무에 관하여 상당한 주의와 감독을 게을리하지 아니한 경우에는 그러하지 아니하다.

제52조(벌칙적용에 있어서의 공무원 의제)

제33조의2제1항에 따라 성능시험업무를 취급하는 자 및 제46조제2항의 규정에 의하여 수탁업무를 취급하는 자는 형법 제129조 내지 제132조의 적용에 있어서는 이를 공무원으로 본다.

제53조(과태료)

① 다음 각호의 1에 해당하는 자는 1천만원 이하의 과태료에 처한다.

1. 제20조제3항의 규정에 위반하여 확인을 받지 아니하고 자가전기통신설비를 사용한 자
2. 제25조제2항의 규정에 의한 시험을 하지 아니하거나 그 결과를 기록·관리하지 아니한 자
3. 제25조제5항의 규정에 의한 조사·시험을 거부 또는 기피하거나 이에 지장을 주는 행위를 한 자
4. 제26조제1항의 규정에 의한 관리규정을 정하지 아니하고 전기통신설비를 관리한 자
5. 제27조의 규정에 의한 명령에 위반한 자
6. 제33조제4항의 규정에 위반하여 형식승인의 표시를 하지 아니하고 전기통신기자재를 판매하거나 판매할 목적으로 진열한 자
7. 제36조제2항의 규정에 의한 조사·시험에 의하여 불량품으로 판정된 전기통신기자재를 생산 또는 수입하거나 불량품으로 판정된 전기통신기자재임을 알면서 당해 전기통신기자재를 판매 또는 판매할 목적으로 진열한 자
8. 제36조제2항의 규정에 의한 조사·시험을 거부·방해 또는 기피한 자
9. 제44조의3제4항의 규정에 의한 통신재난관리계획을 제출하지 아니한 자
10. 제44조의7의 규정에 의한 통신재난의 보고를 하지 아니하거나 허위로 보고한 자
11. 제44조의8제4항의 규정에 의한 피해복구 진행상황 등의 보고를 하지 아니하거나 허위로 보고한 자
12. 제45조제1항의 규정에 의한 보고를 하지 아니하거나 허위로 보고한 자
13. 제45조제1항의 규정에 의한 검사를 거부·방해 또는 기피한 자

② 제1항의 규정에 의한 과태료는 대통령령이 정하는 바에 의하여 방송통신위원회가 부과·징수한다.

③ 제2항의 규정에 의한 과태료처분에 불복이 있는 자는 그 처분의 고지를 받은 날부터 30일 이내에 방송통신위원회에 이의를 제기할 수 있다.

④ 제2항의 규정에 의하여 과태료처분을 받은 자가 제3항의 규정에 의하여 이의를 제기한 때에는 방송통신위원회는 지체없이 관할법원에 그 사실을 통보하여야 하며, 그 통보를 받은 관할법원은 비송사건절차법에 의한 과태료의 재판을 한다.

⑤ 제3항의 규정에 의한 기간내에 이의를 제기하지 아니하고 과태료를 납부하지 아니한 때에는 국세체납처분의 예에 의하여 이를 징수한다.

쉬어가기

즐겨찾던 사이트, 폐쇄를 걱정해야 하나요

2005년부터 '웹 스크랩'을 시작했다. 군 생활할 때부터 신문을 진지하게 읽기 시작했는데, 당시에는 신문을 오려서 노트에 붙이는 방식으로 스크랩을 했다. 매일 이렇게 스크랩을 할 수 없기 때문에 주말을 이용해서 스크랩을 했는데, 일주일치 하는 데 하루 종일 걸렸다. 전역 후 〈경향신문〉을 구독하기 시작했는데, 마침 경향신문사와 드림위즈가 제휴를 맺어서 웹 스크랩이 가능했다. 기사에 '스크랩' 버튼이 있어서 바로 스크랩을 할 수 있었고 드래그 해서 붙여넣는 방식도 사용이 가능했다. 시간이 훨씬 절약된 것은 사실이다.

그보다 더 본질적인 문제는 누군가 나의 스크랩을 읽고 있다는 사실이었다. 3년 동안 2만개 정도의 '불펌'(자료 등을 올린 이의 허락 없이, 그냥 다른 곳에 업로드하는 것을 말한다)을 했고 20만명이 다녀갔다. 신문을 꼼꼼히 읽고 스크랩을 하려면 3시간 정도가 소요됐다. 매일 3시간씩 3년간 약 3000시간 동안 신문공부를 하면서 나와 내 블로그 방문자들은 사회를 조금씩 이해해 갔다.

하지만 다른 신문을 볼 시간이 없다는 것이 가장 큰 문제였다. 다른 매체나 책을 읽다 보면 스크랩은커녕 신문을 제대로 읽을 시간을 확보할 수 없게 된다. 그래서 작년부터 스크랩을 제대로 할 수 없었다. 이렇게 나의 스크랩은 묻혀 갔다.

스크랩을 하면서 얻은 게 많았다. 모든 신문을 구독할 수는 없지만 스크랩이나 '펌질'을 통해서 다른 신문사의 주요 정보를 알 수 있었다. 사람들은 나의 스크랩을 통해서 〈경향신문〉의 주요 기사를 확인할 수 있다. 이것으로 인해 누군가로부터 단 한 번도

문제제기를 들은 적이 없다. 오히려 감사인사를 들었다.

애초에 스크랩은 내가 기사를 효율적으로 저장해서 보기 위함이었지만 많은 사람들과 기사를 나눌 수 있었다는 것은 또 다른 중요한 수확이었다.

하지만 온라인서비스 제공자 및 불법 복제·전송자에 대한 규제를 강화하는 내용을 골자로 1일 통과된 '저작권법 개정안'에 따르면 나는 드림위즈 계정을 완전히 잃고 블로그는 폐쇄될지도 모른다. 개정안은 특히 문화관광체육부 장관이 복제물을 삭제하라는 명령을 3회 이상 받은 게시판을 최대 6개월까지 폐쇄할 수 있도록 하고 있다. 저작권 침해가 심하다고 판단되면 '취급을 제한' 하도록 명령할 수 있다.

문제는 계정을 정지시키거나 게시판을 폐쇄시키는 명령권을 문화부 장관이 갖는다는 점이다. 저작권 침해를 당한 피해자의 문제제기 없이도 정부가 자의적으로 저작권 침해를 판단할 수 있다. 이 때문에 정부에 비판적인 사이트가 집중적인 관리 대상이 될 것이라는 우려가 나오고 있는 것이다.

연습문제

1. 전기통신 기본법의 목적과 정신에 대하여 설명하라

2. 전기통신 사업자의 종류를 들고 설명하라.

3. 전기통신기술 진흥계획의 수립 · 시행에 대하여 설명하라.

4. 전기통신기술의 표준화에 대하여 설명하라.

5. 통신 재난 대책 본부에 대해서 설명하여라.

6. 방송통신위원회 임무에 대하여 설명하여라.

7. 표준화에 대하여 설명하여라.

8. 전기통신 기자재에 대하여 설명하여라.

객관식 문제

1. 전기 통신 기본법에 제정 목적으로 옳지 않은 것은?
   가. 전기 통신 사업의 발전과 이용의 편의 도모
   나. 전기 통신의 발전 촉진으로 공공복리 증진
   다. 전기 통신에 관한 기본적 사항 규정
   라. 전기 통신이 효율적 관리

2. 전기 통신 기본법에서 규정하고 있는 정보 통신부 장관의 특권이 아닌 것은?
   가. 전기 통신 관장
   나. 전기 통신 요금 승인권
   다. 비상시 통신 확보권
   라. 전기 통신 기본 계획 수립권

3. 다음 용어의 정의로서 옳은 것은?
   가. 전기 통신 회선 설비란 전기 통신을 하기 위한 기계, 기구, 선로, 기타 전기적 범위
   나. 선로란 전기 통신의 전송이 이루어지는 계통적 통신망
   다. 전기 통신이란 유선, 무선, 광선 및 기타의 전자적 방식에 의하여 모든 종류의 부호, 문헌, 음향 또는 영상을 송신하거나 수신하는 것
   라. 전기 통신 업무란 전기 통신 설비를 이용하여 타인의 통신을 매개하거나 기타 전기 통신 설비를 타인의 통신의 이용에 제공하는 것

4. 전기 통신의 표준화에 관한 업무를 효율적으로 추진하기 위하여 설립한 것은?
   가. 형식 승인 심의회
   나. 한국 통신 기술 협회

다. 통신 기술 진흥 협의회
라. 한국 표준화 센터

5. 통신 위원회에 관한 사항 중 맞지 않는 것은?
가. 방송 통신부 소속하에 둔다.
나. 위원장 1인과 위원 9인 이내로 구성한다.
다. 위원장을 포함한 위원은 정보 통신부 장관이 임명한다.
라. 전기통신사업자간 중요통신정책의 수립 시행에 관한 사항을 심의 · 의결한다.

6. 전기 통신 사업의 종류는 어떻게 분류 되는가?
가. 기간 통신 사업과 일반 통신 사업, 특정 통신 사업
나. 기간 통신 사업과 부가 통신 사업, 별정 통신 사업
다. 일반 통신 사업과 특정 통신 사업, 별정 통신 사업
라. 기간 통신 사업과 무선 통신 사업, 정보 통신 사업

7. 전기 통신 사업 중 전기 통신 회선 설비를 기간 통신 사업자로부터 임차하여 통신 역무를 제공하는 사업은 무엇인가?
가. 기간 통신 사업
나. 전기 통신 사업
다. 부가 통신 사업
라. 자가 통신 사업

8. 방송통신위원회 조직이 아닌 것은 ?
가. 방송통신융합정책실
나. 방송정책국
다. 통신정책국
라. 안전정책국

정답 : 1.가 2.나 3.다 4.나 5.다 6.나 7.다 8. 라

전기통신 사업법 3

전기통신 사업법 내용

* ＊ 전기 통신 사업의 운영
* ＊ 전기 통신 역무의 효율적인 제공 이용
* ＊ 전기 통신 사업의 발전과 이용자의 편의 도모
* ＊ 공공의 복리 증진
* ＊ 사업법 시행령 : 전기통신 역무의 종류와 이용 관계를 규정한 시행령
* ＊ 사업법 시행 규칙 : 전기 통신 기본법 및 동시행령의 위임된 사항을 규정
* ＊ 사업법 기술 기준에 관한 규칙 등 : 전기 통신 설비의 설치와 유지 보수에 관한 기술 기준을 정한 규정

제1장 총칙

제1조(목적)

이 법은 전기통신사업의 운영을 적정하게 하여 전기통신사업의 건전한 발전을 기하고 이용자의 편의를 도모함으로써 공공복리의 증진에 이바지함을 목적으로 한다.

제2조(정의)

① 이 법에서 사용하는 용어의 정의는 다음과 같다.

1. "전기통신사업자"라 함은 이 법에 의한 허가를 받거나 등록 또는 신고를 하고 전기통신역무를 제공하는 자를 말한다.
2. "이용자"라 함은 전기통신역무를 제공받기 위하여 전기통신사업자와 전기통신역무의 이용에 관한 계약을 체결한 자를 말한다.
3. "보편적 역무"라 함은 모든 이용자가 언제 어디서나 적정한 요금으로 제공받을 수 있는 기본적인 전기통신역무를 말한다.

전기통신 사업자의 구분

1) 기간 통신 사업자 :

전기 통신 회선 설비를 설치하고 이를 이용하여 공공의 이익과 국가 산업에 미치는 영향, 역무의 안정적 제공의 필요성 등을 참작하여 전신, 전화, 이동 통신 역무 등 방송통신위원회 부령이 정하는 종류와 내용의 전기 통신 역무를 제공하는 사업자를 말한다.

① 방송정보 통신정책 심의 회의의 심의를 거쳐야 한다.

② 방송통신위원장의 허가를 받아야 한다.

✓ 한국통신, 데이콤, 한국이동 통신, 한국항만전화(주)

2) 부가 통신 사업자 :

기간통신 사업자로부터 전기 통신 회선 설비를 임차하여 전기 통신 역무를 제공하는 사업자를 말하며 방송통신위원장에게 신고를 해야 한다.

✓ LAN 사업자, VAN 사업자, 정보처리 사업자, 포스데이터(주), 대한항공, 아시아나항공 등

3) 별정 통신 사업자 :

기간통신 사업자의 전기통신회선설비를 이용하여 기간통신 역무를 제공하는 사업이며 구내에 전기통신 설비를 설치하거나 이를 이용하여 구내에 전기통신 역무 등을 제공하는 사업이며 방송통신위원장에게 등록하여야 한다.

✓ 콜백 서비스, 인터넷 폰, 음성 회선 재판매, 구내 통신 사업 등이다.

② 이 법에서 사용하는 용어의 정의는 제1항에서 정하는 것을 제외하고는 「전기통신기본법」이 정하는 바에 의한다.

제3조(역무제공의무 등)

① 전기통신사업자는 정당한 사유없이 전기통신역무의 제공을 거부하여서는 아니된다.

② 전기통신사업자는 그 업무처리에 있어서 공평·신속 및 정확을 기하여야 한다.

③ 전기통신역무의 요금은 전기통신사업의 원활한 발전을 도모하고 이용자가 편리하고 다양한 전기통신역무를 공평·저렴하게 제공받을 수 있도록 합리적으로 결정되어야 한다.

제3조의 2(보편적 역무)

① 모든 전기통신사업자는 보편적 역무를 제공하거나 그 제공에 따른 손실을 보전할 의무가 있다.

② 방송통신위원회는 제1항의 규정에 불구하고 전기통신역무의 특성상 제1항의 규정에 의한 의무부여가 적절하지 아니하다고 인정되는 전기통신사업자로서 대통령령이 정하는 전기통신사업자 또는 전기통신사업자의 전기통신역무의 매출액이 전기통신역무 총 매출액의 100분의 1의 범위안에서 대통령령이 정하는 금액 이하인 전기통신사업자에 대하여 그 의무를 면제할 수 있다.

③ 보편적 역무의 구체적 내용은 다음 각 호의 사항을 고려하여 대통령령으로 정한다.

1. 정보통신기술의 발전 정도
2. 전기통신역무의 보급 정도
3. 공공의 이익과 안전
4. 사회복지 증진
5. 정보화촉진

⑤ 방송통신위원회는 보편적 역무의 제공에 따른 손실에 대하여 대통령령이 정하는 방법과 절차에 따라 전기통신사업자에게 그 매출액을 기준으로 분담시킬 수 있다.

쉬어가기

유·무선통합 서비스 경쟁이 치열하다. 유선전화 시장이 인터넷전화로 급격히 대체되면서 무선통신까지 인터넷전화로 대체하거나 인터넷전화 요금으로 이용할 수 있는 서비스가 나왔다. KT는 휴대전화로 가정이나 사무실 등 무선 랜(WiFi)이 가능한 구역에서 통화할 때마다 인터넷전화 요금이 부과되는 유·무선융합(FMC) 서비스를 선보였다.

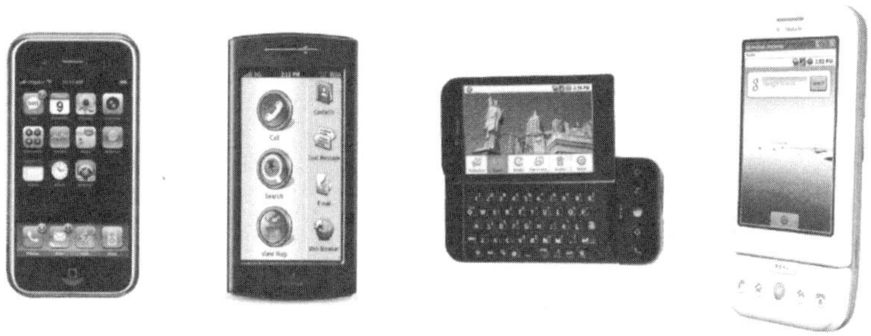

제2장 전기통신사업

제1절 총칙

제4조(전기통신사업의 구분 등)

① 전기통신사업은 기간통신사업, 별정통신사업 및 부가통신사업으로 구분한다.

② 기간통신사업은 전기통신회선설비를 설치하고, 이를 이용하여 공공의 이익과 국가산업에 미치는 영향, 역무의 안정적 제공의 필요성 등을 참작하여 전신·전화역무 등 대통령령이 정하는 종류와 내용의 전기통신역무(이하 "기간통신역무"라 한다)

를 제공하는 사업으로 한다.

③ 별정통신사업은 다음 각호의 1에 해당하는 사업으로 한다.

1. 제5조의 규정에 의한 기간통신사업의 허가를 받은 자(이하 "기간통신사업자"라 한다)의 전기통신회선설비 등을 이용하여 기간통신역무를 제공하는 사업
2. 대통령령이 정하는 구내에 전기통신설비를 설치하거나 이를 이용하여 그 구내에서 전기통신역무를 제공하는 사업

④ 부가통신사업은 기간통신사업자로부터 전기통신회선설비를 임차하여 제2항의 규정에 의한 기간통신역무외의 전기통신역무(이하 "부가통신역무"라 한다)를 제공하는 사업으로 한다.

제2절 기간통신사업

제5조(기간통신사업자의 허가 등)

① 기간통신사업을 경영하고자 하는 자는 방송통신위원회의 허가를 받아야 한다.

② 삭제

③ 방송통신위원회가 제1항의 규정에 의한 허가를 함에 있어서는 다음 각호의 사항을 종합적으로 심사하여야 한다.

1. 기간통신역무 제공계획의 타당성
2. 전기통신설비의 규모의 적정성
3. 재정 및 기술적 능력
4. 제공하고자 하는 기간통신역무와 관련된 기술개발 실적
5. 기간통신역무와 관련된 기술개발계획
6. 전기통신발전을 위한 기술개발 지원계획
7. 기타 사업수행에 필요한 사항

④ 방송통신위원회는 제3항의 규정에 의한 심사사항별 세부심사기준과 허가의 시기 및 허가신청요령을 정하여 고시한다.

⑤ 방송통신위원회는 제1항에 따라 기간통신사업을 허가하는 경우에는 공정경쟁 촉

진, 이용자 보호, 서비스 품질 개선, 정보통신자원의 효율적 활용 등에 필요한 조건을 붙일 수 있다.

⑥ 제1항의 규정에 의한 허가의 대상자는 법인에 한한다.

⑦ 제1항의 규정에 의한 허가의 절차 기타 필요한 사항은 대통령령으로 정한다.

제5조의 2(허가의 결격사유)

다음 각호의 1에 해당하는 자는 제5조의 규정에 의한 기간통신사업의 허가를 받을 수 없다.

1. 국가 또는 지방자치단체
2. 외국정부 또는 외국법인
3. 외국정부 또는 외국인이 제6조제1항의 규정에 의한 주식소유 제한을 초과하여 주식을 소유하고 있는 법인

제6조(외국정부 또는 외국인의 주식소유 제한)

① 기간통신사업자의 주식(의결권 있는 주식에 한하며 주식예탁증서 등 의결권을 가진 주식의 등가물 및 출자지분을 포함한다. 이하 같다)은 외국정부 또는 외국인 모두가 합하여 그 발행주식 총수의 100분의 49를 초과하여 소유하지 못한다.

② 외국정부 또는 외국인(「자본시장과 금융투자업에 관한 법률」 제9조제1항제1호에 따른 특수관계인을 포함한다. 이하 같다)이 최대주주인 법인으로서 발행주식 총수의 100분의 15 이상을 그 외국정부 또는 외국인이 소유하고 있는 법인(이하 "외국인의제법인"이라 한다)은 외국인으로 본다.

③ 기간통신사업자의 발행주식 총수의 100분의 1 미만을 소유한 법인은 제2항의 요건을 갖춘 경우에도 외국인으로 보지 아니한다.

제6조의 2(임원의 결격사유)

① 다음 각호의 1에 해당하는 자는 기간통신사업자의 임원이 될 수 없다.

1. 미성년자·금치산자 또는 한정치산자
2. 파산선고를 받은 자로서 복권되지 아니한 자

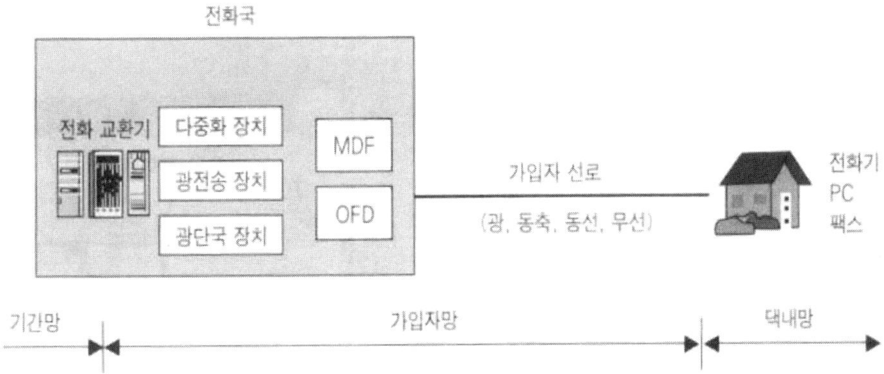

그림 3.1 가입자망의 구성

3. 이 법, 「전기통신기본법」, 「전파법」 또는 「정보통신망 이용촉진 및 정보보호 등에 관한 법률」을 위반하여 금고 이상의 실형을 선고받고 그 집행이 종료(집행이 종료된 것으로 보는 경우를 포함한다)되거나 집행이 면제된 날부터 3년이 경과되지 아니한 자
4. 이 법, 「전기통신기본법」, 「전파법」 또는 「정보통신망 이용촉진 및 정보보호 등에 관한 법률」을 위반하여 금고 이상의 형의 집행유예를 선고받고 그 유예기간 중에 있는 자
5. 이 법, 「전기통신기본법」, 「전파법」 또는 「정보통신망 이용촉진 및 정보보호 등에 관한 법률」을 위반하여 벌금형을 선고받고 3년이 경과되지 아니한 자
6. 제15조제1항의 규정에 의한 허가의 취소처분, 제28조제1항의 규정에 의한 등록의 취소처분 또는 동조제2항의 규정에 의한 사업의 폐지명령을 받은 후 3년이 경과되지 아니한 자. 이 경우 법인인 때에는 허가취소, 등록취소 또는 사업폐지명령의 원인이 된 행위를 한 자와 그 대표자를 말한다.

② 임원이 제1항 각호의 1에 해당하게 되거나 선임당시 그에 해당하는 자임이 판명된 때에는 당연히 퇴직된다.

③ 제2항의 규정에 의하여 퇴직된 임원이 퇴직전에 관여한 행위는 그 효력을 잃지 아니한다.

ART 1 전기통신 관계법 PART.1 전기통신 관계법 PART. I 전기통신 관계법 PART. I 전기통신 관계법 PART. I 전기통신 관계법 PART. I 전기통신 관계법 PART. I 전기통신 관계법 PART. I 전기통신 관계법

제6조의3(기간통신사업자의 주식취득 등에 관한 공익성 심사)

① 다음 각호의 1에 해당하는 것이 국가안전보장, 공공의 안녕·질서의 유지 등 대통령령이 정하는 공공의 이익을 저해하는지 여부를 심사(이하 "공익성심사"라 한다)하기 위하여 방송통신위원회에 공익성심사위원회(이하 "위원회"라 한다)를 둔다.

쉬어가기

전파행정 관련 기관 (방송통신위원회의 소개)

가) 설립목적 및 근거

방송과 통신에 관한 업무를 수행하기 위하여 대통령 소속으로 설치 된 합의제 행정 기관이다. 「방송통신위원회의설치 및 운영에 관한 법률」을 설치 근거로 하고 있으며 방송과 통신의 융합환경에 능동적으로 대응하여 방송의 자유와 공공성 및 공익성을 높이고 방송·통신의 국제경쟁력을 강화하여 국민의 권익보호와 공공복리의 증진에 이바지함을 목적으로 하고 있다.

나) 소관사무

- 방송에 관한 사항
- 통신에 관한 사항
- 전파 연구 및 관리에 관한 사항
- 그 밖에 방송통신위원회의 설치 및 운영에 관한 법률 또는 다른 법률에서 동 위원회의 사무로 정한 사항

1. 본인이 「자본시장과 금융투자업에 관한 법률」 제9조제1항제1호에 따른 특수관계인(이하 "특수관계인"이라 한다)과 합하여 기간통신사업자의 발행주식 총수의 100분의 15 이상을 소유하게 되는 경우
2. 기간통신사업자의 최대주주가 변경되는 경우
3. 기간통신사업자 또는 기간통신사업자의 주주가 외국정부 또는 외국인과 당해 기간통신사업자의 임원의 임면, 영업의 양도·양수 등 대통령령이 정하는 중요 경영사항에 대한 계약을 체결하는 경우
4. 그 밖에 기간통신사업자의 경영권을 사실상 가지고 있는 주주의 변경이 있는 경우로서 대통령령이 정하는 경우

② 기간통신사업자 또는 기간통신사업자의 주주는 제1항 각호의 1에 해당하게 된 경우에는 그 사실이 발생한 때부터 7일 이내에 그 사실을 방송통신위원회에 신고하여야 한다.

③ 기간통신사업자 또는 기간통신사업자의 주주는 제1항 각호의 1에 해당하게 될 경우에는 그 전에 방송통신위원회에 제1항의 규정에 의한 심사를 요청할 수 있다.

④ 제2항의 규정에 의한 신고를 받거나 제3항의 규정에 의한 심사요청을 받은 경우에 방송통신위원회는 위원회에 이를 회부하여야 한다.

⑤ 제1항의 규정에 의하여 심사한 결과에 따라 방송통신위원회는 제1항 각호의 경우가 공공의 이익을 저해할 위험이 있다고 판단되는 경우에는 계약내용의 변경 및 그 실행의 중지, 의결권 행사의 정지 또는 당해 주식의 매각을 명할 수 있다.

⑥ 제2항 또는 제3항의 규정에 의한 신고 또는 심사하여야 할 기간통신사업자의 범위와 신고 및 심사의 절차 그 밖에 필요한 사항은 대통령령으로 정한다.

제6조의 4(공익성심사위원회의 구성 및 운영 등)

① 위원회는 위원장 1인을 포함한 5인 이상 10인 이내의 위원으로 구성한다.

② 위원장은 방송통신위원회 부위원장이 되고, 위원은 대통령령이 정하는 관계 중앙행정기관의 3급공무원 또는 고위공무원단에 속하는 일반직공무원과 다음 각호의 자중에서 위원장이 위촉하는 자가 된다.

1. 정보통신에 관한 학식과 경험이 풍부한 자

2. 국가의 안전보장이나 공공의 안녕·질서유지와 관련하여 정부가 출연한 연구기관에서 추천한 자
3. 「비영리민간단체 지원법」 제2조의 규정에 의한 비영리민간단체에서 추천한 자
4. 그 밖에 위원장이 필요하다고 인정하는 자

③ 위원회는 공익성심사를 위하여 필요한 조사를 하거나 자료의 제공을 당사자 또는 참고인에게 요청할 수 있다. 이 경우 당해 당사자 또는 참고인은 정당한 사유가 없는 한 이에 응하여야 한다.

④ 위원회는 필요하다고 인정하는 경우에는 당사자 또는 참고인으로 하여금 위원회에 출석하게 하여 그 의견을 들을 수 있다.

⑤ 위원회의 조직·운영 등에 관하여 필요한 사항은 대통령령으로 정한다.

제7조(초과소유 주주에 대한 제한 등)

① 외국정부 또는 외국인이 제6조제1항의 규정을 위반하여 주식을 취득한 경우에는 그 초과 소유한 주식에 대하여 의결권을 행사할 수 없다.

② 방송통신위원회는 제6조제1항의 규정을 위반하여 주식을 취득한 주주, 그 주주가 있는 기간통신사업자 또는 외국인의제법인의 주주에 대하여 6월 이내의 범위에서 기간을 정하여 해당사항을 시정할 것을 명할 수 있다.

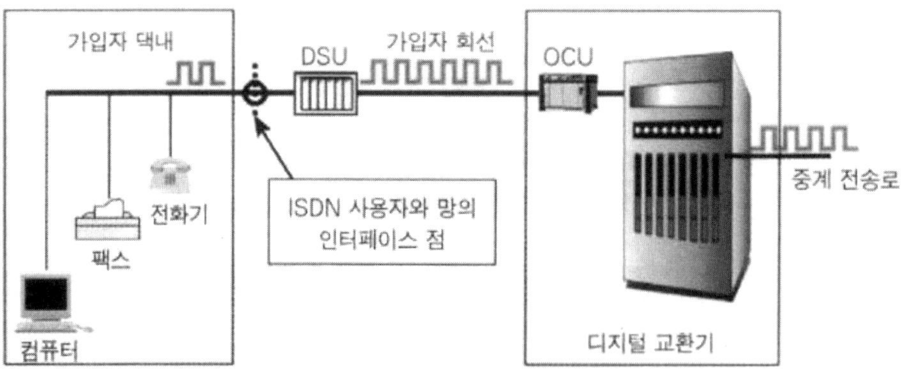

그림 3.2 종합정보통신망 데이터 전송

③ 제2항의 규정에 의하여 시정명령을 받은 자는 그 기간 이내에 해당 사항을 시정하여야 한다.

④ 기간통신사업자는 제6조제1항의 규정을 위반한 주주에 대하여는 그 초과분에 대하여 주주명부 또는 사원명부의 개서를 거부할 수 있다.

제7조의2(이행강제금)

① 방송통신위원회는 제6조의3제5항 또는 제7조제2항의 규정에 의한 명령(이하 "시정명령"이라 한다)을 받은 후 그 정한 기간 이내에 이를 이행하지 아니하는 자에 대하여 이행강제금을 부과할 수 있다. 이 경우 매 1일당 부과할 수 있는 이행강제금은 그 소유한 주식의 매입가액의 1천분의 3 이내로 하되, 주식소유와 관련되지 아니한 사항인 경우에는 1억원 이내의 금액으로 한다.

② 제1항의 규정에 의한 이행강제금의 부과대상 기간은 시정명령에서 정한 기간의 종료일 다음날부터 시정명령을 이행하는 날까지로 한다. 이 경우 이행강제금의 부과는 특별한 사유가 있는 경우를 제외하고는 시정명령에서 정한 기간의 종료일 다음날부터 30일 이내에 이를 하여야 한다.

③ 이행강제금의 징수에 관하여는 제37조의2제4항의 규정을 준용한다.

④ 이행강제금의 부과·납부·환급 등에 관하여 필요한 사항은 대통령령으로 정한다.

제8조(주식의 발행)

기간통신사업자가 주식을 발행하는 경우에는 기명식으로 하여야 한다.

제9조(사업의 개시의무)

① 기간통신사업자는 방송통신위원회가 정하는 기간내에 전기통신설비를 설치하고 사업을 개시하여야 한다.

② 방송통신위원회는 천재·지변 기타 부득이한 사유로 인하여 제1항의 규정에 의한 기간내에 사업을 개시할 수 없는 때에는 기간통신사업자의 신청에 의하여 그 기간을 1회에 한하여 연장할 수 있다.

③ 삭제

제10조(역무의 추가 및 허가의 변경)

① 기간통신사업자는 제5조에 따라 허가받은 기간통신역무외의 다른 기간통신역무를 추가하여 제공하고자 하는 경우에는 대통령령이 정하는 요건과 절차를 갖추어 방송통신위원회의 변경허가를 받아야 한다. 다만, 전화역무를 제공하는 기간통신사업자가 기존의 설비를 이용하여 제공중인 기간통신역무에 지장을 주지 않는 범위안에서 대통령령이 정하는 기간통신역무를 추가하여 제공하고자 하는 경우에는 방송통신위원회에 신고하여야 한다.

② 기간통신사업자는 제5조의 규정에 의하여 허가받은 사항중 대통령령이 정하는 중요사항을 변경하고자 하는 경우에는 대통령령이 정하는 바에 의하여 방송통신위원회의 변경허가를 받아야 한다.

③ 제5조제5항 및 제9조의 규정은 제1항의 규정에 의한 변경허가에 관하여 이를 준용한다.

제11조(사업의 겸업)

① 기간통신사업자는 다음 각 호의 어느 하나에 해당하는 사업을 영위하고자 하는 경우에는 방송통신위원회의 승인을 얻어야 한다. 다만, 매출액이 300억원 이하인 기간통신사업자는 그러하지 아니하다.

1. 통신기기제조업
2. 「정보통신공사업법」 제2조제3호의 규정에 따른 정보통신공사업(전기통신망의 개선·통합사업을 제외한다)
3. 「정보통신공사업법」 제2조제6호의 규정에 따른 용역업(전기통신망의 개선·통합사업을 제외한다)

② 방송통신위원회는 기간통신사업자가 제1항의 규정에 의한 사업을 영위함으로써 전기통신사업의 운영에 지장을 초래할 우려가 없고 전기통신의 발전을 위하여 필요하다고 인정되는 경우에는 제1항의 규정에 의한 승인을 하여야 한다.

제12조 삭제

제13조(사업의 양수 및 법인의 합병 등)

① 다음 각 호의 어느 하나에 해당하는 자는 대통령령이 정하는 바에 따라 방송통신

위원회의 인가를 받아야 한다. 다만, 대통령령이 정하는 주요한 전기통신회선설비를 제외한 전기통신회선설비를 매각하는 경우에는 대통령령이 정하는 바에 따라 방송통신위원회에 신고하여야 한다.

1. 기간통신사업자의 사업의 전부 또는 일부를 양수(讓受)하고자 하는 자
2. 기간통신사업자인 법인을 합병하고자 하는 자
3. 허가받은 기간통신역무의 제공에 필요한 전기통신회선설비를 매각하고자 하는 기간통신사업자
4. 특수관계인과 합하여 기간통신사업자의 발행주식 총수의 100분의 15 이상을 소유하고자 하는 자 또는 기간통신사업자의 최대주주가 되고자 하는 자

② 기간통신사업자가 허가받은 복수의 기간통신역무중 일부의 기간통신역무를 제공하기 위하여 법인을 설립하고자 하는 경우에는 대통령령이 정하는 바에 의하여 방송통신위원회의 승인을 얻어야 한다.

③ 방송통신위원회는 제1항 또는 제2항에 따른 인가 또는 승인을 하고자 하는 경우에는 다음 각 호의 사항을 종합적으로 심사하여야 한다.

1. 재정 및 기술적 능력과 사업운용 능력의 적정성
2. 주파수 및 전기통신번호 등 정보통신자원 관리의 적정성
3. 기간통신사업의 경쟁에 미치는 영향
4. 이용자 보호
5. 전기통신설비 및 통신망의 활용, 연구 개발의 효율성, 통신산업의 국제 경쟁력 등 공익에 미치는 영향

④ 제3항의 규정에 의한 심사사항별 세부심사기준 및 심사절차 등에 관하여 필요한 사항은 방송통신위원회가 정하여 고시한다.

⑤ 제1항의 규정에 의하여 인가를 받아 기간통신사업자의 사업을 양수한 자 또는 합병한 경우의 합병후 존속하는 법인이나 합병으로 설립된 법인과 제2항의 규정에 의하여 승인을 얻어 설립된 법인은 당해 기간통신사업의 허가와 관련된 지위를 승계한다.

⑥ 방송통신위원회는 제1항 또는 제2항의 규정에 의하여 인가 또는 승인을 하는 경우에는 공정경쟁 및 이용자 보호등에 필요한 조건을 붙일 수 있다.

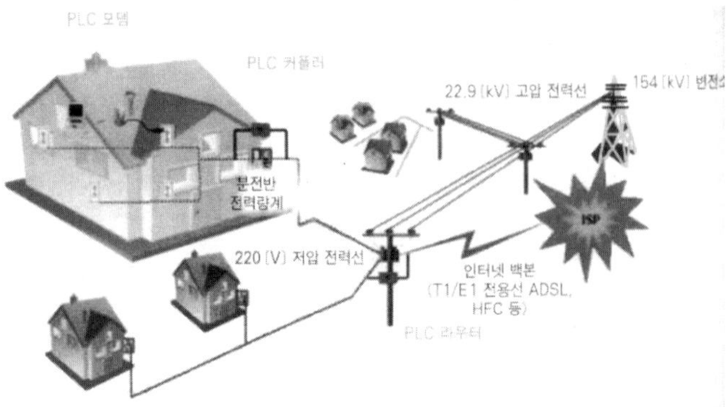

그림 3.3 전력선 통신 시스템 구성도

⑦ 방송통신위원회는 제1항의 규정에 의한 인가를 하고자 하는 경우에는 공정거래위원회와의 협의를 거쳐야 한다.

⑧ 제5조의2의 규정은 제1항의 규정에 의한 인가 및 제2항의 규정에 의한 승인에 관하여 이를 준용한다.

⑨ 제1항제4호에 해당하는 자가 제1항의 인가를 받지 않은 경우에는 방송통신위원회는 의결권 행사의 정지 또는 당해 주식의 매각을 명할 수 있다.

⑩ 제1항 또는 제2항에 따라 인가 또는 승인을 얻으려는 자는 인가 또는 승인을 얻기 전에 통신망 통합, 임원의 임명행위 그 밖의 영업 양수·합병이나 설비매각 계약의 이행행위 또는 회사설립에 관한 후속조치를 하여서는 아니 된다.

제14조(사업의 휴지·폐지)

① 기간통신사업자는 그가 경영하고 있는 기간통신사업의 전부 또는 일부를 휴지 또는 폐지하고자 하는 경우에는 그 휴지 또는 폐지 예정일 60일 전까지 이용자에게 통보하고, 그 휴지 또는 폐지에 대한 방송통신위원회의 승인을 얻어야 한다.

② 방송통신위원회는 기간통신사업의 휴지·폐지로 인하여 별도의 이용자 보호가 필요하다고 판단하는 경우에는 해당 기간통신사업자에게 가입전환 대행 및 비용부담, 가입해지 등 이용자 보호에 필요한 조치를 명할 수 있다.

③ 방송통신위원회는 제1항의 규정에 따른 승인의 신청이 있는 경우 당해 사업의 휴

지·폐지로 인하여 공공의 이익이 저해될 우려가 있는 경우에는 그 승인을 하여서는 아니된다.

제15조(허가의 취소 등)

① 방송통신위원회는 기간통신사업자가 다음 각 호의 어느 하나에 해당하는 때에는 그 허가를 취소하거나 1년 이내의 기간을 정하여 사업의 전부 또는 일부의 정지를 명할 수 있다.

1. 사위 기타 부정한 방법으로 허가를 받은 때
2. 제5조제5항 및 제13조제6항의 규정에 의한 조건을 이행하지 아니한 때
3. 제7조제2항의 규정에 의한 명령을 이행하지 아니한 때
4. 제9조제1항의 규정에 의한 기간(제9조제2항의 규정에 의한 기간의 연장을 받은 경우에는 연장된 기간)내에 사업을 개시하지 아니한 때
5. 제29조제1항의 규정에 의하여 인가를 받거나 신고한 이용약관을 준수하지 아니한 때
6. 제37조제1항 또는 제65조제1항에 따른 시정명령을 정당한 사유없이 이행하지 아니한 때

② 제1항의 규정에 의한 처분의 기준 및 절차 기타 필요한 사항은 대통령령으로 정한다.

제16조 삭제

제3절 삭제

제17조 삭제

제18조 삭제

제4절 별정통신사업 및 부가통신사업

제19조(별정통신사업자의 등록)

① 별정통신사업을 경영하고자 하는 자는 대통령령이 정하는 바에 따라 다음 각 호

의 사항을 갖추어 방송통신위원회에 등록(정보통신망에 의한 등록을 포함한다)하여야 한다.

1. 재정 및 기술적 능력
2. 이용자보호계획
3. 사업계획서 등 기타 대통령령이 정하는 사항

② 방송통신위원회는 제1항에 따라 별정통신사업의 등록을 받는 경우에는 공정경쟁 촉진, 이용자 보호, 서비스 품질 개선, 정보통신자원의 효율적 활용 등에 필요한 조건을 붙일 수 있다.

③ 제1항의 규정에 의한 별정통신사업 등록의 대상자는 법인에 한한다.

④ 제1항의 규정에 의한 등록의 절차, 요건 기타 필요한 사항은 대통령령으로 정한다.

별정 통신 사업자

① 음성 회선 재판매 사업 : 일정규모의 시외전용회선을 빌려 시외전화망을 경우하지 않고 싼값에 시외전화를 제공하는 공전 공접속형 재판매 사업

② 공중망 사업자의 대량 이용 할인 제도를 이용해 단순 재판매하는 재과금 사업

③ 다수 지역에 산재한 고객들을 할인 요금 대상의 단일 고객으로 묶는 호집중 사업

④ 이동전화, PCS 등 무선통신 사업자로부터 일정규모의 통화시간을 할인 가격으로 빌려 가입자를 유치하는 에어 타임 재판매 사업(Airtime Reseller)

⑤ 구내 통신 사업은 초고속 통신망 구축을 위한 정책의 일환으로 구내 통신망의 고도화를 촉진하기 위한 것이다.

⑥ 구내 통신 사업자는 하나의 건물이나 500m 이내에 있는 동일인 소유의 건물 내에서는 어떤 통신 서비스도 제공할 수 있다. 기간 통신 사업자부터 대량 이용에 따른 할인을 받아 사업구역인 건물 내에 통신망을 구성, 건물 입주자들에게 다양한 LAN 기술을 보유하고 있는 통신 장비 제조업체나 정보 통신 공사업체, 건물주, 통신 사업자, SI업체 등의 활성화를 촉진한다.

제20조 삭제

제21조(부가통신사업자의 신고 등)

부가통신사업을 경영하고자 하는 자는 대통령령이 정하는 요건 및 절차에 따라 방송통신위원회에 신고(정보통신망에 의한 신고를 포함한다)하여야 한다. 다만, 기간통신사업자가 부가통신사업을 경영하고자 하는 경우 또는 운영하는 전기통신설비의 규모 등 대통령령이 정하는 기준에 해당하는 소규모 부가통신사업의 경우에는 그러하지 아니하다.

제22조(등록 또는 신고사항의 변경)

제19조의 규정에 의하여 별정통신사업의 등록을 한 자(이하 "별정통신사업자"라 한다) 또는 제21조의 규정에 의하여 부가통신사업의 신고를 한 자(이하 "부가통신사업자"라 한다)는 그 등록 또는 신고한 사항중 대통령령이 정하는 사항을 변경하고자 하는 때에는 대통령령이 정하는 바에 따라 미리 방송통신위원회에 변경등록 또는 변경신고(정보통신망에 의한 변경등록 또는 변경신고를 포함한다)를 하여야 한다.

제23조 삭제

제24조 삭제

제24조의2 삭제

제25조(사업의 양도·양수 등)

별정통신사업 또는 부가통신사업의 전부 또는 일부의 양도·양수 또는 별정통신사업자 또는 부가통신사업자인 법인의 합병·상속이 있은 경우에는 당해 사업을 양수한 자, 합병후 존속하는 법인, 합병에 의하여 설립된 법인 또는 상속인은 대통령령이 정하는 요건과 절차에 따라 방송통신위원회에 신고(정보통신망에 의한 신고를 포함한다)하여야 한다.

제26조(사업의 승계)

제25조의 규정에 의하여 별정통신사업 또는 부가통신사업의 양도·양수, 별정통신사업자 또는 부가통신사업자인 법인의 합병 또는 부가통신사업의 상속이 있은 때에는 사업을 양수한 자, 합병후 존속하는 법인, 합병에 의하여 설립된 법인 또는 상속인은 종전의 별정통신사업자 또는 부가통신사업자의 지위를 승계한다.

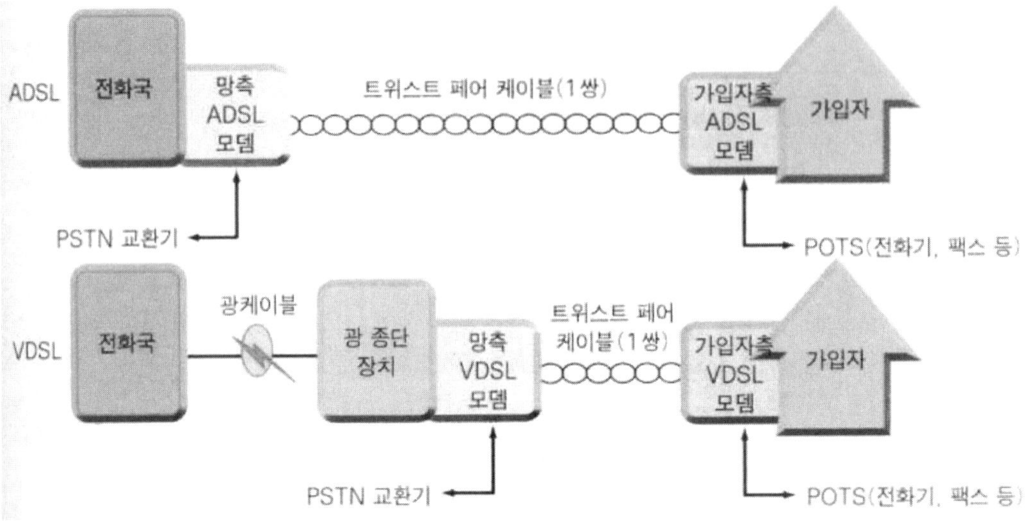

그림 3.4 ADSL과 VDSL의 구성 비교

제27조(사업의 휴지·폐지등)

① 별정통신사업자 또는 부가통신사업자가 그 사업의 전부 또는 일부를 휴지 또는 폐지하고자 하는 때에는 그 휴지 또는 폐지예정일 30일전까지 그 내용을 당해 역무의 이용자에게 통보하고 방송통신위원회에 신고(정보통신망에 의한 신고를 포함한다)하여야 한다.

② 별정통신사업자 또는 부가통신사업자인 법인이 합병외의 사유로 인하여 해산한 때에는 그 청산인(해산이 파산에 의한 경우에는 파산관재인을 말한다)은 지체없이 이를 방송통신위원회에 신고(정보통신망에 의한 신고를 포함한다)하여야 한다.

제28조(사업의 등록취소 및 폐지명령등)

① 방송통신위원회는 별정통신사업자가 다음 각 호의 어느 하나에 해당하는 때에는 등록을 취소하거나 1년 이내의 기간을 정하여 사업의 정지를 명할 수 있다. 다만, 제1호에 해당하는 때에는 등록을 취소하여야 한다.

1. 사위 기타 부정한 방법으로 등록을 한 때

2. 제19조제1항의 규정에 의하여 등록한 날부터 1년 이내에 사업을 개시하지 아니하거나 1년 이상 계속하여 휴업한 때
3. 제19조제2항의 규정에 의한 조건을 이행하지 아니한 때
4. 삭제
5. 제37조제1항 또는 제65조제1항에 따른 시정명령을 정당한 사유없이 이행하지 아니한 때
6. 삭제
7. 삭제

② 방송통신위원회는 부가통신사업자가 다음 각 호의 어느 하나에 해당하는 때에는 사업의 폐지를 명하거나 1년 이내의 기간을 정하여 사업의 정지를 명할 수 있다. 다만, 제1호에 해당하는 때에는 사업의 폐지를 명하여야 한다.

1. 사위 기타 부정한 방법으로 신고를 한 때
2. 제21조의 규정에 의하여 신고한 날부터 1년 이내에 사업을 개시하지 아니하거나 1년 이상 휴업한 때
3. 삭제
4. 제37조제1항 또는 제65조제1항에 따른 시정명령을 정당한 사유없이 이행하지 아니한 때
5. 삭제

③ 제1항 또는 제2항의 규정에 의한 처분의 기준 및 절차 기타 필요한 사항은 대통령령으로 정한다.

제3장 전기통신업무

제29조(이용약관의 신고 등)

① 기간통신사업자는 그가 제공하고자 하는 전기통신역무에 관하여 그 역무별로 요금 및 이용조건(이하 "이용약관"이라 한다)을 정하여 방송통신위원회에 신고(변경신고를 포함한다)하여야 한다. 다만, 사업규모 및 시장점유율 등이 대통령령으로 정하는 기준에 해당하는 기간통신역무의 경우에는 방송통신위원회의 인가(변경인가를 포함한다)를 받아야 한다.

② 삭제

③ 방송통신위원회는 이용약관이 다음 각 호의 기준에 적합한 때에 제1항 단서에 따라 이용약관을 인가하여야 한다.

1. 전기통신역무의 요금이 공급비용, 수익, 비용·수익의 역무별 분류, 역무제공방법에 따른 비용절감, 공정한 경쟁환경에 미치는 영향 등을 합리적으로 고려하여 산정되었을 것
2. 삭제
3. 기간통신사업자 및 그 이용자의 책임에 관한 사항 및 전기통신설비의 설치공사 기타의 공사에 관한 비용부담의 방법이 부당하게 이용자에게 불리하지 아니할 것
4. 다른 전기통신사업자 또는 이용자의 전기통신회선설비의 이용형태를 부당하게 제한하지 아니할 것
5. 특정인에 대하여 부당한 차별적 취급을 하지 아니할 것
6. 제55조에 따른 중요 통신의 확보에 관한 사항이 국가기능의 효율적 수행 등을 배려할 것

④ 삭제

⑤ 별정통신사업자 또는 부가통신사업자가 기간통신사업자의 전기통신회선설비를 이용하는 경우에 그 전기통신회선설비의 이용에 대하여는 제1항의 규정에 의한 이용약관을 적용한다.

⑥ 제1항의 규정에 따라 전기통신역무에 관한 이용약관의 신고(변경신고를 포함한다)를 하거나 인가(변경인가를 포함한다)를 받고자 하는 자는 가입비, 기본료, 사용료, 부가서비스료, 실비 등을 포함한 전기통신역무의 요금산정의 근거자료(변경할 경우에는 신·구내용대비표를 포함한다)를 방송통신위원회에 제출하여야 한다.

제30조 삭제

제31조 삭제

제32조(요금의 감면)

기간통신사업자는 국가안전보장, 재난구조, 사회복지, 공익상의 필요 등 대통령령이 정하는 바에 따라 전기통신역무의 요금을 감면할 수 있다.

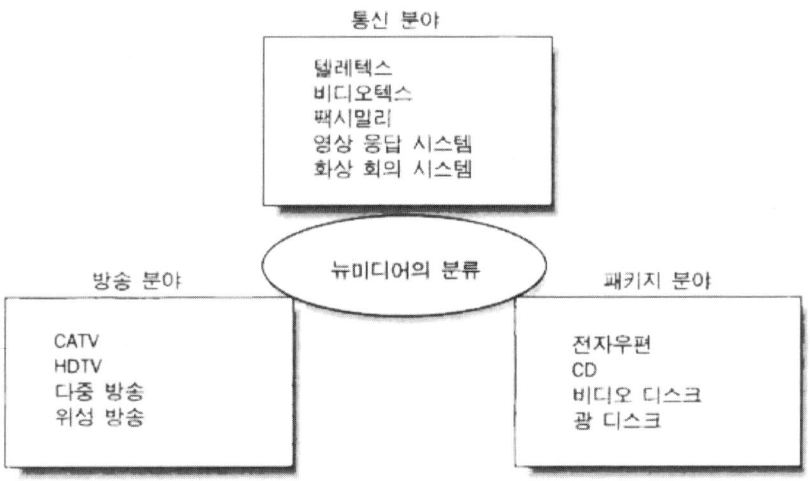

그림 3.5 정보통신 분야

제32조의2(타인사용의 제한)

누구든지 전기통신사업자가 제공하는 전기통신역무를 이용하여 타인의 통신을 매개하거나 타인의 통신용에 제공하여서는 아니된다. 다만, 다음 각호의 경우에는 그러하지 아니하다.

1. 국가비상사태하에서 재해의 예방·구조, 교통·통신 및 전력공급의 확보와 질서유지를 위하여 필요한 경우
2. 전기통신사업 이외의 사업을 영위함에 있어서 고객에게 부수적으로 전기통신역무를 이용하도록 제공하는 경우
3. 전기통신역무를 이용할 수 있는 단말장치 등 전기통신설비를 개발·판매하기 위하여 시험적으로 사용하도록 하는 경우
4. 이용자가 제3자에게 반복적이지 아니한 정도로 사용하도록 하는 경우
5. 그 밖에 공공의 이익을 위하여 필요하거나 전기통신사업자의 사업경영에 지장을 초래하지 아니하는 경우로서 대통령령이 정하는 경우

제32조의3 삭제

제32조의4(전송·선로설비 등의 사용)

① 「방송법」에 의한 종합유선방송사업자·전송망 사업자 또는 중계유선방송사업자는 대통령령이 정하는 방법에 따라 보유하고 있는 전송·선로설비 또는 유선방송설비를 기간통신사업자에게 제공할 수 있다.

② 「방송법」에 의한 종합유선방송사업자·전송망사업자 또는 중계유선방송사업자가 보유하고 있는 전송·선로설비 또는 유선방송설비를 이용하여 부가통신역무를 제공하고자 하는 경우에는 제21조의 규정에 의하여 방송통신위원회에 신고하여야 한다.

③ 제33조의5 내지 제37조 및 제38조의 규정은 제1항의 규정에 의한 전송·선로설비 또는 유선방송설비의 제공에 관하여 이를 준용한다.

④ 「전기통신기본법」 제25조제2항 내지 제6항의 규정은 제2항의 규정에 의한 역무의 제공에 관하여 이를 준용한다.

제33조(이용자 보호)

① 삭제

② 전기통신사업자는 전기통신역무에 관하여 이용자로부터 제기되는 정당한 의견이나 불만을 즉시 처리하여야 한다. 이 경우 즉시 처리가 곤란한 경우에는 이용자에게 그 사유와 처리일정을 통보하여야 한다.

③ 제2항의 규정에 의한 의견 또는 불만의 원인이 되는 사유의 발생과 이의 처리지연에 따른 손해의 배상은 제33조의2의 규정에 의한다.

제33조의2(손해배상)

전기통신사업자는 전기통신역무를 제공함에 있어 이용자에게 손해를 입힌 경우에는 배상을 하여야 한다. 다만, 그 손해가 불가항력으로 인하여 발생한 경우 또는 그 손해의 발생이 이용자의 고의 또는 과실로 인한 경우에는 그 배상책임이 경감 또는 면제된다.

제33조의3(손해배상의 절차 및 재정신청)

① 제33조의2의 규정에 의한 손해배상을 함에 있어서는 손해배상을 받을 자와 협의하여야 한다.

② 제1항의 규정에 의한 손해배상에 관한 협의가 성립되지 아니하거나 협의를 할 수 없는 경우에는 당사자는 방송통신위원회에 재정을 신청할 수 있다.

제4장 전기통신사업의 경쟁촉진 등

제33조의4(경쟁의 촉진)

① 방송통신위원회는 전기통신사업의 효율적인 경쟁체제의 구축과 공정한 경쟁환경의 조성을 위하여 노력하여야 한다.

② 방송통신위원회는 제1항의 전기통신사업의 효율적인 경쟁체제의 구축과 공정한 경쟁환경의 조성을 위한 경쟁정책 수립을 위하여 매년 기간통신사업에 대한 경쟁상황 평가를 실시하여야 한다.

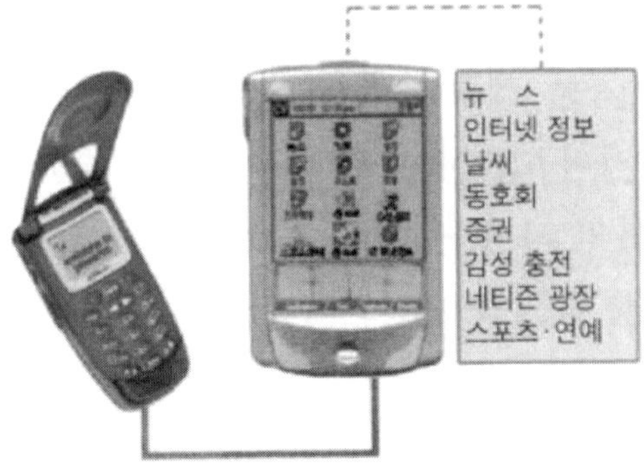

그림 3.6 무선데이터 시스템의 서비스 사용예

③ 제2항의 규정에 따른 경쟁상황 평가를 위한 구체적인 평가기준, 절차, 방법 등에 대하여는 대통령령으로 정한다.

제33조의5(전기통신설비의 제공)

① 기간통신사업자는 다른 기간통신사업자로부터 전기통신설비의 제공에 관한 요청이 있는 경우에는 협정을 체결하여 전기통신설비를 제공할 수 있다.

② 다음 각호의 1에 해당하는 기간통신사업자는 제1항의 규정에 의한 요청이 있는 경우에는 제1항의 규정에 불구하고 협정을 체결하여 전기통신설비를 제공하여야 한다.

1. 다른 전기통신사업자가 전기통신역무를 제공함에 있어 필수적인 설비를 보유한 기간통신사업자
2. 기간통신역무의 사업규모 및 시장점유율 등이 대통령령이 정하는 기준에 해당하는 기간통신사업자

③ 방송통신위원회는 제1항 및 제2항의 규정에 의한 전기통신설비의 범위와 설비제공의 조건·절차·방법 및 대가의 산정 등에 관한 기준을 정하여 고시한다. 이 경우 제2항의 규정에 의하여 제공하여야 하는 전기통신설비의 범위는 동항 각호의 1에 해당하는 기간통신사업자의 전기통신설비의 수요를 고려하여 정하여야 한다.

④ 전기통신설비의 제공을 받은 기간통신사업자는 허가받은 전기통신역무의 제공을

위하여 필요한 범위안에서 그 설비의 효율성을 높이는 장치를 부착할 수 있다.

⑤ 삭제

제33조의6(가입자선로의 공동활용)

① 기간통신사업자는 이용자와 직접 연결되어 있는 교환설비로부터 이용자까지의 구간에 설치한 선로(이하 이 조에서 "가입자선로"라 한다)에 대하여 방송통신위원회가 정하여 고시하는 다른 전기통신사업자가 공동활용에 관한 요청을 하는 경우에는 이를 허용하여야 한다.

② 방송통신위원회는 제1항의 규정에 의한 가입자선로의 공동활용의 범위와 조건·절차·방법 및 대가의 산정 등에 관한 기준을 정하여 고시한다.

③ 삭제

제33조의7(무선통신시설의 공동이용)

① 기간통신사업자는 다른 기간통신사업자로부터 무선통신시설의 공동이용(이하 "공동이용"이라 한다)에 관한 요청이 있는 경우에는 협정을 체결하여 이를 허용할 수 있다. 이 경우 방송통신위원회가 정하여 고시하는 기간통신사업자간의 공동이용의 대가는 공정하고 타당한 방법으로 산정하여 정산하여야 한다.

② 전기통신사업의 효율성을 높이고 이용자를 보호하기 위하여 방송통신위원회가 정하여 고시하는 기간통신사업자는 방송통신위원회가 정하여 고시하는 기간통신사업자로부터 공동이용에 관한 요청이 있는 경우에는 제1항의 규정에 불구하고 협정을 체결하여 이를 허용하여야 한다.

③ 제1항 후단에 따른 공동이용 대가의 산정기준·절차 및 지급방법 등과 제2항에 따른 공동이용의 범위와 조건·절차·방법 및 대가의 산정 등에 관한 기준은 방송통신위원회 고시로 정한다.

④ 삭제

제34조(상호접속)

① 전기통신사업자는 다른 전기통신사업자로부터 전기통신설비의 상호접속에 관한 요청이 있는 경우에는 협정을 체결하여 상호접속을 허용할 수 있다.

② 방송통신위원회는 제1항의 규정에 의한 전기통신설비의 상호접속의 범위와 조건·

절차·방법 및 대가의 산정 등에 관한 기준을 정하여 고시한다. 〈개정 2008.2.29〉

③ 제1항 및 제2항의 규정에 불구하고 다음 각호의 1에 해당하는 기간통신사업자는 제1항의 규정에 의한 요청이 있는 경우에는 협정을 체결하여 상호접속을 허용하여야 한다.

1. 다른 전기통신사업자가 전기통신역무를 제공함에 있어 필수적인 설비를 보유한 기간통신사업자
2. 기간통신역무의 사업규모 및 시장점유율 등이 대통령령이 정하는 기준에 해당하는 기간통신사업자

④ 삭제

제34조의2(상호접속의 대가)

① 상호접속의 이용대가는 공정하고 타당한 방법으로 산정하여 상호정산하여야 하며 구체적인 산정기준 및 절차와 지급방법은 제34조제2항의 규정에 의한 기준에 의한다.

② 기간통신사업자는 상호접속의 방법·접속통화의 품질 또는 상호접속에 필요한 정보의 제공 등에 있어 자신의 책임없는 사유로 불이익을 받은 경우에는 제34조제2항의 규정에 의한 기준이 정하는 바에 의하여 접속대가를 감하여 상호정산할 수 있다.

제34조의3(전기통신설비의 공동사용 등)

① 기간통신사업자는 다른 전기통신사업자로부터 전기통신설비의 상호접속에 필요한 설비의 설치 또는 운영을 위하여 그 기간통신사업자의 관로·케이블·전주 또는 국사 등의 전기통신설비 또는 시설에 대한 출입 또는 공동사용을 요청받은 경우에는 협정을 체결하여 전기통신설비 또는 시설에 대한 출입 또는 공동사용을 허용할 수 있다.

② 방송통신위원회는 제1항의 규정에 의한 전기통신설비 또는 시설에 대한 출입 또는 공동사용의 범위와 조건·절차·방법 및 대가의 산정 등에 관한 기준을 정하여 고시한다.

그림 3.7 IMT-200 서비스 사용의 예

③ 제1항의 규정에 불구하고 다음 각호의 1에 해당하는 기간통신사업자는 제1항의 규정에 의한 요청이 있는 경우에는 협정을 체결하여 제1항의 규정에 의한 전기통신설비 또는 시설에 대한 출입 또는 공동사용을 허용하여야 한다.

1. 다른 전기통신사업자가 전기통신역무를 제공함에 있어 필수적인 설비를 보유한 기간통신사업자
2. 기간통신역무의 사업규모 및 시장점유율 등이 대통령령이 정하는 기준에 해당하는 기간통신사업자

④ 삭제

제34조의4(정보의 제공)

① 기간통신사업자는 다른 전기통신사업자로부터 전기통신설비의 제공·상호접속 또는 공동사용 등이나 요금의 부과·징수 및 전기통신번호안내를 위하여 필요한 기술적 정보 또는 이용자의 인적 사항에 관한 정보의 제공을 요청받은 경우에는 협정을 체결하여 요청받은 정보를 제공할 수 있다.

② 방송통신위원회는 제1항의 규정에 의한 정보제공의 범위와 조건·절차·방법 및 대가의 산정 등에 대한 기준을 정하여 고시한다.

③ 제1항의 규정에 불구하고 다음 각호의 1에 해당하는 기간통신사업자는 제1항의

규정에 의한 요청이 있는 경우에는 협정을 체결하여 요청받은 정보를 제공하여야 한다.

1. 다른 전기통신사업자가 전기통신역무를 제공함에 있어 필수적인 설비를 보유한 기간통신사업자
2. 기간통신역무의 사업규모 및 시장점유율 등이 대통령령이 정하는 기준에 해당하는 기간통신사업자

④ 제3항의 규정에 의한 기간통신사업자는 그 전기통신설비에 다른 전기통신사업자 또는 이용자가 단말기기 기타 전기통신설비를 접속하여 사용하는데 필요한 기술적 기준과 이용 및 공급기준 기타 공정한 경쟁환경의 조성을 위하여 필요한 기준을 정하여 방송통신위원회의 승인을 얻어 이를 공시하여야 한다.

⑤ 삭제

제34조의5(정보유용금지)

① 전기통신사업자가 자신의 역무제공이나 전기통신설비의 제공 또는 상호접속으로 인하여 취득한 개별 이용자에 관한 정보를 공개하여서는 아니된다. 다만, 본인의 동의가 있거나 법률의 규정에 의한 적법한 절차에 의한 경우에는 그러하지 아니하다.

② 전기통신사업자는 제34조의4의 규정에 의하여 제공받은 정보를 제공받은 목적에 한하여 사용하여야 하며, 다른 용도에 부당하게 사용하거나 제3자에게 제공하여서는 아니된다.

제34조의6(상호접속 등 협정의 신고 등)

① 기간통신사업자가 다른 전기통신사업자로부터 전기통신설비의 제공·공동이용·상호접속 또는 공동사용 등이나 정보제공에 관한 요청을 받은 경우에는 특별한 사유가 없는 한 90일 이내에 제33조의5제1항·제2항, 제33조의7제1항 전단, 제34조제1항, 제34조의3제1항 또는 제34조의4제1항의 규정에 의한 협정을 체결하고 방송통신위원회에 신고하여야 한다. 협정을 변경하거나 폐지한 때에도 또한 같다.

② 제1항의 규정에 불구하고 제33조의7제1항 후단 및 제2항, 제34조제3항, 제34조의3제3항 및 제34조의4제3항의 규정에 의한 기간통신사업자를 당사자로 하는 협정의 경우에는 방송통신위원회의 인가를 받아야 한다.

③ 제1항 및 제2항의 규정에 의한 협정은 제33조의5제3항, 제33조의7제3항, 제34조제2항, 제34조의3제2항 또는 제34조의4제2항의 규정에 의하여 방송통신위원회가 고시한 기준에 적합하여야 한다.

④ 방송통신위원회는 제2항의 규정에 의한 인가신청에 대하여 보완의 필요가 있는 경우에 기간을 정하여 그 보완을 명할 수 있다.

⑤ 제34조의3제1항 및 제34조의4제1항의 규정에 의한 협정은 제34조제1항의 규정에 의한 협정에 포함하여 체결할 수 있다.

제35조(재정신청 등)

① 전기통신사업자는 전기통신설비의 제공·공동이용·상호접속 또는 공동사용등이나 정보의 제공에 관한 전기통신사업자간의 협정이 제34조의6제1항의 규정에 의한 기간내에 체결되지 아니하거나 체결할 수 없는 경우에는 방송통신위원회에 「전기통신기본법」 제40조의2의 규정에 의한 재정을 신청할 수 있다.

② 전기통신사업자는 다른 전기통신사업자가 전기통신설비의 제공·공동이용·상호접속 또는 공동사용 등이나 정보의 제공에 관한 협정을 이행하지 아니하여 손해가 발생하는 경우에는 방송통신위원회에 협정의 이행 또는 손해배상을 내용으로 하는 재정을 신청할 수 있다.

③ 삭제

④ 삭제

⑤ 삭제

제36조(전기통신번호 등)

① 방송통신위원회는 전기통신역무의 효율적 제공 및 이용자의 편익과 전기통신사업자간의 공정한 경쟁환경의 조성 등을 위하여 전기통신번호관리계획을 수립·시행하여야 한다.

② 방송통신위원회는 제1항의 규정에 의한 계획을 수립한 때에는 이를 고시하여야 한다. 수립된 계획을 변경한 때에도 또한 같다.

③ 전기통신사업자는 제2항의 규정에 의하여 고시한 사항을 준수하여야 한다.

④ 삭제

제36조의2(회계정리)

① 기간통신사업자는 대통령령이 정하는 바에 의하여 회계를 정리하고, 매 회계연도 종료 후 3월 이내에 전년도 영업보고서를 작성하여 통신위원회에 제출하고 관련되는 장부와 근거자료를 비치하여야 한다.

② 방송통신위원회는 제1항의 규정에 의한 회계정리에 관한 사항을 정하는 경우에는 미리 기획재정부장관과의 협의를 거쳐야 한다.

③ 방송통신위원회는 제1항의 규정에 의하여 제출된 기간통신사업자의 영업보고서의 내용을 검증할 수 있다.

④ 방송통신위원회는 제3항의 규정에 의한 검증을 위하여 필요한 경우에 기간통신사업자에 대하여 관련자료의 제출을 명하거나 사실확인에 필요한 검사를 할 수 있다.

⑤ 방송통신위원회는 제4항의 규정에 따라 검사를 하고자 하는 경우에는 검사 7일 전까지 검사기간·이유·내용 등에 대한 검사계획을 해당기간통신사업자에게 통지하여야 한다.

⑥ 제4항의 규정에 따라 검사를 하는 자는 그 권한을 표시하는 증표를 관계인에게 내보여야 하며, 최초 출입시 성명·출입기간·출입목적 등이 표시된 문서를 관계인에게 주어야 한다.

⑦ 삭제

제36조의3(금지행위)

① 전기통신사업자는 공정한 경쟁 또는 이용자의 이익을 저해하거나 저해할 우려가 있는 다음 각 호의 어느 하나에 해당하는 행위(이하 "금지행위"라 한다)를 하거나

그림 3.8 IMT-2000 단말기 삽입

다른 전기통신사업자 또는 제3자로 하여금 이를 행하도록 하여서는 아니된다.

1. 전기통신설비의 제공·공동활용·공동이용·상호접속 또는 공동사용 등이나 정보의 제공 등에 관하여 부당한 차별을 하거나 협정체결을 부당하게 거부하는 행위 또는 체결된 협정을 정당한 사유없이 불이행하는 행위
2. 전기통신설비의 제공·공동활용·공동이용·상호접속 또는 공동사용 등이나 정보의 제공 등에 의하여 알게 된 다른 전기통신사업자의 정보등을 자신의 영업활동에 부당하게 유용하는 행위
3. 비용 또는 수익을 부당하게 분류하여 전기통신역무의 이용요금이나 전기통신설비의 제공·공동활용·공동이용·상호접속 또는 공동사용 등이나 정보제공의 대가 등을 산정하는 행위
4. 이용약관(제29조제1항에 따라 신고 또는 인가된 이용약관에 한한다)과는 다르게 전기통신역무를 제공하거나 전기통신이용자의 이익을 현저히 저해하는 방식으로 전기통신역무를 제공하는 행위
5. 삭제

② 전기통신사업자와의 계약에 따라 전기통신사업자와 이용자의 계약체결(체결된 계약내용을 변경하는 것을 포함한다) 등을 대리하는 자가 제1항제4호의 행위 또는 제36조의4제1항 내지 제6항의 규정을 위반한 행위를 한 때에는 전기통신사업자가 이를 행한 것으로 보아 제37조 및 제37조의2의 규정에 한하여 이를 적용한다. 다만, 전기통신사업자가 그 행위를 방지하기 위하여 상당한 주의를 한 때에는 그러하지 아니하다.

③ 제1항의 규정에 의한 금지행위의 유형 및 기준에 관하여 필요한 사항은 대통령령으로 정한다.

제36조의4(통신단말장치 구입비용의 지원 금지 등)

① 전기통신사업자는 「전파법」 제11조 또는 제12조의 규정에 따라 주파수를 할당받아 기간통신역무를 제공하는 경우 그 역무의 이용에 필요한 통신단말장치의 구입비용을 지원(구입가격보다 낮게 판매하거나 현금지급, 가입비의 보조 그 밖의 경제적 이익의 제공을 포함한다. 이하 이 조에서 "지원"이라 한다)하여서는 아니된다. 다만, 다음 각 호의 어느 하나에 해당하는 경우에는 그러하지 아니하다.

1. 구입비용의 지원일을 기준으로 같은 전기통신사업자가 제공하는 기간통신역무의 이용기간이 연속하여 18개월 이상인 이용자에게 지원하는 경우. 다만, 그 지원일부터 기산하여 2년 이내에 1회에 한한다.
2. 기간통신역무를 개시한 날부터 6년이 경과되지 아니한 경우 당해 전기통신사업자가 그 기간통신역무의 이용자에게 지원하는 경우

② 제1항 단서의 규정에 따라 통신단말장치의 구입비용을 지원하고자 하는 전기통신사업자는 그 지원의 기준 및 한도 등(이하 이 조에서 "지원기준"이라 한다)을 정하여 지원기준의 시행일부터 30일 전에 방송통신위원회에 신고하고 이를 이용약관에 명시하여야 하며, 신고한 지원기준과 다르게 지원하거나 신고한 날부터 30일이 경과하기 전에 시행하여서는 아니 된다.

③ 전기통신사업자는 지원기준을 이용자가 알 수 있도록 그 영업장 및 전기통신사업자와의 계약에 따라 전기통신사업자와 이용자의 계약체결 등을 대리하는 자의 영업장에 게시하여야 하고 이를 이용자에게 불리하게 변경할 경우에는 그 시행일부터 30일 전에 이용자에게 고지하여야 하며, 이용자의 신청이 있는 경우 이용자의 이용기간과 사용실적, 지원기준에 따라 실제 지원받을 수 있는 금액을 알려주어야 한다.

④ 전기통신사업자는 기존에 가입계약을 체결한 이용자와 새로이 가입계약을 체결하고자 하는 이용자에 대하여 통신단말장치의 구입비용을 정당한 사유 없이 차별적으로 지원하여서는 아니 된다.

⑤ 기간통신사업자의 전기통신회선설비를 이용하여 기간통신역무를 제공하는 별정통신사업자는 당해 기간통신사업자의 통신단말장치 구입비용의 지원기준에 따라야 하며, 동일한 지원기준에 해당하는 이용자에 대한 기간통신사업자의 지원기준을 초과하여 지원하여서는 아니 된다.

⑥ 전기통신사업자는 일정기간 동안 이용자의 가입시점 및 통신단말장치 구입비용의 지원 등에 관한 정보를 관리하여야 하고, 구입비용을 지원받았거나 지원받고자 하는 자가 제1항 각 호의 어느 하나의 요건에 해당되는 지의 여부에 대하여 방송통신위원회가 확인요청을 하거나 다른 전기통신사업자가 그 이용자의 동의를 얻어 확인요청을 하는 경우에는 그 확인에 필요한 정보를 제공하여야 하며, 정당한 사유 없이 거절·지연하거나 허위의 정보를 제공하여서는 아니 된다.

⑦ 방송통신위원회는 제1항제1호의 규정에 따른 이용기간의 산정방법, 제3항의 규정에 따른 지원기준의 게시, 불리하게 변경된 지원기준 및 이용기간 등의 고지에 관한 사항 및 제6항의 규정에 따른 정보관리 대상의 구체적인 범위, 정보의 관리기간 및 제공방법 등을 정하여 고시하여야 한다.

제36조의5(사실조사 등)

① 방송통신위원회는 신고 또는 인지에 의하여 제36조의3의 규정에 따른 행위 또는 제36조의4제1항 내지 제6항의 규정을 위반한 행위가 있다고 인정하는 경우에는 소속공무원으로 하여금 이의 확인에 필요한 조사를 하게 할 수 있다.

② 방송통신위원회는 제1항에 따른 조사를 위하여 필요한 때에는 소속 공무원으로 하여금 전기통신사업자의 사무소와 사업장 또는 전기통신사업자의 업무를 위탁받아 취급하는 자(전기통신사업자로부터 위탁받은 업무가 제36조의3 또는 제36조의4와 관련된 경우 동 업무를 취급하는 자에 한한다. 이하 이 조에서 같다)의 사업장에 출입하여 장부·서류 기타 자료나 물건을 조사하게 할 수 있다.

③ 방송통신위원회는 제1항의 규정에 따라 조사를 하고자 하는 경우에는 조사 7일 전까지 조사기간·이유·내용 등에 대한 조사계획을 해당전기통신사업자에게 통지하여야 한다. 다만, 긴급을 요하거나 사전통지의 경우 증거인멸 등으로 조사목적을 달성 할 수 없다고 인정하는 경우에는 그러하지 아니하다.

④ 제2항에 따라 전기통신사업자의 사무소와 사업장 또는 전기통신사업자의 업무를 위탁받아 취급하는 자의 사업장에 출입하여 조사하는 자는 그 권한을 표시하는 증표를 관계인에게 내보여야 하며, 조사시에 해당 사무소 또는 사업장의 관계인을 참여시켜야 한다.

⑤ 제2항에 따라 조사를 하는 소속 공무원은 전기통신사업자 또는 전기통신사업자의 업무를 위탁받아 취급하는 자에 대하여 필요한 자료나 물건의 제출을 명할 수 있고, 제출된 자료나 물건의 폐기·은닉·교체 등 증거인멸의 우려가 있는 경우에는 그 제출된 자료나 물건을 일시 보관할 수 있다.

⑥ 방송통신위원회는 보관한 자료나 물건이 다음 각 호의 어느 하나에 해당하는 경우에는 이를 즉시 반환하여야 한다.

1. 보관한 자료나 물건을 검토한 결과 해당 조사와 관련이 없다고 인정되는 경우

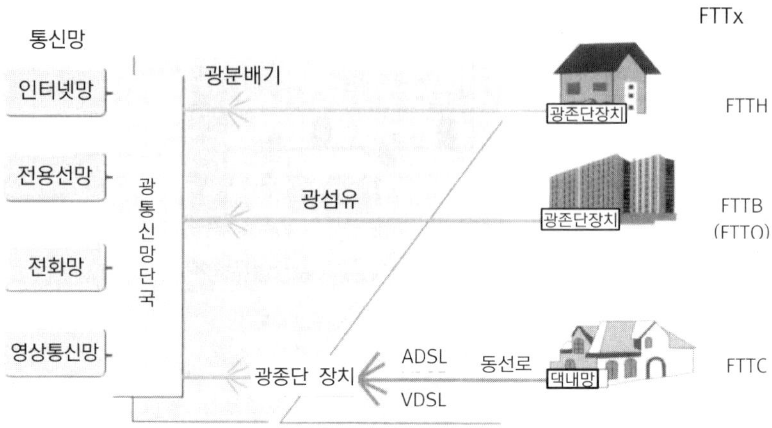

그림 3.9 광가입자망의 구성 방법

2. 해당 조사 목적의 달성 등으로 자료나 물건에 대한 보관의 필요성이 없어진 경우

제37조(금지행위에 대한 조치)

① 방송통신위원회는 제36조의3제1항의 규정에 따른 행위 또는 제36조의4제1항 내지 제6항의 규정을 위반한 행위가 있다고 인정하는 경우에 전기통신사업자에게 다음 각 호의 조치를 명할 수 있다.

1. 전기통신역무 제공조직의 분리
2. 전기통신역무에 대한 내부회계규정 등의 변경
3. 전기통신역무에 관한 정보의 공개
4. 전기통신사업자간 협정의 체결·이행 또는 내용의 변경
5. 전기통신사업자의 이용약관 및 정관의 변경
6. 금지행위의 중지
7. 금지행위로 인하여 시정조치를 명령받은 사실의 공표
8. 금지행위의 원인이 된 전기통신설비의 수거 등 금지행위로 인한 위법사항의 원상회복에 필요한 조치
9. 전기통신역무에 관한 업무처리 절차의 개선

10. 제1호 내지 제9호의 조치를 위하여 필요한 사항으로 대통령령이 정하는 사항

② 전기통신사업자는 제1항의 규정에 의한 방송통신위원회의 명령을 대통령령이 정한 기간내에 이행하여야 한다. 다만, 방송통신위원회는 천재·지변 기타 부득이한 사유로 인하여 전기통신사업자가 그 기간내에 명령을 이행할 수 없다고 인정하는 경우에는 1회에 한하여 그 기간을 연장할 수 있다.

③ 방송통신위원회는 제1항의 규정에 의한 조치를 명하기 전에 그 조치의 내용을 당사자에게 통지하고 기간을 정하여 의견을 진술할 기회를 주어야 하며, 필요하다고 인정하는 경우에는 이해관계인의 의견을 들을 수 있다. 다만, 당4

사자가 정당한 사유없이 이에 응하지 아니하는 때에는 그러하지 아니하다.

④ 방송통신위원회는 제36조의3제1항의 규정에 따른 행위 또는 제36조의4제1항 내지 제6항의 규정을 위반한 행위가 종료한 날부터 5년이 경과한 경우에는 해당행위에 대하여 제1항의 규정에 따른 조치를 명하거나 제37조의2의 규정에 따른 과징금을 부과하지 아니한다. 다만, 이미 완료된 조치 또는 과징금의 부과가 법원의 판결에 따라 취소된 경우로서 그 판결이유에 따라 새로운 처분을 하는 경우에는 그러하지 아니하다.

제37조의2(금지행위에 대한 과징금의 부과 등)

① 방송통신위원회는 제36조의3제1항의 규정에 따른 행위 또는 제36조의4제1항 내지 제6항의 규정을 위반한 행위가 있는 경우에는 당해 전기통신사업자에게 대통령령이 정하는 매출액의 100분의 3 이하에 해당하는 금액의 과징금을 부과할 수 있다. 이 경우 전기통신사업자가 매출액 산정자료의 제출을 거부하거나 거짓의 자료를 제출한 때에는 해당 전기통신사업자 및 동종 유사 역무제공사업자의 재무제표 등 회계자료와 가입자 수 및 이용요금 등 영업현황 자료에 근거하여 매출액을 추정할 수 있다. 다만, 매출액이 없거나 매출액의 산정이 곤란한 경우로서 대통령령이 정하는 때에는 10억원이하의 과징금을 부과할 수 있다.

② 방송통신위원회는 제1항의 규정에 따른 과징금을 부과하는 경우에는 다음 각 호의 사항을 참작하여야 한다.

1. 위반행위의 내용 및 정도
2. 위반행위의 기간 및 횟수

3. 위반행위로 인하여 취득한 이익의 규모
4. 위반 전기통신사업자의 금지행위와 관련된 매출액

③ 제1항의 규정에 따른 과징금은 제2항의 규정을 참작하여 산정하되 구체적인 산정기준과 절차는 대통령령으로 정한다.

④ 방송통신위원회는 제1항의 규정에 의한 과징금을 납부하여야 할 자가 납부기한내에 이를 납부하지 아니한 경우에는 납부기한의 다음날부터 체납된 과징금에 대하여 연 100분의 6에 해당하는 가산금을 징수한다.

⑤ 방송통신위원회는 제1항의 규정에 의한 과징금을 납부하여야 할 자가 납부기한까지 이를 납부하지 아니하는 때에는 기간을 정하여 독촉을 하고, 그 지정된 기간안에 과징금 및 제4항의 규정에 의한 가산금을 납부하지 아니한 때에는 국세체납처분의 예에 따라 이를 징수한다.

⑥ 법원의 판결 등의 사유로 제1항의 규정에 따라 부과된 과징금을 환급하는 경우에는 과징금을 납부한 날부터 환급하는 날까지 연 100분의 6에 해당하는 환급가산금을 지급하여야 한다.

제37조의3(다른 법률과의 관계)

전기통신사업자의 제36조의3제1항 각 호의 규정에 따른 행위 또는 제36조의4제1항 내지 제6항의 규정을 위반한 행위에 대하여 제37조의 규정에 의한 조치 또는 제37조의2의 규정에 의한 과징금의 부과를 한 경우에는 그 사업자의 동일한 행위에 대하여 동일한 사유로 「독점규제 및 공정거래에 관한 법률」에 의한 시정조치 또는 과징금의 부과를 할 수 없다.

제38조(손해배상)

제37조제1항의 규정에 의한 시정조치가 있는 경우에 금지행위로 피해를 입은 자는 금지행위를 한 전기통신사업자에 대하여 손해배상을 청구할 수 있으며, 당해 전기통신사업자는 고의 또는 과실이 없음을 입증하지 못하면 책임을 면할 수 없다.

제38조의2(전기통신역무의 품질개선 등)

①전기통신사업자는 그가 제공하는 전기통신역무의 품질을 개선하기 위하여 노력하여야 한다.

② 방송통신위원회는 전기통신역무의 품질을 개선하고 이용자의 편익을 증진하기 위하여 전기통신역무의 품질평가등 필요한 시책을 강구하여야 한다.

③ 방송통신위원회는 전기통신사업자에게 제2항의 규정에 의한 전기통신역무의 품질평가 등에 필요한 자료의 제출을 명할 수 있다.

제38조의3(사전선택제)

① 방송통신위원회는 이용자가 전기통신역무를 제공받고자 하는 전기통신사업자를 사전에 선택하는 제도(이하 "사전선택제"라 한다)를 시행하여야 한다. 이 경우 전기통신역무는 복수의 전기통신사업자가 제공하는 동일한 전기통신역무중 대통령령이 정하는 전기통신역무를 말한다.

② 전기통신사업자는 이용자로 하여금 특정한 전기통신사업자를 사전선택하도록 강요하거나 부당한 방법으로 권유·유도하는 행위를 하여서는 아니된다.

③ 방송통신위원회는 사전선택제를 효율적이고 중립적으로 시행하기 위하여 사전선택등록·변경 업무 등을 수행하는 전문기관(이하 "사전선택등록센터"라 한다)을 지정할 수 있다.

④ 사전선택제의 시행에 관한 사항과 사전선택등록센터의 지정 및 그 업무처리 방법 등에 관하여 필요한 사항은 방송통신위원회가 정하여 고시한다.

제38조의4(번호이동성)

① 방송통신위원회는 이용자가 전기통신사업자 등의 변경에도 불구하고 종전의 전기통신번호를 유지할 수 있도록 하기 위하여 전기통신번호이동성에 관한 계획(이하 이 조에서 "번호이동성계획"이라 한다)을 수립·시행할 수 있다.

② 번호이동성계획에는 다음 각호의 내용이 포함되어야 한다.

1. 전기통신 번호이동성 대상 서비스의 종류
2. 전기통신 번호이동성 대상 서비스별 도입시기
3. 전기통신 번호이동성 시행에 필요한 비용의 전기통신사업자별 분담에 관한 사항

③ 방송통신위원회는 번호이동성계획을 시행하기 위하여 관계 전기통신사업자로 하여금 필요한 조치를 하도록 명할 수 있다.

④ 삭제

⑤ 방송통신위원회는 전기통신 번호이동성을 효율적이고 중립적으로 시행하기 위하여 번호이동의 등록·변경업무 등을 수행하는 전문기관(이하 "번호이동성관리기관"이라 한다)을 지정할 수 있다.

⑥ 전기통신 번호이동성의 시행에 관한 사항과 번호이동성관리기관의 지정 및 그 업무처리 등에 관하여 필요한 사항은 방송통신위원회가 정하여 고시한다.

제38조의5(주식의 상호소유의 제한 등)

① 제34조제3항제1호 또는 제2호에 해당하는 기간통신사업자(특수관계인을 포함한다)는 서로 다른 기간통신사업자의 의결권있는 발행주식 총수의 100분의 5를 초과하여 소유하는 경우 그 한도를 초과하는 주식에 대하여는 의결권을 행사할 수 없다.

② 제1항의 규정은 제34조제3항제1호 또는 제2호에 해당하는 기간통신사업자와 그 기간통신사업자가 최대주주가 되어 설립한 기간통신사업자간의 소유관계에 대하여는 이를 적용하지 아니한다.

제38조의6(번호안내서비스의 제공)

① 전기통신사업자는 이용자의 전기통신번호를 이용자의 동의를 얻어 일반에게 음성·책자·인터넷 등으로 안내하는 서비스(이하 "번호안내서비스"라 한다)를 제공하여야 한다. 다만, 이용자의 수와 매출액 등을 고려하여 방송통신위원회가 정하여 고시하는 경미한 사업의 경우에는 그러하지 아니하다.

② 방송통신위원회는 개인정보보호를 위하여 필요한 경우에는 제1항의 규정에 따른 번호안내서비스의 제공을 제한할 수 있다.

③ 제1항의 규정에 의한 번호안내서비스 제공에 관하여 필요한 사항은 대통령령으로 정할 수 있다.

제5장 전기통신설비의 설치 및 보전

제39조(토지 등의 사용)

① 기간통신사업자는 전기통신업무에 제공되는 선로 및 공중선과 그 부속설비(이하 "선로등"이라 한다)를 설치하기 위하여 필요한 경우에는 타인의 토지 또는 이에 정착한 건물·공작물과 수면·수저(이하 "토지등"이라 한다)를 사용할 수 있다. 이 경우 기간통신사업자는 미리 그 토지등의 소유자 또는 점유자와 협의하여야 한다.

② 제1항의 규정에 의한 협의가 성립되지 아니하거나 협의를 할 수 없는 경우에는 기간통신사업자는 「공익사업을 위한 토지 등의 취득 및 보상에 관한 법률」이 정하는 바에 의하여 타인의 토지등을 사용할 수 있다.

③ 삭제

제40조(토지등의 일시사용)

① 기간통신사업자는 선로등에 관한 측량, 전기통신설비의 설치 또는 보전의 공사를 하기 위하여 필요한 경우에는 현재의 사용을 현저히 방해하지 아니하는 범위안에서 사유 또는 국·공유의 전기통신설비 및 토지등을 일시 사용할 수 있다.

② 기간통신사업자는 제1항의 규정에 의하여 사유 또는 국·공유재산을 일시 사용하고자 하는 경우에는 미리 점유자에게 사용목적과 사용기간을 통지하여야 한다. 다만, 미리 통지하는 것이 곤란한 경우에는 사용시 또는 사용후 지체없이 통지하고, 점유자의 주소 및 거소불명으로 통지할 수 없는 경우에는 이를 공고하여야 한다.

③ 제1항의 규정에 의한 토지등의 일시 사용기간은 6월을 초과할 수 없다.

④ 제1항의 규정에 의하여 사유 또는 국·공유의 전기통신설비나 토지등을 일시사용하는 자는 그 권한을 표시하는 증표를 지니고 이를 관계인에게 내보여야 한다.

제41조(토지등에의 출입)

① 기간통신사업자의 전기통신설비의 설치·보전을 위한 측량·조사등을 위하여 필요한 경우에는 타인의 토지등에 출입할 수 있다. 다만, 출입하고자 하는 곳이 주거용 건물인 경우에는 거주자의 승낙을 얻어야 한다.

② 제40조제2항 및 제4항의 규정은 제1항의 규정에 의하여 측량 또는 조사 등에 종사하는 자가 사유 또는 국·공유의 토지등에 출입하는 경우에 이를 준용한다.

제42조(장해물등의 제거요구)

① 기간통신사업자는 선로등의 설치 또는 전기통신설비에 장해를 주거나 줄 우려가 있는 가스관·수도관·하수도관·전등선·전력선 또는 자가전기통신설비(이하 "장해물등"이라 한다)의 소유자 또는 점유자에게 그 장해물등의 이전·개조·수리 기타의 조치를 요구할 수 있다.

② 기간통신사업자는 식물이 선로등의 설치·유지 또는 전기통신에 장해를 주거나 줄 우려가 있는 경우에는 그 소유자 또는 점유자에게 식물의 제거를 요구할 수 있다.

③ 기간통신사업자는 식물의 소유자 또는 점유자가 제2항의 규정에 의한 요구에 응하지 아니하거나 기타 부득이한 사유가 있는 경우에는 방송통신위원회의 허가를 받아 그 식물을 벌채 또는 이식할 수 있다. 이 경우 당해 식물의 소유자 또는 점유자에게 지체없이 통지하여야 한다.

④ 기간통신사업자의 전기통신설비에 장해를 주거나 줄 우려가 있는 장해물등의 소유자 또는 점유자는 당해 장해물등의 신설·증설·개수·철거 또는 변경의 필요가

있는 경우에는 미리 기간통신사업자와 협의하여야 한다.

제43조 삭제

제44조(원상회복의 의무)

기간통신사업자는 제39조 및 제40조의 규정에 의한 토지등의 사용이 끝나거나 사용하고 있는 토지등을 전기통신업무에 제공할 필요가 없게 된 경우에는 당해 토지등을 원상으로 회복하여야 하며, 원상으로 회복하지 못하는 경우에는 그 소유자 또는 점유자가 입은 손실에 대하여 정당한 보상을 하여야 한다.

제45조(손실보상)

기간통신사업자는 제40조제1항·제41조제1항 또는 제42조의 경우에 타인에게 손실을 끼친 경우에는 손실을 입은 자에 대하여 정당한 보상을 하여야 한다.

제46조 삭제

제47조(토지등의 손실보상의 절차)

① 제40조제1항·제41조제1항·제42조 또는 제44조의 규정에 의한 토지등의 사용, 토지등에의 출입, 장해물등의 제거 또는 원상회복의 불능에 따른 제44조 또는 제45조의 규정에 의한 손실보상을 함에 있어서는 그 손실을 입은 자와 협의하여야 한다.

② 제1항의 규정에 의한 협의가 성립되지 아니하거나 협의를 할 수 없는 경우에는 「공익사업을 위한 토지 등의 취득 및 보상에 관한 법률」에 의한 관할 토지수용위원회에 재결을 신청하여야 한다.

③ 이 법에서 규정한 것을 제외하고 제1항의 토지등의 손실보상 등에 관한 기준·방법 및 절차와 제2항의 재결신청 등에 관하여는 「공익사업을 위한 토지 등의 취득 및 보상에 관한 법률」의 규정을 준용한다.

제48조 삭제

제49조 삭제

제50조(전기통신설비의 보호)

① 누구든지 전기통신설비를 손괴하여서는 아니되며, 이에 대한 물건의 접촉 기타의 방법으로 전기통신설비의 기능에 장해를 주어 전기통신의 소통을 방해하는 행위를 하여서는 아니된다.

② 누구든지 전기통신설비에 물건을 던지거나, 이에 동물·배 또는 뗏목 따위를 매는 등의 방법으로 전기통신설비를 오손하거나 전기통신설비의 측량표를 훼손하여서는 아니된다.

③ 기간통신사업자는 해저에 설치한 통신용 케이블 및 그 부속설비(이하 "해저케이블"이라 한다)를 보호하기 위하여 필요한 경우에는 해저케이블 경계구역의 지정을 방송통신위원회에 신청할 수 있다.

④ 방송통신위원회는 제3항에 따른 신청을 받은 때에는 그 지정의 필요성 등을 검토하고, 관계 중앙행정기관의 장과의 협의를 거쳐 해저케이블 경계구역을 지정·고시할 수 있다.

⑤ 해저케이블 경계구역의 지정신청, 지정·고시의 방법·절차, 경계구역 표시의 방법 등에 관한 사항은 대통령령으로 정한다.

제51조(설비의 이전 등)

① 기간통신사업자의 전기통신설비가 설치되어 있는 토지등이나 이에 인접한 토지등의 이용목적 또는 이용방법의 변경으로 인하여 그 설비가 토지등의 이용에 방해가 되는 때에는 그 토지등의 소유자 또는 점유자는 기간통신사업자에게 전기통신설비의 이전 기타 방해의 제거에 필요한 조치를 할 것을 요구할 수 있다.

② 기간통신사업자는 제1항의 규정에 의한 요구를 받은 경우 당해 조치가 업무의 수행상 또는 기술상 곤란한 경우를 제외하고는 필요한 조치를 하여야 한다.

③ 제2항의 조치에 필요한 비용은 해당 설비의 설치 이후에 그 설비의 이전 그 밖의 방해제거에 필요한 조치의 원인을 제공한 자가 부담한다. 다만, 기간통신사업자는 동 비용을 부담하는 자가 동 토지의 소유자 또는 점유자인 경우로서 다음 각 호의 어느 하나에 해당하는 경우에는 해당 설비 설치시 보상금액, 설비기간 등을 고려하여 동 토지의 소유자 또는 점유자가 부담하는 비용을 감면할 수 있다.

1. 기간통신사업자가 해당 전기통신설비의 이전 그 밖의 방해요소를 없애기 위한 계획을 수립하여 시행하는 경우

2. 해당 전기통신설비의 이전 그 밖의 방해요소의 제거가 다른 전기통신설비에 유익하게 되는 경우
3. 국가 또는 지방자치단체가 전기통신설비의 이전 그 밖의 방해요소의 제거를 요구하는 경우
4. 사유지 내의 전기통신설비가 해당 토지등을 이용하는 데에 크게 지장을 주어 이전하는 경우

제52조(다른 기관의 협조 등)

기간통신사업자의 전기통신설비의 설치와 보전을 위하여 차량·선박·항공기 기타 운반구의 운행이 필요한 경우에는 관계공공기관에 협조를 요청할 수 있다. 이 경우 협조의 요청을 받은 공공기관은 정당한 사유가 없는 한 이에 응하여야 한다.

제6장 보칙

제53조 삭제

제53조의2 삭제

제54조(통신비밀의 보호)

① 누구든지 전기통신사업자가 취급중에 있는 통신의 비밀을 침해하거나 누설하여서는 아니된다.

② 전기통신업무에 종사하는 자 또는 종사하였던 자는 그 재직중에 통신에 관하여 알게 된 타인의 비밀을 누설하여서는 아니된다.

③ 전기통신사업자는 법원, 검사 또는 수사관서의 장(군 수사기관의 장, 국세청장 및 지방국세청장을 포함한다. 이하 같다), 정보수사기관의 장으로부터 재판, 수사(「조세범 처벌법」 제10조제1항, 제3항 및 제4항의 범죄 중 전화, 인터넷 등을 이용한 범칙사건의 조사를 포함한다), 형의 집행 또는 국가안전보장에 대한 위해를 방지하기 위한 정보수집을 위하여 다음 각호의 자료의 열람이나 제출(이하 "

통신자료제공"이라 한다)을 요청받은 때에 이에 응할 수 있다.

1. 이용자의 성명
2. 이용자의 주민등록번호
3. 이용자의 주소
4. 이용자의 전화번호
5. 아이디(컴퓨터시스템이나 통신망의 정당한 이용자를 식별하기 위한 이용자 식별부호를 말한다)
6. 이용자의 가입 또는 해지 일자

④ 제3항의 규정에 의한 통신자료제공의 요청은 요청사유, 해당이용자와의 연관성, 필요한 자료의 범위를 기재한 서면(이하 "자료제공요청서"라 한다)으로 하여야 한다. 다만, 서면으로 요청할 수 없는 긴급한 사유가 있는 때에는 서면에 의하지 아니하는 방법으로 요청할 수 있으며, 그 사유가 해소된 때에 지체없이 전기통신사업자에게 자료제공요청서를 제출하여야 한다.

⑤ 전기통신사업자는 제3항 및 제4항의 절차에 따라 통신자료제공을 한 때에는 당해 통신자료제공사실 등 필요한 사항을 기재한 대통령령이 정하는 대장과 자료제공요청서 등 관련자료를 비치하여야 한다.

⑥ 전기통신사업자는 대통령령이 정하는 방법에 따라 통신자료제공을 한 현황 등을 년 2회 방송통신위원회에 보고하여야 하며, 방송통신위원회는 전기통신사업자가 보고한 내용의 사실여부 및 제5항에 따른 관련자료의 관리상태를 점검할 수 있다.

⑦ 전기통신사업자는 제3항에 따라 통신자료제공을 요청한 자가 소속된 중앙행정기관의 장에게 제5항에 따른 대장에 기재된 내용을 대통령령이 정하는 방법에 따라 통보하여야 한다. 다만, 통신자료제공을 요청한 자가 법원인 경우에는 법원행정처장에게 통보하여야 한다.

⑧ 전기통신사업자는 이용자의 통신비밀에 관한 업무를 담당하는 전담기구를 설치·운영하여야 하며, 그 전담기구의 기능 및 구성 등에 관한 사항은 대통령령으로 정한다.

⑨ 제4항의 규정에 의하여 전기통신사업자에게 제출되는 서면에 대한 결재권자의 범

위 등에 관하여 필요한 사항은 대통령령으로 정한다.

제54조의2(송신인의 전화번호의 고지 등)

① 전기통신사업자는 수신인의 요구가 있는 경우에는 송신인의 전화번호를 알려줄 수 있다. 다만, 송신인이 전화번호의 송출을 거부하는 의사표시를 하는 경우에는 그러하지 아니하다.

② 전기통신사업자는 제1항 단서의 규정에 불구하고 전기통신에 의한 폭언·협박·희롱 등으로부터 수신인을 보호하기 위하여 국가안보·범죄방지·재난구조 등을 위하여 대통령령이 정하는 요건과 절차에 따라 수신인이 요구를 하는 경우와 특수번호 전화서비스중 국가안보·범죄방지·재난구조 등을 위하여 대통령령이 정하는 경우에는 송신인의 전화번호 등을 수신인에게 알려줄 수 있다.

③ 누구든지 다른 사람을 속여 재산상 이익을 취하거나 폭언·협박·희롱 등의 위해를 가할 목적으로 전화를 하면서 송신인의 전화번호를 변작하거나 허위로 표시하여서는 아니된다.

④ 누구든지 영리를 목적으로 송신인의 전화번호를 변작하거나 허위로 표시하는 서비스를 제공하여서는 아니된다. 다만, 공익목적이나 수신인에게 편의를 제공하는 등 정당한 사유가 있는 경우에는 그러하지 아니하다.

제55조(업무의 제한 및 정지)

방송통신위원회는 전시·사변·천재·지변 또는 이에 준하는 국가비상사태가 발생하거나 발생할 우려가 있는 경우 기타 부득이한 사유가 있는 경우에 중요통신을 확보하기 위하여 필요한 때에는 대통령령이 정하는 바에 의하여 전기통신사업자에게 전기통신업무의 전부 또는 일부를 제한하거나 정지할 것을 명할 수 있다.

제56조 삭제

제57조 삭제

제58조 삭제

제59조(국제전기통신업무에 관한 승인)

① 국제전기통신업무에 관하여 정부가 가입한 조약 또는 협정에 따로 규정이 있는

때에는 그 규정에 의한다.

② 전기통신사업자는 외국정부 또는 외국인과 국제전기통신역무의 취급에 따른 요금의 정산(부가통신사업자의 경우를 제외한다) 기타 대통령령이 정하는 국제전기통신업무에 관한 협정 또는 계약을 체결하고자 하는 경우에는 대통령령이 정하는 요건을 갖추어 방송통신위원회의 승인을 얻어야 한다. 이를 변경 또는 폐지하고자 하는 때에도 또한 같다.

③ 제2항의 규정에 의한 국제전기통신역무의 취급에 따른 요금의 정산에 관한 협정 또는 계약의 승인기준은 방송통신위원회가 정하여 고시한다.

제59조의2(기간통신역무의 국경간 공급)

① 국내에 사업장을 두지 아니하고 국외에서 국내로 기간통신역무의 제공(이하 "기간통신역무의 국경간 공급"이라 한다)을 하고자 하는 자는 동일한 기간통신역무를 제공하는 국내의 기간통신사업자 또는 별정통신사업자와 기간통신역무의 국경간 공급에 관한 계약을 체결하여야 한다.

② 제29조, 제30조, 제33조 내지 제33조의3, 제36조의3 내지 제37조, 제38조, 제53조 내지 제55조, 제62조 및 제65조의 규정은 제1항의 규정에 의하여 계약을 체결한 기간통신사업자 또는 별정통신사업자가 계약에서 정하는 역무의 제공에 관하여 이를 준용한다.

③ 방송통신위원회는 제1항의 규정에 의하여 기간통신역무의 국경간 공급을 하고자 하는 자 또는 그와 계약을 체결한 기간통신사업자나 별정통신사업자가 제2항의 규정에 의하여 준용되는 해당 규정을 위반하는 경우에는 제59조제2항의 규정에 의한 승인을 취소하거나 1년이내의 기간을 정하여 당해 계약에서 정하는 기간통신역무의 국경간 공급의 전부 또는 일부의 정지를 명할 수 있다.

④ 제3항의 규정에 의한 처분의 기준 및 절차 기타 필요한 사항은 대통령령으로 정한다.

제60조 삭제

제61조 삭제

제62조(통계의 보고등)

① 전기통신사업자는 전기통신역무별 시설현황·이용실적 및 이용자 현황과 요금의 부과·징수를 위하여 필요한 통화량 관련자료등 대통령령이 정하는 전기통신역무의 제공에 관한 통계를 대통령령이 정하는 바에 의하여 방송통신위원회에 보고하고 관련자료를 비치하여야 한다.

② 기간통신사업자 및 그 주주, 별정통신사업자 및 그 주주는 대통령령이 정하는 바에 의하여 제6조의 사실확인에 필요한 관계자료를 제출하여야 한다.

③ 방송통신위원회는 제2항의 규정에 의한 사실의 확인 또는 제출된 자료의 진위를 확인하기 위하여 행정기관 기타 관계기관에 대하여 제출된 자료의 심사를 요청하거나 관련자료의 제출을 요청할 수 있다. 이 경우 요청을 받은 기관은 정당한 사유가 없는 한 이에 응하여야 한다.

제63조(청문)

방송통신위원회는 다음 각호의 1에 해당하는 처분을 하고자 하는 경우에는 청문을 실시하여야 한다.

1. 제15조제1항의 규정에 의한 기간통신사업자에 대한 허가의 취소
2. 제28조제1항 및 제2항의 규정에 의한 별정통신사업의 등록의 취소 또는 부가통신사업의 폐지
3. 제59조의2제3항의 규정에 의한 승인의 취소

제64조(과징금의 부과 등)

① 방송통신위원회는 전기통신사업자가 제15조제1항 각호 또는 제28조제1항 및 제2항 각호의 1에 해당하여 사업의 정지를 명하여야 하는 경우로서 그 사업의 정지가 당해 사업의 이용자 등에게 심한 불편을 주거나 기타 공익을 해할 우려가 있는 경우에는 그 사업정지처분에 갈음하여 대통령령이 정하는 바에 따라 산출한 매출액의 100분의 3 이하에 해당하는 금액의 과징금을 부과할 수 있다. 이 경우 전기통신사업자가 매출액 산정자료의 제출을 거부하거나 거짓의 자료를 제출한 때에는 해당 전기통신사업자 및 동종 유사 역무제공사업자의 재무제표 등 회계자료와 가입자 수 및 이용요금 등 영업현황 자료에 근거하여 매출액을 추정할 수 있다. 다만, 매출액이 없거나 매출액의 산정이 곤란한 경우로서 대통령령이 정하

는 경우에는 10억원 이하의 과징금을 부과할 수 있다.

② 제1항의 규정에 따른 과징금의 구체적인 부과기준은 대통령령으로 정한다.

③ 제37조의2제4항 내지 제6항의 규정은 제1항의 규정에 의한 과징금에 관하여 이를 준용한다.

④ 삭제

제64조의2(과징금의 납부기한의 연장 및 분할납부)

① 방송통신위원회는 제37조의2와 제64조의 규정에 따라 전기통신사업자가 납부하여야 할 과징금이 대통령령이 정하는 금액을 초과하는 경우로서 다음 각 호의 어느 하나에 해당하는 사유로 인하여 과징금을 납부하여야 할 자가 과징금의 전액을 일시에 납부하기 어렵다고 인정되는 때에는 그 납부기한을 연장하거나 분할납부하게 할 수 있다. 이 경우 필요하다고 인정하는 때에는 담보를 제공하게 할 수 있다.

1. 자연재해 또는 화재 등으로 재산에 현저한 손실을 입은 경우
2. 사업여건의 악화로 사업이 중대한 위기에 있는 경우
3. 과징금의 일시납부에 따라 자금사정에 현저한 어려움이 예상되는 경우

② 과징금 납부기한의 연장·분할납부 및 담보제공 등에 관하여 필요한 사항은 대통령령으로 정한다.

제65조(시정명령 등)

① 방송통신위원회는 전기통신사업자가 다음 각호의 1에 해당하는 때에는 그 시정을 명하여야 한다.

1. 이 법,「전기통신기본법」,「전파법」,「정보통신망 이용촉진 및 정보보호 등에 관한 법률」,「국가정보화 기본법」이나 이들 법률에 의한 명령에 위반한 때
2. 전기통신사업자의 업무처리절차가 현저히 이용자의 이익을 저해한다고 인정되는 때
3. 사고등에 의하여 전기통신역무의 제공에 지장이 발생한 경우에 수리 등 지장을 제거하기 위하여 필요한 조치를 신속하게 실시하지 아니한 때

② 방송통신위원회는 전기통신의 발전을 위하여 필요한 경우에는 전기통신사업자에

대하여 다음 각호의 사항을 명할 수 있다.

1. 전기통신설비 등의 통합운영·관리
2. 사회복지의 증진을 위한 통신시설의 확충
3. 국가기능의 효율적 수행을 위한 중요통신을 위한 통신망의 구축·관리
4. 기타 대통령령이 정하는 사항

③ 방송통신위원회는 다음 각호의 1에 해당하는 자에 대하여 전기통신역무의 제공행위의 중지 또는 전기통신설비의 철거 등의 조치를 명할 수 있다.

1. 제5조제1항의 규정에 의한 허가를 받지 아니하고 기간통신사업을 경영한 자
2. 제19조제1항의 규정에 의한 등록을 하지 아니하고 별정통신사업을 경영한 자
3. 제21조제1항의 규정에 의한 신고를 하지 아니하고 부가통신사업을 경영한 자

제66조 삭제

제67조 삭제

제68조(권한의 위임·위탁)

① 이 법에 의한 방송통신위원회의 권한은 그 일부를 대통령령이 정하는 바에 의하여 소속기관의 장 또는 체신청장에게 위임·위탁할 수 있다.

② 방송통신위원회는 제21조제1항의 규정에 의한 신고에 관한 업무의 일부를 대통령령이 정하는 바에 의하여 전기통신사업자 또는 「정보통신망 이용촉진 및 정보보호 등에 관한 법률」에 의한 한국정보통신진흥협회에 위탁할 수 있다.

제7장 벌칙

제69조(벌칙)

다음 각호의 1에 해당하는 자는 5년 이하의 징역 또는 2억원 이하의 벌금에 처한다.

1. 제5조제1항의 규정에 의한 허가를 받지 아니하고 기간통신사업을 경영한 자

2. 제50조제1항의 규정에 위반하여 전기통신설비를 손괴하거나 이에 대한 물건의 접촉 기타의 방법으로 전기통신설비의 기능에 장해를 주어 전기통신의 소통을 방해한 자
3. 제54조제2항의 규정에 위반하여 재직중에 통신에 관하여 알게 된 타인의 비밀을 누설한 자
4. 제54조제3항의 규정에 위반하여 통신자료제공을 한 자 및 그 제공을 받은 자

제70조(벌칙)

다음 각호의 1에 해당하는 자는 3년 이하의 징역 또는 1억5천만원 이하의 벌금에 처한다.

1. 제3조제1항의 규정에 위반하여 정당한 사유없이 전기통신역무의 제공을 거부한 자
2. 제15조제1항의 규정에 의한 사업정지처분을 위반한 자
3. 제19조제1항의 규정에 의한 등록을 하지 아니하고 별정통신사업을 경영한 자
4. 제36조의3제1항제1호 내지 제3호 또는 제4호(이용약관과 다르게 전기통신역무를 제공하는 행위를 제외한다)의 어느 하나의 금지행위를 한 자
5. 제37조제2항의 규정에 의한 명령을 이행하지 아니한 자
6. 제40조제1항의 규정에 의한 선로등의 측량, 전기통신설비의 설치 및 보전행위를 방해한 자
7. 제54조제1항의 규정에 위반하여 전기통신사업자가 취급중에 있는 통신의 비밀을 침해하거나 누설한 자

제71조(벌칙)

다음 각 호의 어느 하나에 해당하는 자는 2년 이하의 징역 또는 1억원 이하의 벌금에 처한다.

1. 제10조의 규정에 의한 변경허가를 받지 아니하거나 신고를 하지 아니한 자
2. 제11조제1항 및 제34조의4제4항의 규정에 의한 승인을 얻지 아니한 자
3. 제13조제1항 본문에 따른 인가를 받지 아니하거나 제13조제2항 또는 제14조제1

항에 따른 승인을 얻지 아니한 자

4. 제13조제10항을 위반하여 통신망 통합, 임원의 임명행위 그 밖의 영업 양수·합병이나 설비매각 계약의 이행행위 또는 회사설립에 관한 후속조치를 한 자
5. 제14조제2항의 규정에 따른 이용자 보호조치 명령을 위반한 자
6. 제21조의 규정에 의한 신고를 하지 아니하고 부가통신사업을 경영한 자
7. 제28조제1항의 규정에 의한 사업정지처분을 위반한 자
8. 제28조제2항의 규정에 의한 사업폐지명령을 위반한 자
9. 제34조의5제1항 본문 또는 동조제2항의 규정에 위반하여 정보를 공개·사용하거나 제공한 자
10. 제55조에 따른 명령을 이행하지 아니한 자
11. 제59조제2항의 규정에 의한 승인·변경승인 또는 폐지승인을 얻지 아니한 자

제72조(벌칙)

다음 각 호의 어느 하나에 해당하는 자는 1년 이하의 징역 또는 5천만원 이하의 벌금에 처한다.

1. 제6조의3제5항 또는 제7조제2항(법률 제5385호 전기통신사업법중개정법률 부칙 제4조제4항의 규정에 의하여 준용되는 경우를 포함한다) 또는 제13조제9항의 규정에 의한 명령을 위반한 자
2. 제13조제1항 단서에 따른 신고를 하지 아니한 자
3. 제22조의 규정에 의한 변경등록 또는 변경신고를 하지 아니한 자
4. 제25조의 규정에 의한 신고를 하지 아니한 자
5. 제28조제2항의 규정에 의한 사업정지처분을 위반한 자
6. 제29조제1항의 규정에 의한 신고를 하지 아니하거나 인가를 받지 아니하고 전기통신역무를 제공한 자
7. 제32조의2 본문의 규정에 위반하여 전기통신사업자가 제공하는 전기통신역무를 이용하여 타인의 통신을 매개하거나 타인의 통신용에 제공한 자

제73조(벌칙)

다음 각 호의 어느 하나에 해당하는 자는 5천만원 이하의 벌금에 처한다.

1. 제36조의4제1항·제2항 또는 제4항 내지 제6항의 규정을 위반한 자
2. 제40조제1항의 규정에 의한 사유의 전기통신설비 또는 토지의 일시사용을 정당한 사유없이 거부·방해한 자
3. 제41조제1항의 규정에 의한 토지등에의 출입을 정당한 사유없이 거부·방해한 자
4. 제42조제1항의 규정에 의한 장해물등의 이전·개조·수리 기타의 조치 및 동조제2항의 규정에 의한 식물의 제거요구를 정당한 사유없이 거부한 자
5. 삭제
6. 제54조의2제3항의 규정을 위반하여 다른 사람을 속여 재산상 이익을 취하거나 폭언·협박·희롱 등의 위해를 가할 목적으로 전화를 하면서 송신인의 전화번호를 변작하거나 허위로 표시한 자
7. 제54조의2제4항의 규정을 위반하여 영리를 목적으로 송신인의 전화번호를 변작하거나 허위로 표시하는 서비스를 제공한 자

제74조 삭제

제75조(벌칙)

제50조제2항의 규정에 위반하여 전기통신설비를 오손하거나 전기통신설비의 측량표를 훼손한 자는 100만원 이하의 벌금 또는 과료에 처한다.

제76조(미수범)

제69조제2호·제3호 및 제70조제7호의 미수범은 처벌한다.

제77조(양벌규정)

법인의 대표자나 법인 또는 개인의 대리인, 사용인, 그 밖의 종업원이 그 법인 또는 개인의 업무에 관하여 제69조부터 제73조까지의 어느 하나에 해당하는 위반행위를 하면 그 행위자를 벌하는 외에 그 법인 또는 개인에게도 해당 조문의 벌금형을 과(科)한다. 다만, 법인 또는 개인이 그 위반행위를 방지하기 위하여 해당 업무에 관하여 상당한

주의와 감독을 게을리하지 아니한 경우에는 그러하지 아니하다.

제78조(과태료)

① 다음 각 호의 어느 하나에 해당하는 자는 1천만원 이하의 과태료에 처한다.

1. 제6조의3제2항의 규정에 의한 신고를 하지 아니하거나 제6조의4제3항 또는 제4항의 규정에 의한 자료제공요청이나 출석명령에 응하지 아니한 자
2. 제14조제1항의 규정을 위반하여 기간통신사업의 휴지 또는 폐지 예정일 60일 전까지 이용자에게 통보하지 아니한 자
3. 제27조의 규정에 의한 신고를 하지 아니한 자
4. 제30조의 규정에 의한 이용약관의 변경명령을 이행하지 아니한 자
5. 제33조제2항의 규정에 의한 이용자의 보호에 관한 의무를 위반한 자
6. 제34조의4제4항의 규정에 위반하여 기술적 기준, 이용 및 공급기준 또는 공정한 경쟁환경의 조성을 위한 기준을 공시하지 아니한 자
7. 제36조제3항의 규정에 위반하여 고시한 사항을 준수하지 아니한 자
8. 제36조의2제1항의 규정에 위반하여 회계를 정리하거나 영업보고서를 제출하지 아니한 자 또는 장부나 근거자료를 비치하지 아니한 자
9. 제36조의2제4항의 규정에 의한 관련자료의 제출에 관한 명령을 이행하지 아니한 자
10. 제36조의5제2항의 규정에 따른 조사를 거부 또는 기피하거나 이에 지장을 주는 행위를 한 자

10의2. 제36조의5제5항에 따른 자료나 물건의 제출명령 또는 제출된 자료나 물건의 일시 보관명령을 거부 또는 기피하거나 이에 지장을 주는 행위를 한 자

11. 제38조의2제3항의 규정에 의한 관련자료의 제출에 관한 명령을 이행하지 아니한 자
12. 제54조제5항의 규정에 위반하여 관련자료를 비치하지 아니하거나 허위로 기재하여 비치한 자
13. 제54조제7항의 규정에 위반하여 중앙행정기관의 장에게 통보하지 아니한 자

14. 제62조의 규정에 의한 보고 또는 자료제출을 하지 아니하거나 허위로 보고 또는 자료제출을 한 자
15. 제65조의 규정에 의한 시정명령 등을 이행하지 아니한 자

② 제1항의 규정에 의한 과태료는 대통령령이 정하는 바에 의하여 방송통신위원회가 부과·징수한다.

③ 제2항의 규정에 의한 과태료처분에 불복이 있는 자는 그 처분의 고지를 받은 날부터 30일 이내에 방송통신위원회에 이의를 제기할 수 있다.

④ 제2항의 규정에 의하여 과태료처분을 받은 자가 제3항의 규정에 의하여 이의를 제기한 때에는 방송통신위원회는 지체없이 관할법원에 그 사실을 통보하여야 하며, 그 통보를 받은 관할법원은 「비송사건절차법」에 의한 과태료의 재판을 한다.

⑤ 제3항의 규정에 의한 기간내에 이의를 제기하지 아니하고 과태료를 납부하지 아니한 때에는 국세체납처분의 예에 의하여 이를 징수한다.

연습문제

1) 전기통신 사업법의 목적과 정의에 대해서 설명하시오.

2) 전기통신 사업법의 보편적 역무에 대해서 설명하시오.

3) 전기통신 사업법의 구문과 허가에 대해서 설명하시오.

4) 전기통신 사업법의 허가결격사유에 대해서 설명하시오.

5) 전기통신 사업법의 임원의 결격사유에 대해서 설명하시오.

6) 방송통신위원회의 설립목적, 소관사무, 조직에 대해서 설명하시오.

7) 전기통신 사업법의 사업의 겸업에 대해서 설명하시오.

8) 전기통신 사업법의 사업의 휴지와 폐지에 대해서 설명하시오.

9) 전기통신 사업법의 허가의 취소에 대하여 설명하시오.

10) 전기통신 사업법의 타인사용의 제한에 대하여 설명하시오.

11) 전기통신 사업법의 전송 선로사용에 대하여 설명하시오.

12) 전기통신 사업법의 회계 정리에 대하여 설명하시오.

13) 전기통신 사업법의 통신단말장치의 구입비용의 지원금지에 대해서 설명하시오.

14) 전기통신 사업법의 금지행위에 대한 조치에 대하여 설명하시오.

15) 전기통신 사업법의 번호이동성에 대하여 설명하시오.

16) 전기통신 사업법의 토지 등의 대하여 설명하시오.

객관식 문제

1. 전기 통신 사업법은?
   가. 전기 통신 사업자의 이용 약관이다.
   나. 법률이다.
   다. 대통령령이다.
   라. 방송통신위원회 부령이다.

2. 전기 통신 역무의 이용약관에 관한 설명이다. 잘못 설명한 것은?
   가. 이용 약관의 이용 및 변경이 있는 경우는 이를 공시하여야 한다.
   나. 이용 약관은 전기 통신 사업자의 내규이므로 이용자가 열람하도록 비치할 필요가 없다.
   다. 전기 통신 사업자는 방송통신위원장이 이용 약관 변경 명령이 있을 경우 이를 변경하여야 한다.
   라. 기간 통신 사업자는 방송통신위원장의 허가를 받아야 하며 부가 통신사업자도 신고를 받아야 한다.

3. 전기 통신 설비의 건설과 보전에 종사중인 자가 관계 공공 기관에 협조 요청을 할 수 있는 사항으로 틀린 것은?
   가. 교통 통제 구역의 일지 출입
   나. 기자재의 도로변 일시 적재
   다. 도로에서는 휴식 및 취식
   라. 공사용 차량의 역회전 및 역행

4. 전기 통신 역무의 용에 공하는 선로 등의 설치시는 소유자, 또는 점유자에게 통보하고 사용할 수 있는 바, 사전 소관청과 협의하여야만 사용할 수 있는 것은?

가. 토지의 사용
나. 수면 또는 수저 사용
다. 건물 사용
라. 하천 사용

5. 전화 가입 구역에 대한 설명으로 맞지 않은 것은?
   가. 가입 청약을 승낙할 수 있는 시설을 갖춘 지역이다.
   나. 가입 구역의 급지는 가입 전화의 시설 수에 따른다.
   다. 1개의 가입 구역 안에 2 이상의 전화 교환국이 교환 업무를 취급할 수 없다.
   라. 동일한 가입 구역 및 준가입 구역의 전화 교환국에 수용된 전환 상호간의 통화를 시내 통화라 한다.

6. 가입 전화의 가입 구역의 급지를 결정하는 것은?
   가. 가입자의 수
   나. 전화 업무 취급국의 수
   다. 가입 전화의 시설 수
   라. 가입 청약의 수

7. 전기 통신 전용 회선의 단독 전용에 관한 설명 중 틀린 것은?
   가. 양측 단말 장치를 2인 이상이 사용하는 1의 전용 회선을 공동 전용회선이라 한다.
   나. 동일한 업무를 해하는 자와의 상호간은 공동 전용의 청약을 할 수 있다.
   다. 국제 전용 회선은 공동 전용으로의 사용이 불가능하다.
   라. 단독 전용은 1의 전용 회선 양측 단말장치가 동일인이 사용하는 회선 전용이다.

8. 전기 통신 사업자가 다른 전기 통신 사업자와 전기 통신 설비의 접속에 관한 협정을 체결하고자 할 때 거쳐야 할 절차는?
   가. 방송통신위원장의 승인
   나. 방송통신위원장의 허가

다. 방송통신위원장의 인가
라. 방송통신위원장의 신고

9. 전기 통신 설비의 보수를 위하여 타인의 주택 구내에 출입하는 경우의 규정 중 틀린 것은?
   가. 거주자의 승낙을 얻어야 한다.
   나. 신분 증표를 제시하여야 한다.
   다. 미리 통고만 했으면 승낙 여부는 무관한다.
   라. 정당한 사유없이 출입을 거부한 자는 벌금형이 처한다.

10. 전기 통신 설비는 이를 보호하기 위하여 그 설비의 설치 또는 보전에 있어 이에 장해가 되는 "장해물"에 대하여 제거 명령할 수 있는 바 법상 그 장해물의 범위는 다음의 것 중 어느 것인가?
   가. 가스관, 수도관, 하수도관, 전등선, 전력선, 또는 자가 통신 설비 등
   나. 허가없이 설치한 사설 통신 설비
   다. 고압 전력선 및 전기 공작물
   라. 가로수, 도로 건조물

11. 전기 통신 회선 설비를 성치하고 이를 이용하여 공공의 이익과 국가산업에 미치는 영향 등을 참작하여 전신, 전화 역무를 부령이 정하는 종류와 내용의 전기통신 역무를 제공하는 사업을 무엇이라 하는가?
   가. 특정 통신 사업
   나. 부가 통신 사업
   다. 기간 통신 사업
   라. 공중 통신 사업

12. 법령에 정하는 "단말 기기 등"의 정의는?
   가. 통신 회선에 접속하는 전신기, 전화기, 팩시밀리 장치, 정보 통신 장치 등을 말한다.
   나. 통신 회선에 접속하는 전신 교환기, 변복조기 등을 말한다.

다. 공중 통신 설비와 접속하여 이용하고 이용자가 설치하는 전건, 짹, 플럭, 버튼, 단기 등을 말한다.
라. 정보 통신에 이용하는 정보 통신 기기의 본체와 이에 부수되는 입출력 장치와 기타의 기기 등을 말한다.

13. 전기 통신 분야의 새로운 지식과 기술을 연구개발하고 이를 보급하기 위하여 설립한 기구는?
가. 한국 통신 기술 협회
나. 통신 진흥 협회
다. 한국 전자 통신 연구원
라. 한국 정보 문화 센터

14. "전기 통신의 전송이 이루어지는 유선 또는 무선의 전송 구간의 계통적 통신망"은 다음 중 어느 용어의 정의인가?
가. 선호
나. 회선
다. 선조
라. 회로

15. 정보 통신부 장관은 전기 통신 사업자로 하여금 새로운 전기 통신 역무를 제공하게 하거나 전기 통신 사업자간의 업무 영역을 조정할 수 있는데 그 기준이 될 수 없는 것은?
가. 전기 통신 역무의 내용
나. 전기 통신 사업 경영의 효율성
다. 전기 통신 사업의 기술적 관련성
라. 전기 통신 이용의 효율성

정답 : 1.나 2.나 3.다 4.라 5.다 6.다 7.다 8.라 9.다 10.가 11.다 12.가 13.다 14.나 15.라

II

PART

정보화 관계법

국가정보화 기본법 4

관 계 법	목 적
정보화 촉진 기본법 (법률)	① 정보화를 촉진하고 정보통신산업의 기반을 조성한다. ② 정보통신기반의 고도화를 실현한다. ③ 국민생활의 질을 향상시킨다. ④ 국민경제발전에 이바지함을 목적으로 한다.
정보화 촉진 기본법 시행령(대통령령)	정보화 촉진 기본법에서 위임된 사항과 그 시행에 관하여 필요한 사항을 규정함을 목적으로 한다.
정보화 촉진 기본법 시행규칙(방송통신부령)	정보화 촉진 기본법 및 동법 시행령에서 위임된 사항과 그 시행에 관하여 필요한 사항을 규정함을 목적으로 한다.

제1장 총칙

제1조(목적)

이 법은 국가정보화의 기본 방향과 관련 정책의 수립·추진에 필요한 사항을 규정함으로써 지속가능한 지식정보사회의 실현에 이바지하고 국민의 삶의 질을 높이는 것을 목적으로 한다.

제2조(기본이념)

이 법은 국가정보화의 추진을 통하여 인간의 존엄을 바탕으로 사회적, 윤리적 가치가 조화를 이루는 지식정보사회를 실현하고 이를 지속적으로 발전시키는 것을 기본이념으로 한다.

제3조(정의)

이 법에서 사용하는 용어의 뜻은 다음과 같다.

1. "정보"란 특정 목적을 위하여 광(光) 또는 전자적 방식으로 처리되어 부호, 문자, 음성, 음향 및 영상 등으로 표현된 모든 종류의 자료 또는 지식을 말한다.
2. "정보화"란 정보를 생산·유통 또는 활용하여 사회 각 분야의 활동을 가능하게 하거나 그러한 활동의 효율화를 도모하는 것을 말한다.
3. "국가정보화"란 국가기관, 지방자치단체 및 공공기관이 정보화를 추진하거나 사회 각 분야의 활동이 효율적으로 수행될 수 있도록 정보화를 통하여 지원하는 것을 말한다.
4. "지식정보사회"란 정보화를 통하여 지식과 정보가 행정, 경제, 문화, 산업 등 모든 분야에서 가치를 창출하고 발전을 이끌어가는 사회를 말한다.
5. "정보통신"이란 정보의 수집·가공·저장·검색·송신·수신 및 그 활용, 이에 관련되는 기기(器機)·기술·서비스 및 그 밖에 정보화를 촉진하기 위한 일련의 활동과 수단을 말한다.
6. "정보보호"란 정보의 수집, 가공, 저장, 검색, 송신, 수신 중 발생할 수 있는 정보의 훼손, 변조, 유출 등을 방지하기 위한 관리적·기술적 수단(이하 "정보보호시스템"이라 한다)을 마련하는 것을 말한다.
7. "지식정보자원"이란 국가적으로 보존 및 이용 가치가 있는 자료로서 학술, 문화, 과학기술, 행정 등에 관한 디지털화된 자료나 디지털화의 필요성이 인정되는 자료를 말한다.
8. "정보문화"란 정보기술의 활용 과정에서 형성된 사회구성원들의 행동방식, 가치관, 규범 등의 생활양식을 말한다.
9. "정보격차"란 사회적, 경제적, 지역적 또는 신체적 여건으로 인하여 정보통신서비스에 접근하거나 정보통신서비스를 이용할 수 있는 기회에 차이가 생기는 것을 말한다.

10. "공공기관"이란 다음 각 목의 기관을 말한다.
   가. 「공공기관의 운영에 관한 법률」에 따른 공공기관
   나. 「지방공기업법」에 따른 지방공사 및 지방공단
   다. 특별법에 따라 설립된 특수법인
   라. 「초·중등교육법」, 「고등교육법」 및 그 밖의 다른 법률에 따라 설치된 각급 학교
   마. 그 밖에 대통령령으로 정하는 법인·기관 및 단체
11. "정보통신망"이란 「전기통신기본법」 제2조제2호에 따른 전기통신설비를 이용하거나 전기통신설비와 컴퓨터 및 컴퓨터의 이용기술을 활용하여 정보를 수집, 가공, 저장, 검색, 송신 또는 수신하는 정보통신체제를 말한다.
12. "정보통신기반"이란 정보통신망과 이에 접속하여 이용되는 정보통신기기, 소프트웨어 및 데이터베이스 등을 말한다.
13. "초고속정보통신망"이란 실시간으로 동영상정보를 주고 받을 수 있는 고속·대용량의 정보통신망을 말한다.
14. "광대역통합정보통신망"이란 통신·방송·인터넷이 융합된 멀티미디어 서비스를 언제 어디서나 고속·대용량으로 이용할 수 있는 정보통신망을 말한다.

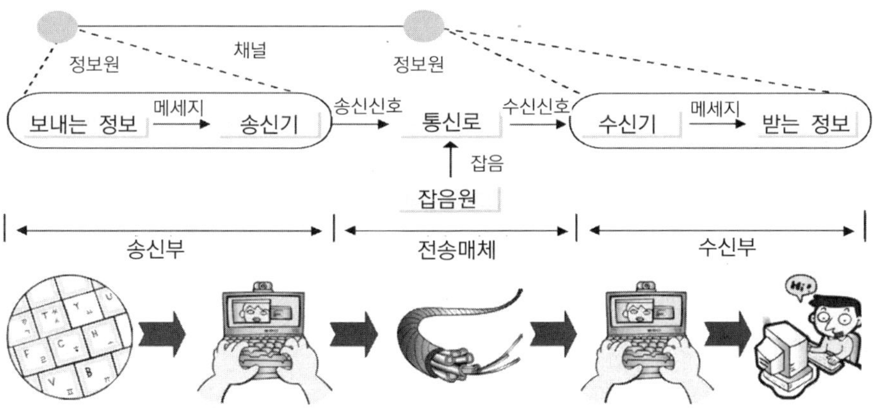

그림 4.1 정보의 전달시스템

15. "광대역통합정보통신기반"이란 광대역통합정보통신망과 이에 접속되어 이용되는 정보통신기기 · 소프트웨어 및 데이터베이스 등을 말한다.
16. "광대역통합연구개발망"이란 광대역통합정보통신망과 관련한 기술 및 서비스를 시험 · 검증하고 연구개발을 지원하기 위한 정보통신망을 말한다.

◎ 정보통신정책을 수행함에 있어 앞으로 추구해야 할 기본원칙을 규정한 것으로, 이는 추후 정보통신 정책 수행 및 법 · 제도정비에 있어 그 기준을제시하기 위한 것으로 해석될 수 있는데, 이들 6대 기본원칙을 요약설명하면 각각 다음과 같다.

1. 민간투자의 확대와 공정경쟁 촉진
2. 환경변화에 능동적으로 대응하는 제도의 수립 · 시행
3. 정보통신기반에 대한 자유로운 접근과 활용
4. 지역적 · 경제적 차별이 없는 균등한 조건의 보편적 역무제공
5. 개인의 사생활 및 지적소유권의 보호와 각종 정보자료의 안전성 유지
6. 국제협력의 촉진

제4조(국가정보화 추진의 기본원칙)

① 국가와 지방자치단체는 제2조에 따른 기본이념을 고려하여 국가정보화 추진을 위한 시책을 수립 · 시행하여야 한다.

② 국가와 지방자치단체는 국가정보화 추진 과정에서 민간과의 협력 체계를 마련하는 등 사회 각 계층의 다양한 의견을 수렴하도록 노력하여야 한다.

③ 국가와 지방자치단체는 국가정보화 추진 과정에서 정보화의 역기능을 방지하기

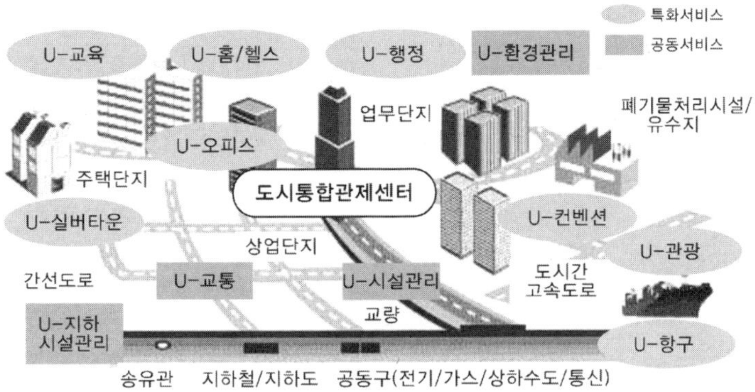

그림 4.2 방송통신위원회의 정보화

위한 정보보호, 개인정보 보호 등의 대책을 마련하여야 한다.

④ 국가와 지방자치단체는 국민이 국가정보화의 성과를 보편적으로 누릴 수 있도록 필요한 조치를 하여야 한다.

⑤ 국가와 지방자치단체는 시책 추진에 필요한 재원을 마련하기 위하여 노력하여야 한다.

제5조(다른 법률과의 관계)

① 국가정보화의 추진에 관한 다른 법률을 제정하거나 개정할 때에는 이 법의 목적과 기본이념에 맞도록 노력하여야 한다.

② 국가정보화의 추진에 관하여 다른 법률에 특별한 규정이 있는 경우를 제외하고는 이 법에서 정하는 바에 따른다.

제2장 국가정보화 정책의 수립 및 추진체계

제6조(국가정보화 기본계획의 수립)

① 정부는 국가정보화의 효율적, 체계적 추진을 위하여 5년마다 국가정보화 기본계

획(이하 "기본계획"이라 한다)을 수립하여야 한다.

② 기본계획은 행정안전부장관이 국가와 지방자치단체의 부문계획을 종합하여 수립하며, 제9조에 따른 국가정보화전략위원회(이하 "위원회"라 한다)의 심의를 거쳐 확정한다. 기본계획 중 대통령령으로 정하는 중요한 사항을 변경하는 경우에도 또한 같다.

③ 기본계획에는 다음 각 호의 사항이 포함되어야 한다.

1. 국가정보화 정책의 기본 방향 및 중장기 발전방향
2. 행정, 보건, 사회복지, 교육, 문화, 환경, 과학기술 등 공공 분야의 정보화
3. 제16조에 따른 지역정보화
4. 산업 · 금융 등 민간 분야 정보화의 지원
5. 제2호부터 제4호까지의 사항과 관련된 분야별 정보보호, 국가정보화 기반의 조성 및 고도화
6. 정보문화의 창달 및 정보격차의 해소
7. 개인정보 보호, 건전한 정보통신 윤리 확립, 이용자의 권익보호 및 지적재산권의 보호
8. 정보의 공동활용 및 표준화
9. 국가정보화와 관련된 법령 · 제도의 개선
10. 국가정보화와 관련된 국제협력의 활성화
11. 국가정보화와 관련된 재원의 조달 및 운용
12. 그 밖에 국가정보화 추진을 위하여 필요한 사항

④ 행정안전부장관은 위원회의 심의를 거쳐 국가와 지방자치단체의 부문계획의 작성지침을 정하고 이를 관계 기관에 통보할 수 있다.

⑤ 중앙행정기관(대통령 소속 기관 및 국무총리 소속 기관을 포함한다. 이하 같다)의 장과 지방자치단체의 장은 소관 주요 정책을 수립하고 집행을 할 때 제3항 각 호의 사항을 우선적으로 고려하여야 한다.

제7조(국가정보화 시행계획의 수립)

① 중앙행정기관의 장과 지방자치단체의 장은 기본계획에 따라 매년 국가정보화 시

행계획(이하 "시행계획"이라 한다)을 수립 · 시행하여야 한다.

② 중앙행정기관의 장과 지방자치단체의 장은 전년도 시행계획의 추진 실적과 다음 해의 시행계획을 위원회에 제출하여 심의를 받아야 한다. 시행계획 중 대통령령으로 정하는 중요한 사항을 변경하는 경우에도 또한 같다.

③ 위원회는 제2항에 따라 제출된 시행계획을 심의한 후 그 의견을 기획재정부장관에게 제시하여야 한다.

④ 기획재정부장관은 시행계획에 필요한 예산을 편성할 때에는 제3항에 따른 위원회의 의견을 참작하여야 한다.

⑤ 시행계획의 수립 및 시행 등에 필요한 사항은 대통령령으로 정한다.

제8조(국가정보화 정책 등의 조정)

① 중앙행정기관의 장이나 지방자치단체의 장은 다른 중앙행정기관의 장이나 지방자치단체의 장이 수행하는 국가정보화 정책이나 사업 추진이 해당 기관의 국가정보

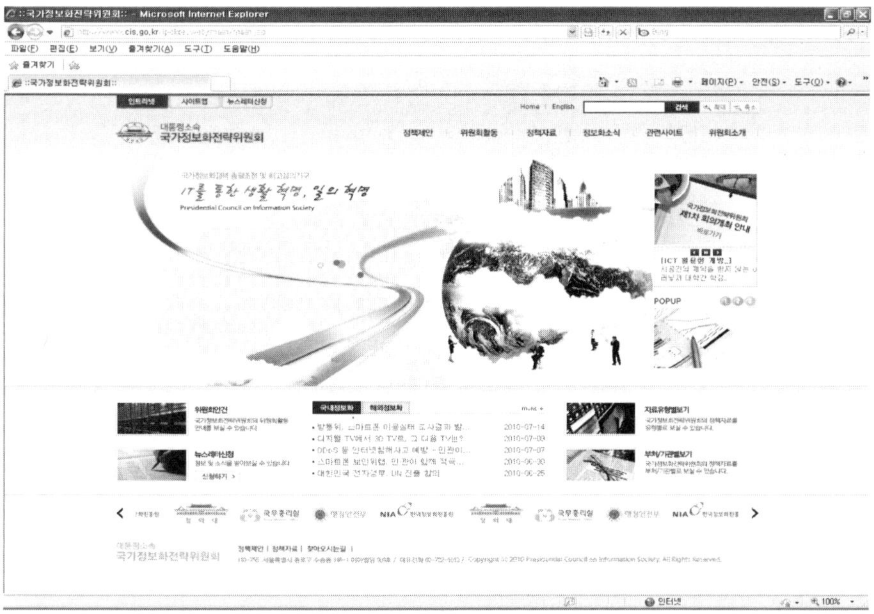

화 정책이나 사업 추진에 지장을 줄 우려가 있다고 인정될 때에는 미리 행정안전부장관과 협의한 후 위원회에 조정을 요청할 수 있다.

② 위원회는 제1항에 따른 조정 요청을 받으면 이를 심의하여 그 조정 결과를 해당 중앙행정기관의 장이나 지방자치단체의 장에게 통보하여야 한다.

③ 해당 중앙행정기관의 장이나 지방자치단체의 장은 특별한 사유가 없으면 제2항에 따라 통보받은 조정 결과를 해당 국가정보화 정책이나 사업 추진에 반영하여야 한다.

④ 조정의 절차와 방법 등에 필요한 사항은 대통령령으로 정한다.

제9조(국가정보화전략위원회)

① 국가정보화 추진과 관련된 사항을 심의하기 위하여 대통령 소속으로 국가정보화 전략위원회를 둔다.

② 위원은 위원장 2명을 포함하여 35명 이내로 한다.

③ 위원장은 국무총리와 제3호에 속한 사람 중에서 대통령이 위촉하는 사람이 공동으로 되고, 위원은 다음 각 호의 사람이 된다. 다만, 제1호의 위원은 제10조에서 정한 위원회의 심의사항이 해당 기관의 업무와 관련되어 있어 협조가 필요하거나 그 밖에 필요한 경우에만 위원회에 출석한다.

1. 국회사무총장, 법원행정처장, 헌법재판소사무처장과 중앙선거관리위원회사무총장
2. 중앙행정기관의 장과 지방자치단체의 장 중 대통령령으로 정하는 사람
3. 국가정보화에 관한 전문지식과 경험이 풍부한 사람 중에서 대통령이 위촉하는 사람

④ 제3항제3호에 따른 위원의 임기는 2년으로 하고 1차에 한하여 연임할 수 있다.

⑤ 위원회의 효율적 운영 및 지원을 위하여 간사 1명을 두되, 간사는 행정안전부장관이 된다.

⑥ 위원회에 상정할 안건을 미리 검토하고 위원회가 위임한 안건을 심의하기 위하여 위원회에 국가정보화전략실무위원회(이하 "실무위원회"라 한다)를 두며, 실무위원회 소속으로 안건 심의 등을 지원하기 위하여 분야별 전문위원회를 둔다.

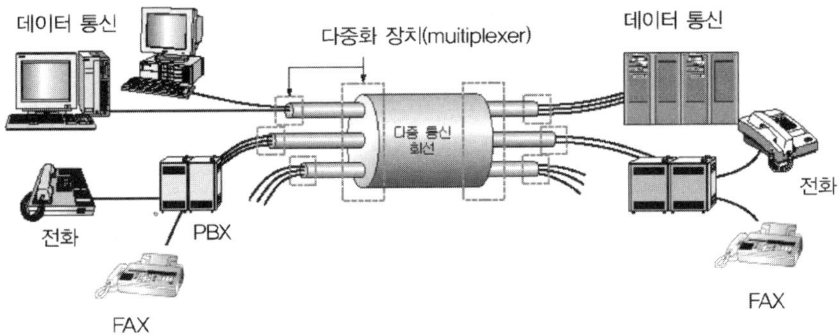

그림 4.3 정보통신의 효율적인 활용시스템

⑦ 위원회의 운영과 실무위원회 및 분야별 전문위원회의 구성과 운영에 필요한 사항은 대통령령으로 정한다.

제10조(위원회의 기능) 위원회는 다음 각 호의 사항을 심의한다.

1. 기본계획 및 시행계획의 수립
2. 기본계획 및 시행계획 중 대통령령으로 정하는 중요한 사항의 변경
3. 제6조제4항에 따른 부문계획의 작성지침
4. 제8조에 따른 국가정보화 정책이나 사업 추진의 조정
5. 기본계획 및 시행계획의 주요 시책에 대한 추진실적 분석 및 점검
6. 제27조제1항에 따른 지식정보자원의 지정
7. 정보문화의 창달 및 정보격차의 해소를 위한 사업의 우선 순위 결정
8. 「전자정부법」과 그 밖의 다른 법령에서 위원회의 심의사항으로 정한 사항
9. 중장기 지식정보자원 관리계획
10. 그 밖에 국가정보화의 추진과 관련하여 위원장이 필요하다고 인정하는 사항

제11조(정보화책임관)

① 국가기관과 지방자치단체의 장은 해당 기관의 국가정보화 시책의 효율적인 수립·시행과 국가정보화 사업의 조정 등의 업무를 총괄하는 책임관(이하 "정보화책임관"이라 한다)을 임명할 수 있다.

② 정보화책임관은 해당 기관의 업무와 관련하여 다음 사항을 담당한다. 〈개정 2010.2.4〉

1. 국가정보화 사업의 총괄조정, 지원 및 평가
2. 국가정보화 정책과 기관 내 다른 정책 · 계획 등과의 연계 · 조정
3. 정보기술을 이용한 행정업무의 지원
4. 정보자원의 획득 · 배분 · 이용 등의 종합조정 및 체계적 관리와 정보공동활용방안의 수립
5. 정보문화의 창달과 정보격차의 해소
6. 「전자정부법」 제2조제12호에 따른 정보기술아키텍처(이하 "정보기술아키텍처"라 한다)의 도입 · 활용
7. 정보화 교육
8. 그 밖에 다른 법령에서 정보화책임관의 업무로 정하는 사항

제12조(정보화책임관 협의회)

① 중앙행정기관 및 지방자치단체는 정보화의 효율적 추진과 필요한 정보의 교류 및 관련 정책의 협의 등을 하기 위하여 제11조에 따라 임명된 정보화책임관으로 구성된 정보화책임관 협의회(이하 이 조에서 "협의회"라 한다)를 구성 · 운영한다.

② 협의회는 다음 각 호의 사항을 협의한다.

1. 전자정부와 관련된 정책의 수립 · 시행에 관한 사항
2. 행정정보의 공동이용에 관한 사항
3. 정보기술아키텍처에 관한 사항
4. 정보자원의 체계적 관리 및 표준화에 관한 사항
5. 여러 국가기관, 지방자치단체 및 공공기관(이하 "국가기관등"이라 한다)이 관련된 전자정부사업, 지역정보화사업, 정보문화 창달 및 정보격차 해소의 추진에 관한 사항
6. 그 밖에 의장이 필요하다고 인정하는 사항

③ 협의회의 의장은 행정안전부장관이 된다. 다만, 의장이 필요하다고 인정하는 경우에는 관계 기관의 정보화책임관을 협의회의 위원으로 추가할 수 있다.

④ 제1항부터 제3항까지에서 규정한 사항 외에 협의회의 운영에 필요한 사항은 대통령령으로 정한다.

제13조(정보화계획의 반영 등)

① 사회간접자본시설사업 및 지역개발사업 등 대통령령으로 정하는 대규모 투자사업을 시행하려는 중앙행정기관의 장과 지방자치단체의 장은 해당 사업계획을 수립·시행할 때에는 정보기술의 활용, 정보통신기반 및 정보통신서비스의 연계이용 등을 위한 정보화계획을 수립하여 최대한 반영하여야 한다.

② 행정안전부장관은 중앙행정기관과 지방자치단체가 제1항에 따른 정보화계획을 효과적으로 수립할 수 있도록 기술 및 인력 등 필요한 사항을 지원할 수 있다.

제14조(한국정보화진흥원의 설립 등)

① 국가기관등의 국가정보화 추진과 관련된 정책의 개발과 건강한 정보문화 조성 및 정보격차 해소 등을 지원하기 위하여 한국정보화진흥원(이하 "정보화진흥원"이라 한다)을 설립한다.

② 정보화진흥원은 법인으로 한다.

③ 정보화진흥원은 다음 각 호의 사업을 한다.

1. 기본계획과 시행계획의 수립 · 시행에 필요한 전문기술의 지원
2. 국가기관등의 정보통신망 관리 및 운영의 지원
3. 국가기관등이 보유한 주요 정보의 원활한 유통과 공동이용을 위한 시스템의 구축 · 운영 및 표준화의 지원
4. 국가기관등의 정보자원 관리 지원
5. 국가기관등의 정보화사업 추진 및 평가 지원
6. 국가기관등의 정보통신 신기술 활용 촉진과 이에 따른 전문기술의 지원
7. 정보문화의 창달과 인터넷 중독의 실태조사, 예방 및 해소 지원
8. 정보격차의 해소를 위한 지원
9. 건강한 정보문화의 확립 및 정보격차의 해소를 위한 교육 및 홍보
10. 국가정보화, 정보문화 및 정보격차 해소와 관련된 정책 개발을 지원하기 위한 동향 분석, 미래예측 및 법 · 제도의 조사 · 연구
11. 국가정보화, 정보문화 및 정보격차 해소와 관련된 국제협력 및 홍보
12. 다른 법령에서 정보화진흥원의 업무로 정하거나 정보화진흥원에 위탁한 사업
13. 그 밖에 국가기관등의 장이 위탁하는 사업

④ 국가기관등은 정보화진흥원의 설립, 시설, 운영 및 사업 추진 등에 필요한 경비에 충당하도록 하기 위하여 정보화진흥원에 출연할 수 있으며, 정부는 정보화진흥원의 설립 및 운영 등을 위하여 필요한 국유재산을 무상으로 대여할 수 있다.

⑤ 정보화진흥원은 지원을 받으려는 국가기관등에 그 지원에 드는 비용의 전부 또는 일부를 부담하게 할 수 있다.

⑥ 정보화진흥원에 관하여는 이 법 및 「공공기관의 운영에 관한 법률」에서 정한 것을 제외하고는 「민법」 중 재단법인에 관한 규정을 준용한다.

⑦ 정보화진흥원이 아닌 자는 한국정보화진흥원의 명칭을 사용하지 못한다.

⑧ 제1항부터 제7항까지에서 규정한 사항 외에 정보화진흥원의 설립과 운영에 필요한 사항은 대통령령으로 정한다.

제3장 국가정보화의 추진

제1절 분야별 정보화의 추진

제15조(공공정보화의 추진)

① 국가기관등은 행정 업무의 효율성 향상과 국민 편익 증진 등을 위하여 행정, 보건, 사회복지, 교육, 문화, 환경, 과학기술 등 소관 업무에 대한 정보화를 추진하여야 한다.

② 국가기관등은 제1항에 따른 정보화(이하 "공공정보화"라 한다)를 효율적으로 추진하기 위하여 정보기술아키텍처를 도입·활용하는 등 필요한 방안을 마련하여야 한다.

제16조(지역정보화의 추진)

① 국가기관과 지방자치단체는 지역 주민의 삶의 질 향상과 지역 간 균형발전, 정보격차 해소 등을 위하여 하나 또는 여러 개의 지역·도시에 대하여 행정·생활·산업 등의 분야를 대상으로 하는 정보화를 추진할 수 있다.

② 국가기관과 지방자치단체는 제1항에 따른 정보화(이하 "지역정보화"라 한다)를 추진하는 경우 지역의 수요와 특성을 고려하여야 하며, 관계 기관의 의견을 수렴하고 그 결과를 최대한 반영하여야 한다.

③ 국가기관은 지방자치단체가 추진하는 지역정보화를 위하여 행정, 재정, 기술 등 필요한 사항을 지원할 수 있다.

제17조(민간 분야 정보화의 지원)

정부는 산업·금융 등 민간 분야의 생산성 향상과 부가가치 창출 등을 위하여 기업의 정보화 및 정보통신기반의 구축·이용 등 민간 분야의 정보화에 필요한 사항을 지원할 수 있다.

제18조(지식·정보의 공유·유통)

국가기관등은 국가정보화의 추진을 통하여 창출되는 각종 지식과 정보가 사회 각 분야에 공유·유통될 수 있도록 필요한 기반을 마련하여야 한다.

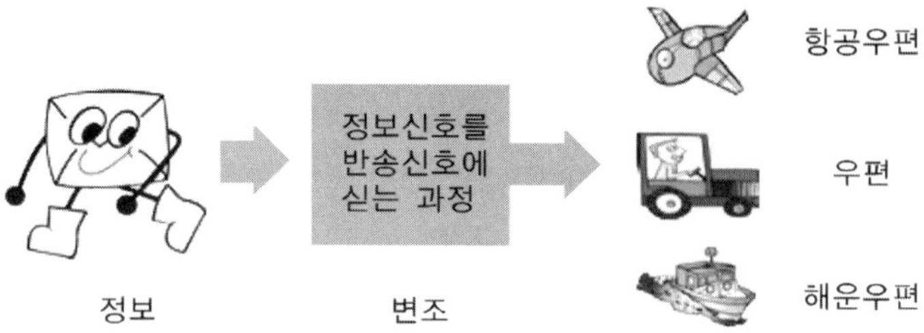

그림 4.4 정보를 통한 전달시스템

제19조(민간기관 등과의 협력)

① 국가기관등은 공공정보화를 추진할 때 민간투자를 적극 유치하고, 관련 민간사업자와 민간사업자단체에 필요한 지원을 할 수 있다.

② 국가기관등은 공공정보화를 추진하기 위하여 대통령령으로 정하는 바에 따라 민간기관 등과 협의체를 구성·운영할 수 있다.

제20조(정보통신응용서비스 이용 등의 활성화)

정부는 인터넷, 원격정보통신서비스 및 전자거래 등 정보통신망을 활용한 응용서비스의 이용을 활성화하고 우수한 콘텐츠의 개발을 촉진하기 위한 시책을 마련하여야 한다.

제21조(표준화의 추진)

정부는 국가정보화를 효율적으로 추진하고 정보의 공동활용을 촉진하며 정보통신의 효율적 운영 및 호환성 확보 등을 위하여 표준화를 추진하여야 한다.

제22조(정보통신망의 상호연동 등)

① 정부는 국가기관과 지방자치단체가 구축한 정보통신망의 효율적인 운영과 정보의 공동활용을 촉진하기 위하여 정보통신망 간 상호연동에 필요한 시책을 마련하여야 한다.

② 국가기관과 지방자치단체가 정보통신망을 구축·운영하려는 경우에는 다른 기관의 정보통신망을 공동활용하는 방안을 우선적으로 마련하여야 한다.

제23조(국가정보화 관련 영역과의 연계)

① 정부는 정보통신산업의 기반조성을 위하여 필요한 시책을 마련하여야 한다.

② 정부는 정보통신기반을 조기에 구축하고 사회 각 분야에서 이용을 활성화하기 위하여 필요한 시책을 마련하여야 한다.

제24조(국제협력)

① 정부는 국가정보화에 관한 국제적 동향을 파악하고 국제협력을 추진하여야 한다.

② 정부는 국가정보화에 관한 국제협력을 추진하기 위하여 다음 각 호의 업무를 할 수 있다.

1. 국가정보화 관련 기술과 인력의 국제교류 지원
2. 국제표준화와 국제공동연구개발사업 등의 지원
3. 국가정보화와 관련된 국제기구 및 외국정부와의 협력
4. 국가정보화와 관련된 국제평가
5. 국가정보화와 관련된 민간부문의 국제협력 지원
6. 정보문화 창달 및 정보격차 해소와 관련된 국제협력
7. 그 밖에 국제협력과 관련하여 대통령령으로 정하는 사항

제2절 지식정보자원의 관리 및 활용

제25조(지식정보자원의 관리 등)

① 국가기관과 지방자치단체는 지식정보자원을 효율적으로 관리하여야 한다.

② 행정안전부장관은 지식정보자원의 효율적인 수집, 개발 및 활용 등을 촉진하기

위하여 관계 기관의 장과의 협의 및 위원회의 심의를 거쳐 다음 각 호의 사항이 포함된 중장기 지식정보자원 관리계획을 대통령령으로 정하는 바에 따라 수립·시행하여야 한다.

1. 지식정보자원 관리의 기본방향
2. 지식정보자원의 관리 및 활용
3. 지식정보자원의 표준화 및 공동이용
4. 지식정보자원의 유통체계 구축
5. 지식정보자원 관리의 평가
6. 지식정보자원의 관리를 위한 재원 확보
7. 그 밖에 지식정보자원의 효율적인 수집, 개발 및 활용 등을 위하여 필요한 사항

③ 중앙행정기관의 장과 지방자치단체의 장은 소관 지식정보자원을 효율적으로 관리하고 그 활용을 촉진하기 위하여 적절한 시책을 마련하여야 하며, 행정안전부장관은 해당 기관의 시책 추진을 효율적으로 지원하기 위한 대책을 마련하여야 한다.

제26조(지식정보자원의 표준화)

① 행정안전부장관은 지식정보자원의 개발·활용 및 효율적인 관리를 위하여 다음 각 호의 사항과 관련된 표준화를 추진하여야 한다. 다만, 「산업표준화법」 등 다른 법률에 관련 표준이 있는 경우에는 그 표준을 따라야 한다.

1. 지식정보자원의 수집, 보존 및 전송
2. 지식정보자원의 공동활용
3. 그 밖에 지식정보자원의 개발·활용 및 효율적인 관리를 위하여 필요한 사항

② 지식정보자원의 표준화에 관한 사항은 대통령령으로 정한다.

제27조(중요지식정보자원의 지정 및 활용)

① 행정안전부장관은 관계 기관의 장과의 협의 및 위원회의 심의를 거쳐 지식정보자원 중에서 보존 및 이용 가치가 높아 특별히 관리할 필요성이 있는 지식정보자원을 지정할 수 있다.

② 해당 중앙행정기관의 장과 지방자치단체의 장은 제1항에 따라 지정된 지식정보자원(이하 "중요지식정보자원"이라 한다)에 대한 디지털화 추진, 중요지식정보자원의 유통, 표준화 계획 등을 수립하여 위원회에 보고하여야 한다.

③ 중요지식정보자원을 이용하려는 자는 보유하고 있는 기관의 장에게 중요지식정보자원을 제공하여 줄 것을 요청할 수 있다. 이 경우 제공에 드는 비용은 제공을 요청하는 자가 부담하게 할 수 있다.

④ 중요지식정보자원의 지정기준, 지정절차, 관리, 유통 및 제공방법 등에 필요한 사항은 대통령령으로 정한다.

제28조(전문기관의 지정)

① 행정안전부장관은 지식정보자원의 관리 · 유통 · 활용 · 표준화 및 중요지식정보자원의 지정 · 관리 등을 위한 사업을 효율적으로 추진하기 위하여 전문기관을 지정할 수 있으며, 전문기관의 업무 수행을 위하여 예산의 범위에서 출연할 수 있다.

② 전문기관의 지정 및 운영에 필요한 사항은 대통령령으로 정한다.

제4장 국가정보화의 역기능 방지

제1절 정보이용의 건전성 · 보편성 보장

제29조(정보문화의 창달)

① 국가기관과 지방자치단체는 모든 국민이 국가정보화의 편익을 누릴 수 있도록 다음 각 호의 사항을 포함한 정보문화의 창달 및 확산 시책을 마련하여야 한다.

1. 정보문화 교육과 관련 인력의 양성
2. 정보문화 창달을 위한 홍보
3. 정보문화 교육 콘텐츠의 개발 · 보급
4. 정보문화 창달을 위한 사업이나 활동을 하는 단체에 대한 지원

5. 정보문화의 향유 및 교류 활성화를 위한 제도와 그 기반조성에 관한 사항
6. 그 밖에 정보문화 창달을 위하여 필요한 사항

② 행정안전부장관은 관계 중앙행정기관의 장과 협의하여 「유아교육법」 제13조 및 「초·중등교육법」 제23조에 따라 교육과학기술부장관이 정하는 교육과정의 기준과 내용에 정보문화에 관한 교육내용이 포함될 수 있도록 노력하여야 한다.

제30조(인터넷 중독의 예방 및 해소)

행정안전부장관은 관계 중앙행정기관의 장과 협의하여 인터넷 등의 지나친 이용으로 이용자가 일상생활에서 쉽게 회복할 수 없는 신체적, 정신적, 사회적 기능의 손상을 입는 것(이하 "인터넷 중독"이라 한다)을 예방·해소하기 위하여 필요한 계획을 수립하고 시행하여야 한다.

제31조(정보격차 해소 시책의 마련)

국가기관과 지방자치단체는 모든 국민이 정보통신서비스에 원활하게 접근하고 정보를 유익하게 활용할 기본적 권리를 실질적으로 누릴 수 있도록 필요한 시책을 마련하여야 한다.

제32조(장애인·고령자 등의 정보 접근 및 이용 보장)

① 국가기관등은 인터넷을 통하여 정보나 서비스를 제공할 때 장애인·고령자 등이 쉽게 웹사이트를 이용할 수 있도록 접근성을 보장하여야 한다.

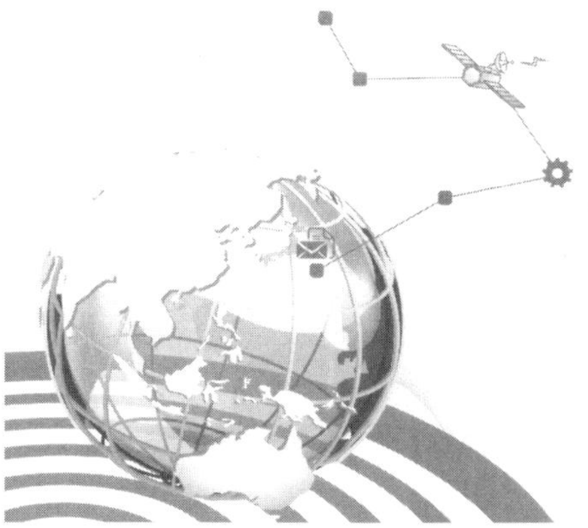

② 「정보통신망 이용촉진 및 정보보호 등에 관한 법률」 제2조제3호에 따른 정보통신서비스 제공자(이하 "정보통신서비스 제공자"라 한다)는 그 서비스를 제공할 때 장애인 · 고령자 등의 접근과 이용의 편익을 증진하기 위하여 노력하여야 한다.

③ 정보통신 관련 제조업자는 정보통신기기 및 소프트웨어(이하 "정보통신제품"이라 한다)를 설계, 제작, 가공할 때 장애인 · 고령자 등이 쉽게 접근하고 이용할 수 있도록 노력하여야 한다.

④ 국가기관등은 정보통신제품을 구매할 때 장애인 · 고령자 등의 정보 접근과 이용 편의를 보장한 정보통신제품을 우선하여 구매하도록 노력하여야 한다.

⑤ 행정안전부장관은 장애인 · 고령자 등의 정보 접근 및 이용 편의 증진을 위한 정보통신서비스 및 정보통신제품 등의 종류 · 지침 등을 정하여 고시하여야 한다.

제33조(정보격차의 해소와 관련된 기술 개발 및 보급지원)

① 국가기관과 지방자치단체는 장애인 · 고령자 등의 정보 접근 및 이용환경 개선을 위한 관련 기술을 개발하기 위하여 필요한 시책을 마련하여야 하며, 행정안전부장관은 관련 기술의 개발을 지원할 수 있다.

② 국가기관과 지방자치단체는 다음 각 호의 사업자에게 재정 지원 및 기술적 지원을 할 수 있다.

1. 장애인 · 고령자 등의 정보 접근 및 이용환경 개선을 위하여 정보통신제품을 개발 · 생산하는 사업자
2. 장애인 · 고령자 · 농어민 · 저소득자를 위한 콘텐츠를 제공하는 사업자
3. 제1항에 따른 관련 기술을 개발 · 보급하는 사업자

③ 제2항에 따른 지원대상자의 선정 · 지원 방법 및 절차 등에 관한 사항은 대통령령으로 정한다.

제34조(정보통신제품의 지원)

국가기관과 지방자치단체는 다음 각 호의 어느 하나에 해당하는 사람에게 대통령령으로 정하는 바에 따라 유상 또는 무상으로 정보통신제품을 제공할 수 있다.

1. 「장애인복지법」 제2조에 따른 장애인
2. 「국민기초생활 보장법」 제2조제1호에 따른 수급권자

3. 그 밖에 경제적, 지역적, 신체적 또는 사회적 제약으로 인하여 정보를 이용하기 어려운 사람으로서 대통령령으로 정하는 사람

제35조(정보격차해소교육의 시행 등)

① 국가기관과 지방자치단체는 정보격차의 해소를 위하여 필요한 교육(이하 이 조에서 "정보격차해소교육"이라 한다)을 시행하여야 한다.

② 국가기관과 지방자치단체는 다음 각 호의 어느 하나에 해당하는 사람에 대한 정보격차해소교육 비용의 전부 또는 일부를 부담할 수 있다.

1. 「장애인복지법」 제2조에 따른 장애인 중 대통령령으로 정하는 사람
2. 「국민기초생활 보장법」 제2조제2호에 따른 수급자
3. 「북한이탈주민의 보호 및 정착지원에 관한 법률」 제2조제1호에 따른 북한이탈주민
4. 그 밖에 국가의 부담으로 정보격차해소교육을 할 필요가 있다고 대통령령으로 정하는 사람

③ 정부는 정보격차해소교육이나 정보격차해소교육에 필요한 시설의 관리를 위하여 「병역법」 제2조에 따른 공익근무요원 등 필요한 인력을 지원할 수 있다.

④ 정보격차해소교육의 대상 및 종류는 대통령령으로 정한다.

제36조(재원의 조달)

① 국가기관과 지방자치단체는 정보문화의 창달과 정보격차의 해소를 위하여 필요한 재원을 확보하도록 노력하여야 한다.

② 국가기관과 지방자치단체는 정보문화의 창달과 정보격차의 해소를 위하여 국가 예산 또는 지방자치단체의 예산으로 관련 사업을 지원할 수 있다.

제2절 정보이용의 안전성 및 신뢰성 보장

제37조(정보보호 시책의 마련)

① 국가기관과 지방자치단체는 정보를 처리하는 모든 과정에서 정보의 안전한 유통을 위하여 정보보호를 위한 시책을 마련하여야 한다.

② 정부는 암호기술의 개발과 이용을 촉진하고 암호기술을 이용하여 정보통신서비스의 안전을 도모할 수 있는 조치를 마련하여야 한다.

제38조(정보보호시스템에 관한 기준 고시 등)

① 행정안전부장관은 관계 기관의 장과 협의하여 정보보호시스템의 성능과 신뢰도에 관한 기준을 정하여 고시하고, 정보보호시스템을 제조하거나 수입하는 자에게 그 기준을 지킬 것을 권고할 수 있다.

② 행정안전부장관은 유통 중인 정보보호시스템이 제1항에 따른 기준에 미치지 못할 경우에 정보보호시스템의 보완 및 그 밖에 필요한 사항을 권고할 수 있다.

③ 제1항에 따른 기준을 정하기 위한 절차와 제2항에 따른 권고에 관한 사항 및 그 밖에 필요한 사항은 대통령령으로 정한다.

제39조(개인정보 보호 시책의 마련)

국가기관과 지방자치단체는 국가정보화를 추진할 때 인간의 존엄과 가치가 보장될 수 있도록 개인정보 보호를 위한 시책을 마련하여야 한다.

제40조(건전한 정보통신 윤리의 확립)

국가기관과 지방자치단체는 건전한 정보통신 윤리를 확립하기 위하여 미풍양속을 해치는 불건전한 정보의 유통을 방지하고 건강한 국민정서를 함양하며, 불건전한 정보로부터 청소년을 보호하기 위하여 필요한 시책을 마련하여야 한다.

제41조(이용자의 권익 보호 등)

① 국가기관과 지방자치단체는 국가정보화를 추진할 때 이용자의 권익보호를 위하여 다음 각 호의 시책을 마련하여야 한다.

1. 이용자의 권익보호를 위한 홍보 · 교육 및 연구
2. 이용자의 권익보호를 위한 조직 활동의 지원 및 육성
3. 이용자의 명예 · 생명 · 신체 및 재산상의 위해 방지
4. 이용자의 불만 및 피해에 대한 신속 · 공정한 구제조치
5. 그 밖에 이용자 보호와 관련된 사항

② 정보통신서비스 제공자는 사업을 할 때 이용자를 보호하기 위하여 필요한 조치를 마련하여야 한다.

제42조(지적재산권의 보호)

정부는 국가정보화를 추진할 때 저작권, 산업재산권 등 지적재산권이 합리적으로 보호될 수 있도록 필요한 시책을 마련하여야 한다.

제5장 연차보고 등

제43조(연차보고 등)

① 정부는 매년 국가정보화의 동향과 시책에 관한 보고서를 정기국회 개회 전까지 국회에 제출하여야 한다.

② 행정안전부장관은 다음 각 호의 사항에 관한 실태조사를 하고 그 결과를 종합하여 제1항에 따른 보고서에 포함하여야 한다.

1. 지식정보자원 관리의 실태
2. 정보문화 시책의 추진 실태

그림 4.5 고흥 나로호 우주센터

3. 정보격차의 실태 및 해소 현황
4. 그 밖에 대통령령으로 정하는 사항

③ 제2항에 따른 실태조사에 필요한 사항은 대통령령으로 정한다.

제44조(지표조사)

행정안전부장관은 사회 각 분야의 정보화에 대한 지표를 조사하고 개발하여 보급하여야 한다.

제45조(자료 제출의 요청)

행정안전부장관은 다음 각 호의 사항을 위하여 필요하면 국가기관등에 자료 제출을 요청할 수 있다.

1. 제6조에 따른 기본계획의 수립 및 변경의 지원
2. 제7조 및 제8조에 따른 시행계획의 심의 및 조정의 지원
3. 제24조에 따른 국제협력
4. 제27조에 따른 중요지식정보자원의 관리
5. 제43조에 따른 연차보고

제46조(권한의 위임 및 위탁)

이 법에 따른 행정안전부장관, 지식경제부장관, 방송통신위원회의 권한은 그 일부를 대통령령으로 정하는 바에 따라 행정안전부나 지식경제부 소속 기관의 장이나 지방자치

단체의 장에게 위임하거나 다른 행정기관의 장에게 위탁할 수 있다.

제47조(과태료)

① 제14조제7항을 위반한 자에게는 500만원 이하의 과태료를 부과한다.

② 제1항에 따른 과태료는 행정안전부장관이 부과 · 징수한다.

제6장 정보통신기반의 고도화

제48조(전담기관의 지정 등)

① 방송통신위원회는 광대역통합정보통신기반의 원활한 구축과 이용촉진을 위하여 필요한 때에는 홍보, 국제협력, 기술개발 등 그 업무를 전담할 기관(이하 "전담기관"이라 한다)을 분야별로 지정할 수 있다.

② 정부는 광대역통합정보통신기반의 구축 및 이용촉진과 관련된 업무를 수행하는데 소요되는 자금을 전담기관에 출연하거나 융자 등을 할 수 있다.

③ 전담기관은 제2항에 따른 자금을 별도로 관리하여야 한다.

④ 전담기관의 지정 및 운영 등에 관하여 필요한 사항은 대통령령으로 정한다.

제49조(초고속국가망의 관리 등)

① 방송통신위원회는 국가재정으로 공공기관과 대통령령으로 정하는 비영리기관(이하 "비영리기관등"이라 한다)이 이용하는 초고속정보통신망(이하 "초고속국가망"이라

한다)을 구축 · 관리하거나 제48조에 따라 지정된 전담기관으로 하여금 구축 · 관리하게 할 수 있다.

② 방송통신위원회는 비영리기관등이 초고속국가망을 최소의 비용으로 이용할 수 있도록 필요한 시책을 강구하여야 한다.

③ 초고속국가망의 구축 · 관리에 관하여 필요한 사항은 대통령령으로 정한다.

제50조(광대역통합연구개발망의 구축 · 관리 등)

① 방송통신위원회는 광대역통합정보통신망의 구축을 촉진하기 위하여 국가재정으로 광대역통합연구개발망을 구축 · 관리 · 운영하거나 제48조에 따라 지정된 전담기관으로 하여금 구축 · 관리 · 운영하게 할 수 있다.

② 방송통신위원회는 광대역통합정보통신망의 품질관리를 위하여 필요한 시책을 강구하여야 한다.

② 「전기통신기본법」 제7조에 따른 기간통신사업자, 「방송법」 제2조에 따른 종합유선방송사업자 및 중계유선방송사업자(이하 이 조에서 "기간통신사업자등"이라 한다)는 도로, 철도, 지하철도, 상 · 하수도, 전기설비, 전기통신회선설비 등을 건설 · 운용 · 관리하는 기관의 장에 대하여 필요한 비용부담을 조건으로 전기통신선로설비(「방송법」 제80조에 따른 전송 · 선로설비를 포함한다)의 설치를 위한 관로등의 건설 또는 대여를 요청할 수 있다.

③ 기간통신사업자등은 제2항의 기관과 관로등의 건설 또는 대여에 관한 합의가 이루어지지 아니할 경우 방송통신위원회에 조정을 요청할 수 있다.

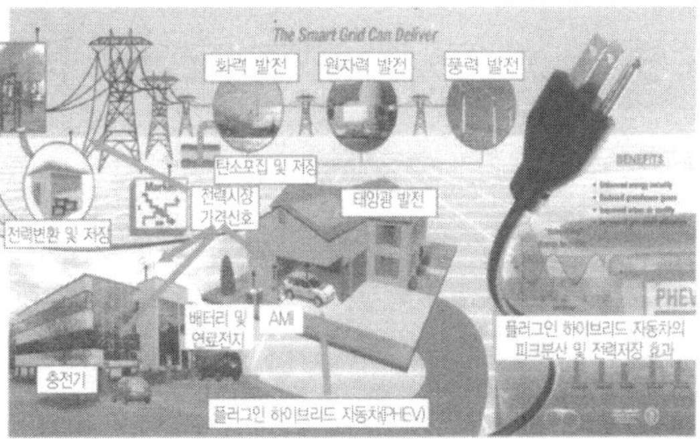

그림 4.7 스마트 그리드 개념도

④ 방송통신위원회는 제3항에 따른 조정요청을 받아 조정을 할 경우 관계 중앙행정기관의 장과 사전에 협의하여야 한다.

⑤ 제2항부터 제4항까지에 따른 건설 또는 대여의 요청 및 합의와 조정에 관하여 필요한 사항은 대통령령으로 정한다.

연습문제

1. 국가정보화 기본법의 목적과 정의에 대해서 설명하시오.

2. 국가정보화 추진의 기본원칙에 대해서 설명하시오.

3. 국가정보화 기본계획에 대하여 설명하시오.

4. 국가정보화 기본법에서 국가정보화전략위원회에 대해서 설명하시오.

5. 국가정보화 기본법에서 정보화책임관에 대하여 설명하시오.

6. 국가정보화 기본법에서 국가정보화의 추진에 대하여 설명하시오.

7. 국가정보화 기본법에서 지식정보자원의 관리 및 활용에 대하여 설명하시오.

8. 국가정보화 기본법에서 정보이용의 건전성 · 보편성 보장에 대하여 설명하시오.

9. 국가정보화 기본법에서 정보통신기반의 고도화에 대해서 설명하시오.

객관식 문제

1. 다음 중 정보 통신 관계 법령의 체계 중 틀린 것은?
   가. 정보화 촉진 기본법 - 법률
   나. 정보화 촉진 기본법 시행형 - 방송통신부령
   다. 정보화 촉진 기본법 시행규칙 - 방송통신부령
   라. 정보통신망의 이용 촉진법 - 법률

2. 다음 중 정보화 촉진 기본법의 목적에 해당하지 않는 사항은?
   가. 정보 통신 기본의 고도화를 실현한다.
   나. 국민 생활의 질을 향상시킨다.
   다. 정보화를 촉진하고 정보 통신 산업의 기반을 조성한다.
   라. 초고속 정보 통신 기반을 조성한다.

3. 다음 중 정보의 수집, 가공, 저장, 검색, 송신, 수신 및 그 활용과 이에 관련되는 기기, 기술, 역무 기타 정보화를 촉진하기 위한 일련의 활동과 수단을 무엇이라 하는가?
   가. 초고속 정보 통신망
   나. 정보 통신
   다. 광역 종합 통신망
   라. 정보 보호

4. 다음 중 정보화 촉진 기본 계획의 수립사랑이 아닌 것은?
   가. 정보화 촉진 등에 관한 시책의 기본 방향
   나. 행정 분야의 정보화 촉진에 관한 사항

다. 개인 정보 및 지적 소유권의 보호와 정보 통신 이용자의 권익 보호에 관한 사항

라. 초고속 정보 통신망의 구축에 관한 사항

5. 정보화추진 위원회는 정보화 촉진 등에 관한 사항을 심의하기 위한 기구이다. 누구의 소속하에 두고 있는가?

가. 대통령

나. 국무총리

다. 방송통신위원장

라. 통신 위원회

6. 정보화 추진 위원회의 심의 사항이 아닌 것은?

가. 정보화 추진 기본 계획 중 중요한 사항의 변경

나. 초고속 정보 통신 기반의 구축과 이용

다. 정보화 촉진 사업 추진의 조정

라. 정보통신망의 전산망의 운용 지침

7. 다음 중 정보화 추진 위원회의 구성은?

가. 위원은 위원장, 부위원장을 포함하여 15인 이내로 구성한다.

나. 위원은 위원장, 부위원장을 포함하여 20인 이내로 구성한다.

다. 위원은 위원장, 부위원장을 포함하여 25인 이내로 구성한다.

라. 위원은 위원장, 부위원장을 포함하여 30인 이내로 구성한다.

8. 정보화 촉진 시행 계획은 매년 특별한 사유가 없는 한 정보화 추진 위원회의 심의를 거쳐 몇월말까지 확정하여야 하는가?

가. 9월

나. 5월

다. 3월
라. 1월

9. 정보화 추진 실무 위원회는 몇인으로 구성하는가?
가. 15인 이내
나. 20인 이내
다. 30인 이내
라. 35인 이내

10. 다음 중 정보화 추진 위원회의 기능 사항이 아닌 것은?
가. 정보화 촉진 등에 관한 정책이나 사업추진의 조정에 관한 사항
나. 초고속 정보 통신 기반의 구축과 이용에 관한 사항
다. 정보화 촉진 기금의 운영 방침에 관한 사항
라. 정보 통신망의 이용 발전 방향에 관한 사항

정답 : 1.나 2.라 3.나 4.라 5.나 6.라 7.다 8.가 9.라 10.라

정보통신망 이용촉진 및 정보보호등에 관한 법률 5

구 분	목 적
정보통신망 이용촉진 등에 관한 법률	① 정보통신망의 이용을 촉진하고 안정적인 관리 · 운용을 도모한다. ② 정보통신서비스를 이용하는자의 개인정보를 보호한다. ③ 정보사회의 기반을 조성한다. ④ 국민생활의 향상과 공공복리증진에 이바지한다.
정보통신망 이용촉진 등에 관한 법률 시행령(대통령령)	정보통신망 이용촉진등에 관한 법률에서 위임된 사항과 그 시행에 필요한 사항을 규정함을 목적으로 한다.
정보통신망 이용촉진 등에 관한 법률 시행 규칙(방송통신부령)	정보통신망 이용촉진 등에 관한 법률 및 동시행령에서 위임된 사항과 그 시행에 관하여 필요한 사항을 규정함을 목적으로 한다.

오늘 날 정보통신의발달로 산출된 인터넷 등은 새로운 정보통신망의 이용을 요구하게 되었고 성능이 향상되는 것을 요구하고 아울러 개인에 대한 정보이용의 보호를 요구하게 되었다.

즉 정보통신망 침해를 대비하는 체제를 마련하고, 사회 각 부문의 정보보호 수준을 제고하기 위해 정보통신서비스제공자, 이용자 등의 정보보호 조치를 강화 · 지원할 수 있는 근거를 마련하며, 개인정보보호를 강화하기 위해 정보통신서비스제공자에게 이용자 개인정보에 대한 기술적 · 관리적 보호조치를 강화토록 하고, 개인정보 침해로 인한 피해구제를 강화하기 위한 제반 제도를 마련하게 하는 것이다.

제1장 총칙

제1조(목적)

이 법은 정보통신망의 이용을 촉진하고 정보통신서비스를 이용하는 자의 개인정보를 보호함과 아울러 정보통신망을 건전하고 안전하게 이용할 수 있는 환경을 조성하여 국민생활의 향상과 공공복리의 증진에 이바지함을 목적으로 한다.

제2조(정의)

① 이 법에서 사용하는 용어의 뜻은 다음과 같다.

1. "**정보통신망**"이란 「전기통신기본법」 제2조제2호에 따른 전기통신설비를 이용하거나 전기통신설비와 컴퓨터 및 컴퓨터의 이용기술을 활용하여 정보를 수집 · 가공 · 저장 · 검색 · 송신 또는 수신하는 정보통신체제를 말한다.
2. "**정보통신서비스**"란 「전기통신기본법」 제2조제7호에 따른 전기통신역무와 이를 이용하여 정보를 제공하거나 정보의 제공을 매개하는 것을 말한다.
3. "**정보통신서비스 제공자**"란 「전기통신사업법」 제2조제1항제1호에 따른 전기통신사업자와 영리를 목적으로 전기통신사업자의 전기통신역무를 이용하여 정보를 제공하거나 정보의 제공을 매개하는 자를 말한다.
4. "**이용자**"란 정보통신서비스 제공자가 제공하는 정보통신서비스를 이용하는 자를 말한다.
5. "**전자문서**"란 컴퓨터 등 정보처리능력을 가진 장치에 의하여 전자적인 형태로 작성되어 송수신되거나 저장된 문서형식의 자료로서 표준화된 것을 말한다.
6. "**개인정보**"란 생존하는 개인에 관한 정보로서 성명 · 주민등록번호 등에 의하여 특정한 개인을 알아볼 수 있는 부호 · 문자 · 음성 · 음향 및 영상 등의 정보(해당 정보만으로는 특정 개인을 알아볼 수 없어도 다른 정보와 쉽게 결합하여 알아볼 수 있는 경우에는 그 정보를 포함한다)를 말한다.

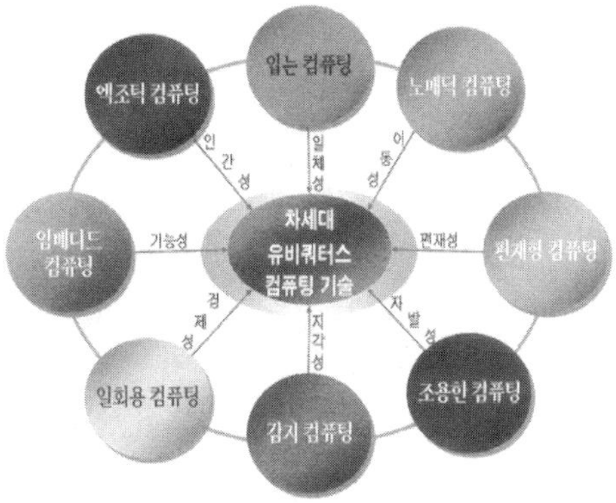

그림 5.1 정보통신 시대의 유비쿼터스 방향

7. "**침해사고**"란 해킹, 컴퓨터바이러스, 논리폭탄, 메일폭탄, 서비스 거부 또는 고출력 전자기파 등의 방법으로 정보통신망 또는 이와 관련된 정보시스템을 공격하는 행위를 하여 발생한 사태를 말한다.
8. "**정보보호산업**"이란 정보보호제품을 개발 · 생산 또는 유통하는 사업이나 정보보호에 관한 컨설팅 등과 관련된 산업을 말한다.
9. "**게시판**"이란 그 명칭과 관계없이 정보통신망을 이용하여 일반에게 공개할 목적으로 부호 · 문자 · 음성 · 음향 · 화상 · 동영상 등의 정보를 이용자가 게재할 수 있는 컴퓨터 프로그램이나 기술적 장치를 말한다.
10. "**통신과금서비스**"란 정보통신서비스로서 다음 각 목의 업무를 말한다.
    가. 타인이 판매 · 제공하는 재화 또는 용역(이하 "재화등"이라 한다)의 대가를 자신이 제공하는 전기통신역무의 요금과 함께 청구 · 징수하는 업무
    나. 타인이 판매 · 제공하는 재화등의 대가가 가목의 업무를 제공하는 자의 전기통신역무의 요금과 함께 청구 · 징수되도록 거래정보를 전자적으로 송수신하는 것 또는 그 대가의 정산을 대행하거나 매개하는 업무
11. "**통신과금서비스제공자**"란 제53조에 따라 등록을 하고 통신과금서비스를 제공하는 자를 말한다.
12. "**통신과금서비스이용자**"란 통신과금서비스제공자로부터 통신과금서비스를 이용

하여 재화등을 구입·이용하는 자를 말한다.

② 이 법에서 사용하는 용어의 뜻은 제1항에서 정하는 것 외에는 「정보화촉진기본법」으로 정하는 바에 따른다.

제3조(정보통신서비스 제공자 및 이용자의 책무)

① 정보통신서비스 제공자는 이용자의 개인정보를 보호하고 건전하고 안전한 정보통신서비스를 제공하여 이용자의 권익보호와 정보이용능력의 향상에 이바지하여야 한다.

② 이용자는 건전한 정보사회가 정착되도록 노력하여야 한다.

③ 정부는 정보통신서비스 제공자단체 또는 이용자단체의 개인정보보호 및 정보통신망에서의 청소년 보호 등을 위한 활동을 지원할 수 있다.

제4조(정보통신망 이용촉진 및 정보보호등에 관한 시책의 마련)

① 행정안전부장관, 지식경제부장관 또는 방송통신위원회는 정보통신망의 이용촉진 및 안정적 관리·운영과 이용자의 개인정보보호 등(이하 "정보통신망 이용촉진 및 정보보호등"이라 한다)을 통하여 정보사회의 기반을 조성하기 위한 시책을 마련하여야 한다.

② 제1항에 따른 시책에는 다음 각 호의 사항이 포함되어야 한다.

1. 정보통신망에 관련된 기술의 개발·보급
2. 정보통신망의 표준화
3. 정보내용물 및 제11조에 따른 정보통신망 응용서비스의 개발 등 정보통신망의 이용 활성화
4. 정보통신망을 이용한 정보의 공동활용 촉진
5. 인터넷 이용의 활성화
6. 정보통신망을 통하여 수집·처리·보관·이용되는 개인정보의 보호 및 그와 관련된 기술의 개발·보급
7. 정보통신망에서의 청소년 보호
8. 정보통신망의 안전성 및 신뢰성 제고
9. 그 밖에 정보통신망 이용촉진 및 정보보호등을 위하여 필요한 사항

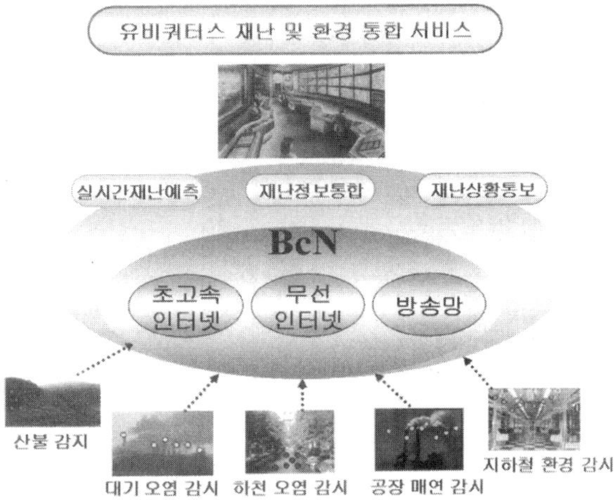

그림 5.2 정보통신망 시대의 재난 방지를 위한 시스템

③ 행정안전부장관, 지식경제부장관 또는 방송통신위원회는 제1항에 따른 시책을 마련할 때에는 「정보화촉진기본법」 제5조에 따른 정보화촉진기본계획과 연계되도록 하여야 한다.

제5조(다른 법률과의 관계)

정보통신망 이용촉진 및 정보보호등에 관하여는 다른 법률에서 특별히 규정된 경우 외에는 이 법으로 정하는 바에 따른다. 다만, 제7장의 통신과금서비스에 관하여 이 법과 「전자금융거래법」의 적용이 경합하는 때에는 이 법을 우선 적용한다.

제2장 정보통신망의 이용촉진

제6조(기술개발의 추진 등)

① 지식경제부장관은 정보통신망과 관련된 기술 및 기기의 개발을 효율적으로 추진하기 위하여 대통령령으로 정하는 바에 따라 관련 연구기관으로 하여금 연구개발

· 기술협력 · 기술이전 또는 기술지도 등의 사업을 하게 할 수 있다.

② 정부는 제1항에 따라 연구개발 등의 사업을 하는 연구기관에는 그 사업에 드는 비용의 전부 또는 일부를 지원할 수 있다.

③ 제2항에 따른 비용의 지급 및 관리 등에 필요한 사항은 대통령령으로 정한다.

제7조(기술관련 정보의 관리 및 보급)

① 지식경제부장관은 정보통신망과 관련된 기술 및 기기에 관한 정보(이하 이 조에서 "기술관련 정보"라 한다)를 체계적이고 종합적으로 관리하여야 한다.

② 지식경제부장관은 기술관련 정보를 체계적이고 종합적으로 관리하기 위하여 필요하면 관계 행정기관 및 국공립 연구기관 등에 대하여 기술관련 정보와 관련된 자료를 요구할 수 있다. 이 경우 요구를 받은 기관의 장은 특별한 사유가 없으면 그 요구에 따라야 한다.

③ 지식경제부장관은 기술관련 정보를 신속하고 편리하게 이용할 수 있도록 그 보급을 위한 사업을 하여야 한다.

④ 제3항에 따라 보급하려는 정보통신망과 관련된 기술 및 기기의 범위에 관하여 필요한 사항은 대통령령으로 정한다.

그림 5.3 전파방송을 체험하는 최시중 방송통신위원장

제8조(정보통신망의 표준화 및 인증)

① 지식경제부장관은 정보통신망의 이용을 촉진하기 위하여 정보통신망에 관한 표준을 정하여 고시하고, 정보통신서비스 제공자 또는 정보통신망과 관련된 제품을 제조하거나 공급하는 자에게 그 표준을 사용하도록 권고할 수 있다. 다만, 「산업표준화법」 제12조에 따른 한국산업표준이 제정되어 있는 사항에 대하여는 그 표준에 따른다.

② 제1항에 따라 고시된 표준에 적합한 정보통신과 관련된 제품을 제조하거나 공급하는 자는 제9조제1항에 따른 인증기관의 인증을 받아 그 제품이 표준에 적합한 것임을 나타내는 표시를 할 수 있다.

③ 제1항 단서에 해당하는 경우로서 「산업표준화법」 제15조에 따라 인증을 받은 경우에는 제2항에 따른 인증을 받은 것으로 본다.

④ 제2항에 따른 인증을 받은 자가 아니면 그 제품이 표준에 적합한 것임을 나타내는 표시를 하거나 이와 비슷한 표시를 하여서는 아니 되며, 이와 비슷한 표시를 한 제품을 판매하거나 판매할 목적으로 진열하여서는 아니 된다.

⑤ 지식경제부장관은 제4항을 위반하여 제품을 판매하거나 판매할 목적으로 진열한 자에게 그 제품을 수거·반품하도록 하거나 인증을 받아 그 표시를 하도록 하는 등 필요한 시정조치를 명할 수 있다.

⑥ 제1항부터 제3항까지의 규정에 따른 표준화의 대상·방법·절차 및 인증표시, 제5항에 따른 수거·반품·시정 등에 필요한 사항은 지식경제부령으로 정한다.

제9조(인증기관의 지정 등)

① 지식경제부장관은 정보통신망과 관련된 제품을 제조하거나 공급하는 자의 제품이 제8조제1항 본문에 따라 고시된 표준에 적합한 제품임을 인증하는 기관(이하 "인증기관"이라 한다)을 지정할 수 있다.

② 지식경제부장관은 인증기관이 다음 각 호의 어느 하나에 해당하면 그 지정을 취소하거나 6개월 이내의 기간을 정하여 업무의 정지를 명할 수 있다. 다만, 제1호에 해당하는 경우에는 그 지정을 취소하여야 한다.

1. 속임수나 그 밖의 부정한 방법으로 지정을 받은 경우
2. 정당한 사유 없이 1년 이상 계속하여 인증업무를 하지 아니한 경우
3. 제3항에 따른 지정기준에 미달한 경우

③ 제1항 및 제2항에 따른 인증기관의 지정기준·지정절차, 지정취소·업무정지의 기준 등에 필요한 사항은 지식경제부령으로 정한다.

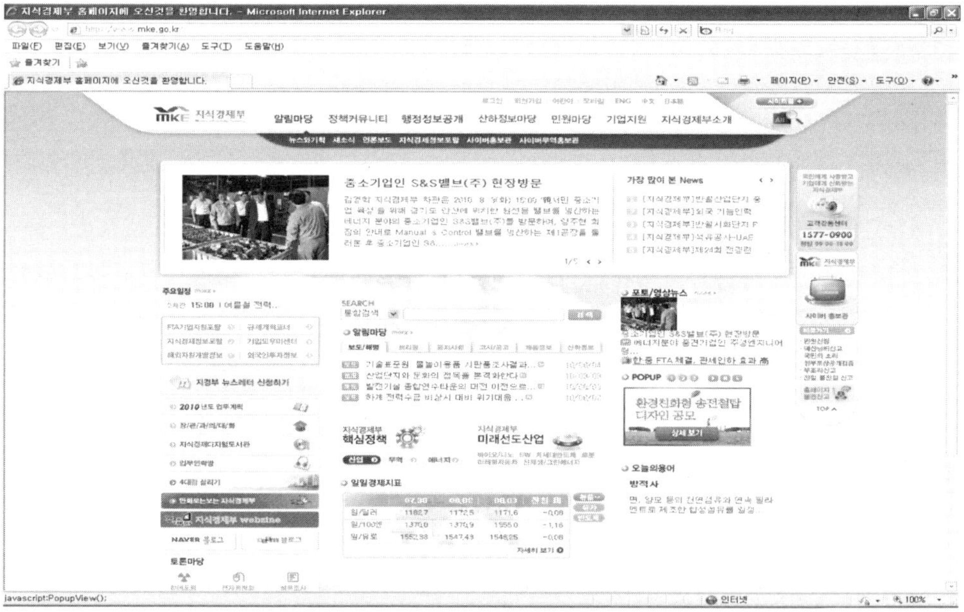

그림 5.4 지식경제부 홈페이지

제10조(정보내용물의 개발 지원)

정부는 국가경쟁력을 확보하거나 공익을 증진하기 위하여 정보통신망을 통하여 유통되는 정보내용물을 개발하는 자에게 재정 및 기술 등 필요한 지원을 할 수 있다.

제11조(정보통신망 응용서비스의 개발 촉진 등)

① 정부는 국가기관 · 지방자치단체 및 공공기관이 정보통신망을 활용하여 업무를 효율화 · 자동화 · 고도화하는 응용서비스(이하 "정보통신망 응용서비스"라 한다)를 개발 · 운영하는 경우 그 기관에 재정 및 기술 등 필요한 지원을 할 수 있다.

② 정부는 민간부문에 의한 정보통신망 응용서비스의 개발을 촉진하기 위하여 재정 및 기술 등 필요한 지원을 할 수 있으며, 정보통신망 응용서비스의 개발에 필요한 기술인력을 양성하기 위하여 다음 각 호의 시책을 마련하여야 한다.

1. 각급 학교나 그 밖의 교육기관에서 시행하는 인터넷 교육에 대한 지원
2. 국민에 대한 인터넷 교육의 확대
3. 정보통신망 기술인력 양성사업에 대한 지원
4. 정보통신망 전문기술인력 양성기관의 설립 · 지원
5. 정보통신망 이용 교육프로그램의 개발 및 보급 지원
6. 정보통신망 관련 기술자격제도의 정착 및 전문기술인력 수급 지원
7. 그 밖에 정보통신망 관련 기술인력의 양성에 필요한 사항

제12조(정보의 공동활용체제 구축)

① 정부는 정보통신망을 효율적으로 활용하기 위하여 정보통신망 상호 간의 연계 운영 및 표준화 등 정보의 공동활용체제 구축을 권장할 수 있다.

② 정부는 제1항에 따른 정보의 공동활용체제를 구축하는 자에게 재정 및 기술 등 필요한 지원을 할 수 있다.

③ 제1항과 제2항에 따른 권장 및 지원에 필요한 사항은 대통령령으로 정한다.

제13조(정보통신망의 이용촉진 등에 관한 사업)

① 지식경제부장관은 공공, 지역, 산업, 생활 및 사회적 복지 등 각 분야의 정보통신망의 이용촉진과 정보격차의 해소를 위하여 관련 기술 · 기기 및 응용서비스의 효

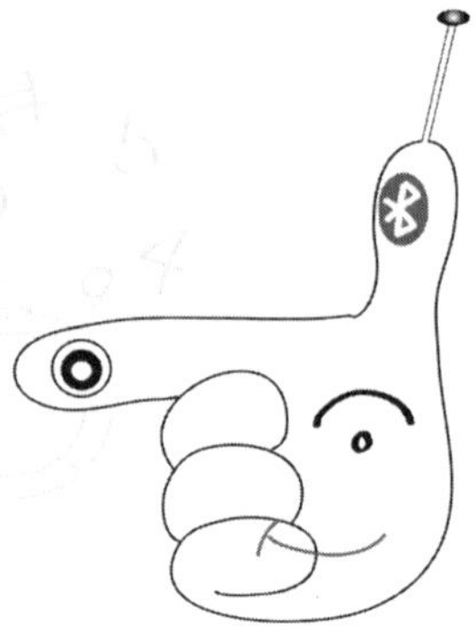

율적인 활용·보급을 촉진하기 위한 사업을 대통령령으로 정하는 바에 따라 실시할 수 있다.

② 정부는 제1항에 따른 사업에 참여하는 자에게 재정 및 기술 등 필요한 지원을 할 수 있다.

제14조(인터넷 이용의 확산)

정부는 인터넷 이용이 확산될 수 있도록 공공 및 민간의 인터넷 이용시설의 효율적 활용을 유도하고 인터넷 관련 교육 및 홍보 등의 인터넷 이용기반을 확충하며, 지역별·성별·연령별 인터넷 이용격차를 해소하기 위한 시책을 마련하고 추진하여야 한다.

제15조(인터넷 서비스의 품질 개선)

① 지식경제부장관은 인터넷 서비스 이용자의 권익을 보호하고 인터넷 서비스의 품질 향상 및 안정적 제공을 보장하기 위한 시책을 마련하여야 한다.

② 지식경제부장관은 제1항에 따른 시책을 추진하기 위하여 필요하면 정보통신서비스 제공자단체 및 이용자단체 등의 의견을 들어 인터넷 서비스 품질의 측정·평가에 관한 기준을 정하여 고시할 수 있다.

③ 정보통신서비스 제공자는 제2항에 따른 기준에 따라 자율적으로 인터넷 서비스의 품질 현황을 평가하여 그 결과를 이용자에게 알려줄 수 있다.

제16조 삭제

제17조 삭제

제3장 전자문서중계자를 통한 전자문서의 활용

제18조(전자문서중계자에 의한 문서의 처리 등)

① 국가기관이나 지방자치단체의 장이 전자문서중계설비를 관리하는 자(이하 "전자문서중계자"라 한다)를 통하여 법령에서 규정한 허가·인가·승인·등록·신고·신청 등(이하 이 조에서 "허가등"이라 한다)을 전자문서로 처리하려면 대통령령으로 정하는 바에 따라 대상 업무와 전자문서중계자 등 필요한 사항을 정하고 고시하여야 한다.

② 제1항에 따라 처리되는 전자문서와 그 문서상의 명의인을 표시한 문자 및 「전자서명법」 제2조제3호에 따른 공인전자서명은 각각 해당 법령에서 정한 문서와 그 문서상의 서명날인으로 본다.

③ 제1항에 따라 허가등을 전자문서로 처리한 경우에는 해당 법령에서 정한 절차에 따라 처리한 것으로 본다.

④ 전자문서중계자의 지정요건 및 지정절차에 필요한 사항은 대통령령으로 정한다.

제19조(전자문서의 송수신 시기)

① 전자문서는 작성자 외의 자 또는 작성자의 대리인 외의 자가 관리하는 컴퓨터에 입력되었을 때에 송신된 것으로 본다.

② 전자문서는 다음 각 호의 어느 하나에 해당할 때에 수신된 것으로 본다.

1. 수신자가 전자문서를 수신할 컴퓨터를 지정한 경우에는 지정한 컴퓨터에 입력되었을 때. 다만, 지정한 컴퓨터가 아닌 컴퓨터에 입력되었을 경우에는 수신자가 전자문서를 출력하였을 때를 말한다.
2. 수신자가 전자문서를 수신할 컴퓨터를 지정하지 아니한 경우에는 수신자가 관리하는 컴퓨터에 입력되었을 때

제20조(전자문서 내용의 추정 등)

① 전자문서의 내용에 대하여 당사자 또는 이해관계자 사이에 다툼이 있으면 전자문서중계자의 컴퓨터의 파일에 기록된 전자문서의 내용대로 작성된 것으로 추정한다.

그림 5.5 정보통신의 활용분야

② 전자문서중계자는 「공공기록물 관리에 관한 법률」 제19조에 따라 전자문서를 보관하여야 한다.

제21조(전자문서 등의 공개 제한)

전자문서중계자는 전자문서중계설비에 의하여 처리되는 전자문서 또는 관련 기록을 적법한 절차에 따르지 아니하거나 전자문서 발신자 및 수신자의 동의 없이 공개하여서는 아니 된다.

제4장 개인정보의 보호

제1절 개인정보의 수집 · 이용 및 제공 등

제22조(개인정보의 수집 · 이용 동의 등)

① 정보통신서비스 제공자는 이용자의 개인정보를 이용하려고 수집하는 경우에는 다음 각 호의 모든 사항을 이용자에게 알리고 동의를 받아야 한다. 다음 각 호의 어느 하나의 사항을 변경하려는 경우에도 또한 같다.

1. 개인정보의 수집 · 이용 목적

2. 수집하는 개인정보의 항목
3. 개인정보의 보유·이용 기간

② 정보통신서비스 제공자는 다음 각 호의 어느 하나에 해당하는 경우에는 제1항에 따른 동의 없이 이용자의 개인정보를 수집·이용할 수 있다.

1. 정보통신서비스의 제공에 관한 계약을 이행하기 위하여 필요한 개인정보로서 경제적·기술적인 사유로 통상적인 동의를 받는 것이 뚜렷하게 곤란한 경우
2. 정보통신서비스의 제공에 따른 요금정산을 위하여 필요한 경우
3. 이 법 또는 다른 법률에 특별한 규정이 있는 경우

제23조(개인정보의 수집 제한 등)

① 정보통신서비스 제공자는 사상, 신념, 과거의 병력(病歷) 등 개인의 권리·이익이나 사생활을 뚜렷하게 침해할 우려가 있는 개인정보를 수집하여서는 아니 된다. 다만, 제22조제1항에 따른 이용자의 동의를 받거나 다른 법률에 따라 특별히 수집 대상 개인정보로 허용된 경우에는 그 개인정보를 수집할 수 있다.

② 정보통신서비스 제공자는 이용자의 개인정보를 수집하는 경우에는 정보통신서비스의 제공을 위하여 필요한 최소한의 정보를 수집하여야 하며, 필요한 최소한의 정보 외의 개인정보를 제공하지 아니한다는 이유로 그 서비스의 제공을 거부하여서는 아니 된다.

제23조의2(주민등록번호 외의 회원가입 방법)

① 정보통신서비스 제공자로서 제공하는 정보통신서비스의 유형별 일일 평균 이용자 수가 대통령령으로 정하는 기준에 해당하는 자는 이용자가 정보통신망을 통하여 회원으로 가입할 경우에 주민등록번호를 사용하지 아니하고도 회원으로 가입할 수 있는 방법을 제공하여야 한다.

② 제1항에 해당하는 정보통신서비스 제공자는 주민등록번호를 사용하는 회원가입 방법을 따로 제공하여 이용자가 회원가입 방법을 선택하게 할 수 있다.

제2절 삭제

제24조(개인정보의 이용 제한)

정보통신서비스 제공자는 제22조 및 제23조제1항 단서에 따라 수집한 개인정보를 이용자로부터 동의받은 목적이나 제22조제2항 각 호에서 정한 목적과 다른 목적으로 이용하여서는 아니 된다.

제24조의2(개인정보의 제공 동의 등)

① 정보통신서비스 제공자는 이용자의 개인정보를 제3자에게 제공하려면 제22조제2항제2호 및 제3호에 해당하는 경우 외에는 다음 각 호의 모든 사항을 이용자에게 알리고 동의를 받아야 한다. 다음 각 호의 어느 하나의 사항이 변경되는 경우에도 또한 같다.

1. 개인정보를 제공받는 자
2. 개인정보를 제공받는 자의 개인정보 이용 목적
3. 제공하는 개인정보의 항목
4. 개인정보를 제공받는 자의 개인정보 보유 및 이용 기간

② 제1항에 따라 정보통신서비스 제공자로부터 이용자의 개인정보를 제공받은 자는 그 이용자의 동의가 있거나 다른 법률에 특별한 규정이 있는 경우 외에는 개인정보를 제3자에게 제공하거나 제공받은 목적 외의 용도로 이용하여서는 아니 된다.

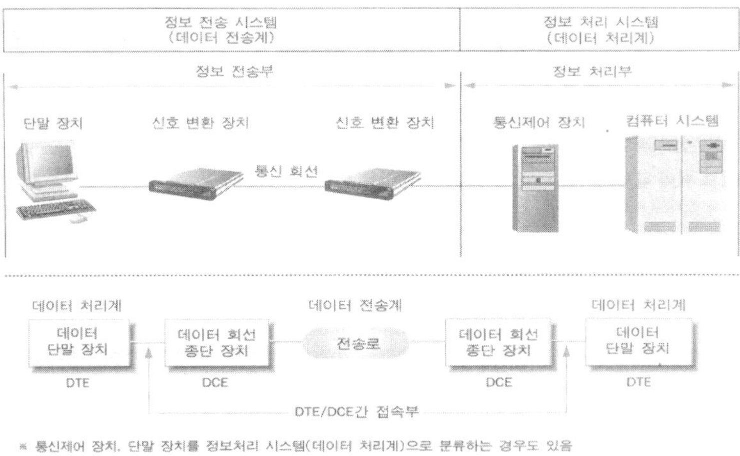

그림 5.6 정보 통신 시스템의 구성

제25조(개인정보의 취급위탁)

① 정보통신서비스 제공자와 그로부터 제24조의2제1항에 따라 이용자의 개인정보를 제공받은 자(이하 "정보통신서비스 제공자등"이라 한다)는 제3자에게 이용자의 개인정보를 수집 · 보관 · 처리 · 이용 · 제공 · 관리 · 파기 등(이하 "취급"이라 한다)을 할 수 있도록 업무를 위탁(이하 "개인정보 취급위탁"이라 한다)하는 경우에는 다음 각 호의 사항 모두를 이용자에게 알리고 동의를 받아야 한다. 다음 각 호의 어느 하나의 사항이 변경되는 경우에도 또한 같다.

1. 개인정보 취급위탁을 받는 자(이하 "수탁자"라 한다)
2. 개인정보 취급위탁을 하는 업무의 내용

② 정보통신서비스 제공자등은 정보통신서비스의 제공에 관한 계약을 이행하기 위하여 필요한 경우로서 제1항 각 호의 사항 모두를 제27조의2제1항에 따라 공개하거나 전자우편 등 대통령령으로 정하는 방법에 따라 이용자에게 알린 경우에는 개인정보 취급위탁에 따른 제1항의 고지절차와 동의절차를 거치지 아니할 수 있다. 제1항 각 호의 어느 하나의 사항이 변경되는 경우에도 또한 같다.

③ 정보통신서비스 제공자등은 개인정보 취급위탁을 하는 경우에는 수탁자가 이용자의 개인정보를 취급할 수 있는 목적을 미리 정하여야 하며, 수탁자는 이 목적을 벗어나서 이용자의 개인정보를 취급하여서는 아니 된다.

④ 정보통신서비스 제공자등은 수탁자가 이 장의 규정을 위반하지 아니하도록 관리 · 감독하여야 한다.

⑤ 수탁자가 개인정보 취급위탁을 받은 업무와 관련하여 이 장의 규정을 위반하여 이용자에게 손해를 발생시키면 그 수탁자를 손해배상책임에 있어서 정보통신서비스 제공자등의 소속 직원으로 본다.

제26조(영업의 양수 등에 따른 개인정보의 이전)

① 정보통신서비스 제공자등이 영업의 전부 또는 일부의 양도 · 합병 등으로 그 이용자의 개인정보를 타인에게 이전하는 경우에는 미리 다음 각 호의 사항 모두를 인터넷 홈페이지 게시, 전자우편 등 대통령령으로 정하는 방법에 따라 이용자에게 알려야 한다.

1. 개인정보를 이전하려는 사실

2. 개인정보를 이전받는 자(이하 "영업양수자등"이라 한다)의 성명(법인의 경우에는 법인의 명칭을 말한다. 이하 이 조에서 같다)·주소·전화번호 및 그 밖의 연락처
3. 이용자가 개인정보의 이전을 원하지 아니하는 경우 그 동의를 철회할 수 있는 방법과 절차

② 영업양수자등은 개인정보를 이전받으면 지체 없이 그 사실을 인터넷 홈페이지 게시, 전자우편 등 대통령령으로 정하는 방법에 따라 이용자에게 알려야 한다. 다만, 정보통신서비스 제공자등이 제1항에 따라 그 이전사실을 이미 알린 경우에는 그러하지 아니하다.

③ 영업양수자등은 정보통신서비스 제공자등이 이용자의 개인정보를 이용하거나 제공할 수 있는 당초 목적의 범위에서만 개인정보를 이용하거나 제공할 수 있다. 다만, 이용자로부터 별도의 동의를 받은 경우에는 그러하지 아니하다.

제26조의2(동의를 받는 방법)

제22조제1항, 제23조제1항 단서, 제24조의2제1항·제2항, 제25조제1항, 제26조제3항 단서 또는 제63조제2항에 따른 동의(이하 "개인정보 수집·이용·제공 등의 동의"라 한다)를 받는 방법은 개인정보의 수집매체, 업종의 특성 및 이용자의 수 등을 고려하여 대통령령으로 정한다.

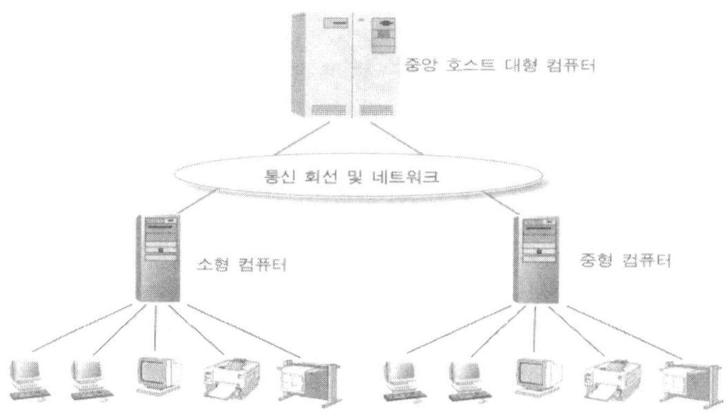

그림 5.7 정보 통신의 계층화 시스템

제2절 개인정보의 관리 및 파기 등

제27조(개인정보 관리책임자의 지정)

① 정보통신서비스 제공자등은 이용자의 개인정보를 보호하고 개인정보와 관련한 이용자의 고충을 처리하기 위하여 개인정보 관리책임자를 지정하여야 한다. 다만, 종업원 수, 이용자 수 등이 대통령령으로 정하는 기준에 해당하는 정보통신서비스 제공자등의 경우에는 지정하지 아니할 수 있다.

② 제1항 단서에 따른 정보통신서비스 제공자등이 개인정보 관리책임자를 지정하지 아니하는 경우에는 그 사업주 또는 대표자가 개인정보 관리책임자가 된다.

③ 개인정보 관리책임자의 자격요건과 그 밖의 지정에 필요한 사항은 대통령령으로 정한다.

제27조의2(개인정보 취급방침의 공개)

① 정보통신서비스 제공자등은 이용자의 개인정보를 취급하는 경우에는 개인정보 취급방침을 정하여 이용자가 언제든지 쉽게 확인할 수 있도록 대통령령으로 정하는 방법에 따라 공개하여야 한다.

② 제1항에 따른 개인정보 취급방침에는 다음 각 호의 사항이 모두 포함되어야 한다.

1. 개인정보의 수집·이용 목적, 수집하는 개인정보의 항목 및 수집방법
2. 개인정보를 제3자에게 제공하는 경우 제공받는 자의 성명(법인인 경우에는 법인의 명칭을 말한다), 제공받는 자의 이용 목적과 제공하는 개인정보의 항목
3. 개인정보의 보유 및 이용 기간, 개인정보의 파기절차 및 파기방법(제29조 각 호 외의 부분 단서에 따라 개인정보를 보존하여야 하는 경우에는 그 보존근거와 보존하는 개인정보 항목을 포함한다)
4. 개인정보 취급위탁을 하는 업무의 내용 및 수탁자(해당되는 경우에만 취급방침에 포함한다)
5. 이용자 및 법정대리인의 권리와 그 행사방법
6. 인터넷 접속정보파일 등 개인정보를 자동으로 수집하는 장치의 설치·운영 및 그 거부에 관한 사항

7. 개인정보 관리책임자의 성명 또는 개인정보보호 업무 및 관련 고충사항을 처리하는 부서의 명칭과 그 전화번호 등 연락처

③ 정보통신서비스 제공자등은 제1항에 따른 개인정보 취급방침을 변경하는 경우에는 그 이유 및 변경내용을 대통령령으로 정하는 방법에 따라 지체 없이 공지하고, 이용자가 언제든지 변경된 사항을 쉽게 알아 볼 수 있도록 조치하여야 한다.

제28조(개인정보의 보호조치)

① 정보통신서비스 제공자등이 개인정보를 취급할 때에는 개인정보의 분실 · 도난 · 누출 · 변조 또는 훼손을 방지하기 위하여 대통령령으로 정하는 기준에 따라 다음 각 호의 기술적 · 관리적 조치를 하여야 한다.

1. 개인정보를 안전하게 취급하기 위한 내부관리계획의 수립 · 시행
2. 개인정보에 대한 불법적인 접근을 차단하기 위한 침입차단시스템 등 접근 통제 장치의 설치 · 운영
3. 접속기록의 위조 · 변조 방지를 위한 조치
4. 개인정보를 안전하게 저장 · 전송할 수 있는 암호화기술 등을 이용한 보안조치
5. 백신 소프트웨어의 설치 · 운영 등 컴퓨터바이러스에 의한 침해 방지조치
6. 그 밖에 개인정보의 안전성 확보를 위하여 필요한 보호조치

② 정보통신서비스 제공자등은 이용자의 개인정보를 취급하는 자를 최소한으로 제한하여야 한다.

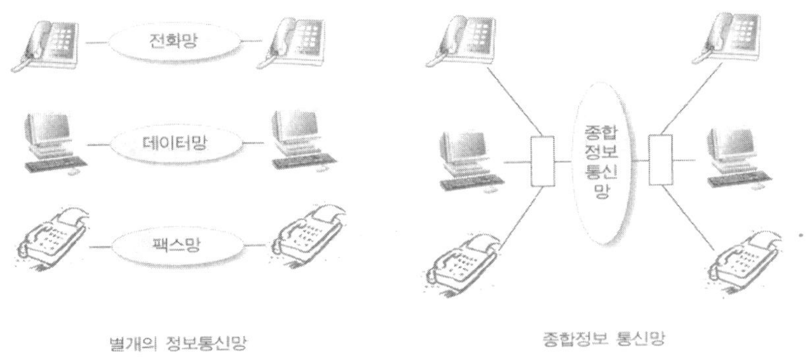

그림 5.8 통합 정보통신망

제28조의2(개인정보의 누설금지)

① 이용자의 개인정보를 취급하고 있거나 취급하였던 자는 직무상 알게 된 개인정보를 훼손·침해 또는 누설하여서는 아니 된다.

② 누구든지 그 개인정보가 누설된 사정을 알면서도 영리 또는 부정한 목적으로 개인정보를 제공받아서는 아니 된다.

제29조(개인정보의 파기)

정보통신서비스 제공자등은 다음 각 호의 어느 하나에 해당하는 경우에는 해당 개인정보를 지체 없이 파기하여야 한다. 다만, 다른 법률에 따라 개인정보를 보존하여야 하는 경우에는 그러하지 아니하다.

1. 제22조제1항, 제23조제1항 단서 또는 제24조의2제1항·제2항에 따라 동의를 받은 개인정보의 수집·이용 목적이나 제22조제2항 각 호에서 정한 해당 목적을 달성한 경우
2. 제22조제1항, 제23조제1항 단서 또는 제24조의2제1항·제2항에 따라 동의를 받은 개인정보의 보유 및 이용 기간이 끝난 경우
3. 제22조제2항에 따라 이용자의 동의를 받지 아니하고 수집·이용한 경우에는 제27조의2제2항제3호에 따른 개인정보의 보유 및 이용 기간이 끝난 경우
4. 사업을 폐업하는 경우

제3절 이용자의 권리

제30조(이용자의 권리 등)

① 이용자는 정보통신서비스 제공자등에 대하여 언제든지 개인정보 수집·이용·제공 등의 동의를 철회할 수 있다.

② 이용자는 정보통신서비스 제공자등에 대하여 본인에 관한 다음 각 호의 어느 하나의 사항에 대한 열람이나 제공을 요구할 수 있고 오류가 있는 경우에는 그 정정을 요구할 수 있다.

1. 정보통신서비스 제공자등이 가지고 있는 이용자의 개인정보

2. 정보통신서비스 제공자등이 이용자의 개인정보를 이용하거나 제3자에게 제공한 현황
3. 정보통신서비스 제공자등에게 개인정보 수집 · 이용 · 제공 등의 동의를 한 현황

③ 정보통신서비스 제공자등은 이용자가 제1항에 따라 동의를 철회하면 지체 없이 수집된 개인정보를 파기하는 등 필요한 조치를 하여야 한다.

④ 정보통신서비스 제공자등은 제2항에 따라 열람 또는 제공을 요구받으면 지체 없이 필요한 조치를 하여야 한다.

⑤ 정보통신서비스 제공자등은 제2항에 따라 오류의 정정을 요구받으면 지체 없이 그 오류를 정정하거나 정정하지 못하는 사유를 이용자에게 알리는 등 필요한 조치를 하여야 하고, 필요한 조치를 할 때까지는 해당 개인정보를 이용하거나 제공하여서는 아니 된다. 다만, 다른 법률에 따라 개인정보의 제공을 요청받은 경우에는 그 개인정보를 제공하거나 이용할 수 있다.

⑥ 정보통신서비스 제공자등은 제1항에 따른 동의의 철회 또는 제2항에 따른 개인정보의 열람 · 제공 또는 오류의 정정을 요구하는 방법을 개인정보의 수집방법보다 쉽게 하여야 한다.

⑦ 영업양수자등에 대하여는 제1항부터 제6항까지의 규정을 준용한다. 이 경우 "정보통신서비스 제공자등"은 "영업양수자등"으로 본다.

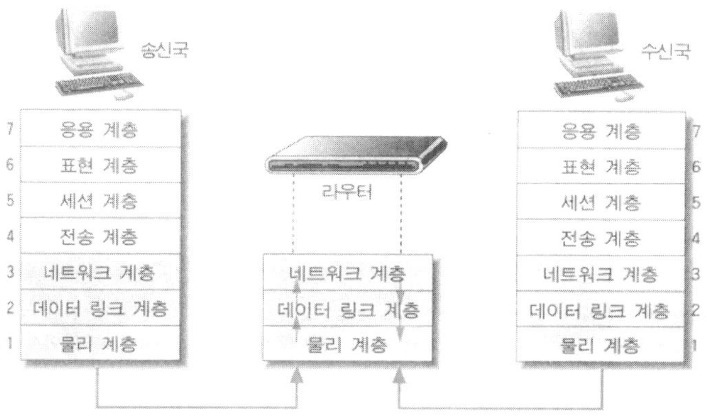

그림 5.9 정보통신망의 기초가 되는 OSI 7계층

제31조(법정대리인의 권리)

① 정보통신서비스 제공자등이 만 14세 미만의 아동으로부터 개인정보 수집·이용·제공 등의 동의를 받으려면 그 법정대리인의 동의를 받아야 한다. 이 경우 정보통신서비스 제공자는 그 아동에게 법정대리인의 동의를 받기 위하여 필요한 법정대리인의 성명 등 최소한의 정보를 요구할 수 있다.

② 법정대리인은 해당 아동의 개인정보에 대하여 제30조제1항 및 제2항에 따른 이용자의 권리를 행사할 수 있다.

③ 제2항에 따른 법정대리인의 동의 철회, 열람 또는 오류정정의 요구에 관하여는 제30조제3항부터 제5항까지의 규정을 준용한다.

제32조(손해배상)

이용자는 정보통신서비스 제공자등이 이 장의 규정을 위반한 행위로 손해를 입으면 그 정보통신서비스 제공자등에게 손해배상을 청구할 수 있다. 이 경우 해당 정보통신서비스 제공자등은 고의 또는 과실이 없음을 입증하지 아니하면 책임을 면할 수 없다.

제4절 개인정보분쟁조정위원회

제33조(개인정보분쟁조정위원회의 설치 및 구성)

① 개인정보에 관한 분쟁을 조정하기 위하여 개인정보분쟁조정위원회(이하 "분쟁조정위원회"라 한다)를 둔다.

② 분쟁조정위원회는 위원장 1명을 포함한 15명 이내의 위원으로 구성하며, 그중 1명은 상임으로 한다.

③ 위원은 다음 각 호의 어느 하나에 해당하는 자 중에서 대통령령으로 정하는 바에 따라 행정안전부장관이 임명하거나 위촉한다. 이 경우 다음 각 호의 어느 하나에 해당하는 자가 1명 이상 포함되어야 한다.

1. 대학이나 공인된 연구기관에서 부교수급 이상 또는 이에 상당하는 직에 있거나 있었던 자로서 개인정보보호 관련 분야를 전공한 자
2. 4급 이상 공무원(고위공무원단에 속하는 일반직공무원을 포함한다) 또는 이에 상

당하는 공공기관의 직에 있거나 있었던 자로서 개인정보보호 업무에 관한 경험이 있는 자

3. 판사 · 검사 또는 변호사의 자격이 있는 자
4. 정보통신서비스 이용자단체의 임원직에 있거나 있었던 자
5. 정보통신서비스 제공자 또는 정보통신서비스 제공자단체의 임원직에 있거나 있었던 자
6. 「비영리민간단체 지원법」 제2조에 따른 비영리민간단체에서 추천한 자

④ 위원의 임기는 3년으로 하고, 연임할 수 있다.

⑤ 위원장은 위원 중에서 행정안전부장관이 임명한다.

⑥ 분쟁조정위원회의 업무를 지원하기 위하여 제52조에 따른 한국인터넷진흥원(이하 "한국인터넷진흥원"이라 한다)에 사무국을 둔다.

제33조의2(조정부)

① 분쟁의 조정업무를 효율적으로 수행하기 위하여 분쟁조정위원회에 5명 이하의 위원으로 구성되는 조정부를 두되, 그중 1명은 변호사의 자격이 있는 자로 한다.

② 분쟁조정위원회는 필요하면 일부 분쟁을 제1항에 따른 조정부에 맡겨 조정하게 할 수 있다.

③ 제1항에 따른 조정부의 구성 및 운영에 필요한 사항은 행정안전부령으로 정한다.

제34조(위원의 신분보장)

위원은 자격정지 이상의 형을 선고받거나 심신상의 장애로 직무를 수행할 수 없는 경우 외에는 그의 의사에 반하여 면직되거나 해촉되지 아니한다.

제35조(위원의 제척 · 기피 · 회피)

① 위원은 다음 각 호의 어느 하나에 해당되면 해당 분쟁조정 청구사건(이하 이 조에서 "사건"이라 한다)의 심의 · 의결에서 제척된다.

1. 위원 또는 그 배우자나 배우자이었던 자가 해당 사건의 당사자가 되거나 그 사건에 관하여 공동권리자 또는 공동의무자의 관계에 있는 경우
2. 위원이 해당 사건의 당사자와 친족관계에 있거나 있었던 경우

3. 위원이 해당 사건에 관하여 증언이나 감정을 한 경우
4. 위원이 해당 사건에 관하여 당사자의 대리인 또는 임직원으로서 관여하거나 관여하였던 경우

② 당사자는 위원에게 심의·의결의 공정을 기대하기 어려운 사정이 있으면 분쟁조정위원회에 기피신청을 할 수 있다. 이 경우 분쟁조정위원회는 기피신청이 타당하다고 인정하는 경우에는 기피의 결정을 한다.

③ 위원이 제1항 또는 제2항의 사유에 해당하면 스스로 그 사건의 심의·의결에서 회피할 수 있다.

제36조(분쟁의 조정)

① 개인정보와 관련한 분쟁의 조정을 원하는 자는 분쟁조정위원회에 분쟁의 조정을 신청할 수 있다.

② 제1항에 따른 분쟁의 조정신청을 받은 분쟁조정위원회는 신청을 받은 날부터 60일 이내에 심사하여 조정안을 작성하여야 한다. 다만, 부득이한 사정이 있는 경우에는 분쟁조정위원회의 의결로 그 기간을 연장할 수 있다.

③ 제2항 단서에 따라 기간을 연장한 경우에는 기간연장의 사유나 그 밖의 기간연장에 대한 사항을 신청인에게 알려야 한다.

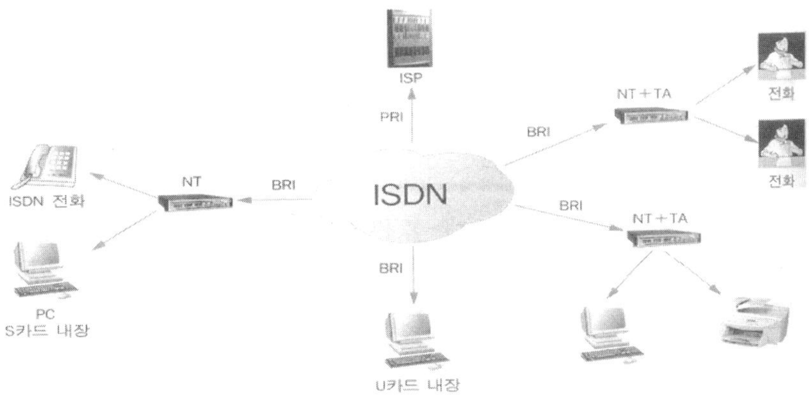

그림 5.10 ISDN의 시스템망

제37조(자료요청 등)

① 분쟁조정위원회는 분쟁조정을 위하여 필요한 자료의 제공을 분쟁당사자에게 요청할 수 있다. 이 경우 그 분쟁당사자는 정당한 사유가 없으면 요청에 따라야 한다.

② 분쟁조정위원회는 필요하다고 인정하면 분쟁당사자나 참고인을 분쟁조정위원회에 출석하도록 하여 그 의견을 들을 수 있다.

제38조(조정의 효력)

① 분쟁조정위원회는 제36조제2항에 따라 조정안을 작성하면 지체 없이 각 당사자에게 제시하여야 한다.

② 제1항에 따라 조정안을 제시받은 당사자는 제시받은 날부터 15일 이내에 조정안의 수락 여부를 분쟁조정위원회에 통보하여야 한다.

③ 당사자가 조정안을 수락하면 분쟁조정위원회는 즉시 조정서를 작성하여야 하며, 위원장 및 각 당사자는 그 조정서에 기명날인하여야 한다.

④ 당사자가 제3항에 따라 조정안을 수락하고 조정서에 기명날인을 하면 당사자 간에 조정서와 같은 내용의 합의가 성립된 것으로 본다.

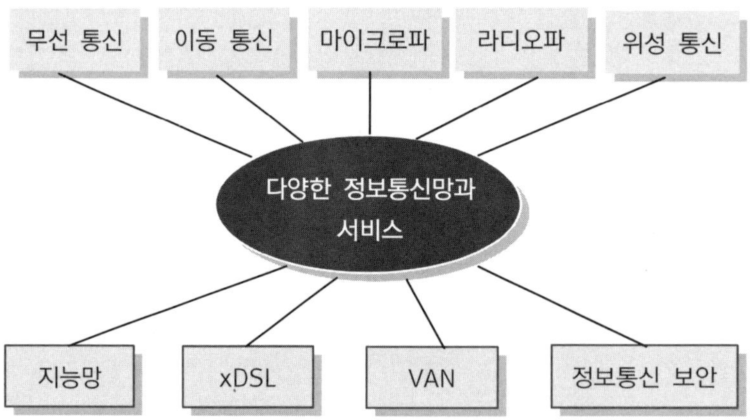

그림 5.11 정보통신망과 서비스

제39조(조정의 거부 및 중지)

① 분쟁조정위원회는 분쟁의 성질상 분쟁조정위원회에서 조정하는 것이 적합하지 아니하다고 인정하거나 부정한 목적으로 신청되었다고 인정하는 경우에는 그 조정을 거부할 수 있다. 이 경우 조정거부의 사유 등을 신청인에게 알려야 한다.

② 분쟁조정위원회는 신청된 조정사건에 대한 처리절차를 진행하던 중에 한쪽 당사자가 소(訴)를 제기하면 그 조정의 처리를 중지하고 이를 당사자에게 알려야 한다.

제40조(조정절차 등)

제36조부터 제39조까지의 규정에서 정한 것 외에 분쟁의 조정방법·조정절차 및 조정업무의 처리 등에 필요한 사항은 대통령령으로 정한다.

제5장 정보통신망에서의 이용자 보호 등

제41조(청소년 보호를 위한 시책의 마련 등)

① 방송통신위원회는 정보통신망을 통하여 유통되는 음란·폭력정보 등 청소년에게 해로운 정보(이하 "청소년유해정보"라 한다)로부터 청소년을 보호하기 위하여 다음 각 호의 시책을 마련하여야 한다.

1. 내용 선별 소프트웨어의 개발 및 보급
2. 청소년 보호를 위한 기술의 개발 및 보급
3. 청소년 보호를 위한 교육 및 홍보
4. 그 밖에 청소년 보호를 위하여 대통령령으로 정하는 사항

② 방송통신위원회는 제1항에 따른 시책을 추진할 때에는 「방송통신위원회의 설치 및 운영에 관한 법률」 제18조에 따른 방송통신심의위원회(이하 "심의위원회"라 한다), 정보통신서비스 제공자단체·이용자단체, 그 밖의 관련 전문기관이 실시하는 청소년 보호를 위한 활동을 지원할 수 있다.

제42조(청소년유해매체물의 표시)

전기통신사업자의 전기통신역무를 이용하여 일반에게 공개를 목적으로 정보를 제공하는 자(이하 "정보제공자"라 한다) 중 「청소년보호법」 제7조제4호에 따른 매체물로서 같은 법 제2조제3호에 따른 청소년유해매체물을 제공하려는 자는 대통령령으로 정하는 표시방법에 따라 그 정보가 청소년유해매체물임을 표시하여야 한다.

제42조의2(청소년유해매체물의 광고금지)

누구든지 「청소년보호법」 제7조제4호에 따른 매체물로서 같은 법 제2조제3호에 따른 청소년유해매체물을 광고하는 내용의 정보를 정보통신망을 이용하여 부호 · 문자 · 음성 · 음향 · 화상 또는 영상 등의 형태로 같은 법 제2조제1호에 따른 청소년에게 전송하거나 청소년 접근을 제한하는 조치 없이 공개적으로 전시하여서는 아니 된다.

제42조의3(청소년 보호 책임자의 지정 등)

① 정보통신서비스 제공자 중 일일 평균 이용자의 수, 매출액 등이 대통령령으로 정하는 기준에 해당하는 자는 정보통신망의 청소년유해정보로부터 청소년을 보호하기 위하여 청소년 보호 책임자를 지정하여야 한다.

② 청소년 보호 책임자는 해당 사업자의 임원 또는 청소년 보호와 관련된 업무를 담당하는 부서의 장에 해당하는 지위에 있는 자 중에서 지정한다.

③ 청소년 보호 책임자는 정보통신망의 청소년유해정보를 차단 · 관리하고, 청소년유해정보로부터의 청소년 보호계획을 수립하는 등 청소년 보호업무를 하여야 한다.

④ 제1항에 따른 청소년 보호 책임자의 지정에 필요한 사항은 대통령령으로 정한다.

제43조(영상 또는 음향정보 제공사업자의 보관의무)

① 「청소년보호법」 제7조제4호에 따른 매체물로서 같은 법 제2조제3호에 따른 청소년유해매체물을 이용자의 컴퓨터에 저장 또는 기록되지 아니하는 방식으로 제공하는 것을 영업으로 하는 정보제공자 중 대통령령으로 정하는 자는 해당 정보를 보관하여야 한다.

② 제1항에 따른 정보제공자가 해당 정보를 보관하여야 할 기간은 대통령령으로 정한다.

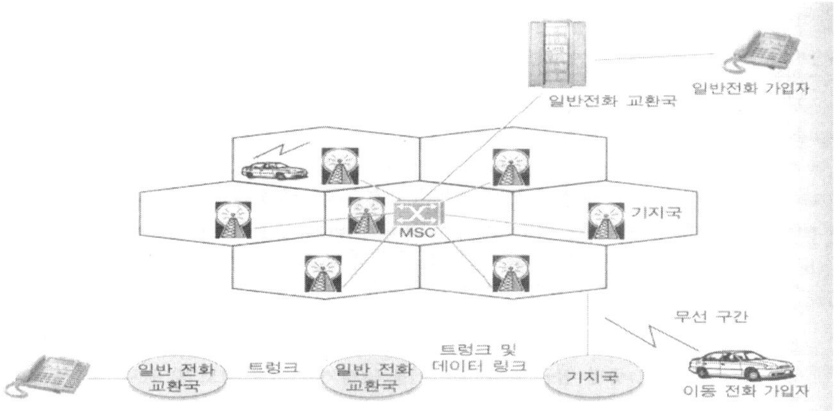

그림 5.12 정보통신망과 이동통신

제44조(정보통신망에서의 권리보호)

① 이용자는 사생활 침해 또는 명예훼손 등 타인의 권리를 침해하는 정보를 정보통신망에 유통시켜서는 아니 된다.

② 정보통신서비스 제공자는 자신이 운영·관리하는 정보통신망에 제1항에 따른 정보가 유통되지 아니하도록 노력하여야 한다.

③ 방송통신위원회는 정보통신망에 유통되는 정보로 인한 사생활 침해 또는 명예훼손 등 타인에 대한 권리침해를 방지하기 위하여 기술개발·교육·홍보 등에 대한 시책을 마련하고 이를 정보통신서비스 제공자에게 권고할 수 있다.

제44조의2(정보의 삭제요청 등)

① 정보통신망을 통하여 일반에게 공개를 목적으로 제공된 정보로 사생활 침해나 명예훼손 등 타인의 권리가 침해된 경우 그 침해를 받은 자는 해당 정보를 취급한 정보통신서비스 제공자에게 침해사실을 소명하여 그 정보의 삭제 또는 반박내용의 게재(이하 "삭제등"이라 한다)를 요청할 수 있다.

② 정보통신서비스 제공자는 제1항에 따른 해당 정보의 삭제등을 요청받으면 지체 없이 삭제·임시조치 등의 필요한 조치를 하고 즉시 신청인 및 정보게재자에게 알려야 한다. 이 경우 정보통신서비스 제공자는 필요한 조치를 한 사실을 해당

게시판에 공시하는 등의 방법으로 이용자가 알 수 있도록 하여야 한다.

③ 정보통신서비스 제공자는 자신이 운영·관리하는 정보통신망에 제42조에 따른 표시방법을 지키지 아니하는 청소년유해매체물이 게재되어 있거나 제42조의2에 따른 청소년 접근을 제한하는 조치 없이 청소년유해매체물을 광고하는 내용이 전시되어 있는 경우에는 지체 없이 그 내용을 삭제하여야 한다.

④ 정보통신서비스 제공자는 제1항에 따른 정보의 삭제요청에도 불구하고 권리의 침해 여부를 판단하기 어렵거나 이해당사자 간에 다툼이 예상되는 경우에는 해당 정보에 대한 접근을 임시적으로 차단하는 조치(이하 "임시조치"라 한다)를 할 수 있다. 이 경우 임시조치의 기간은 30일 이내로 한다.

⑤ 정보통신서비스 제공자는 필요한 조치에 관한 내용·절차 등을 미리 약관에 구체적으로 밝혀야 한다.

⑥ 정보통신서비스 제공자는 자신이 운영·관리하는 정보통신망에 유통되는 정보에 대하여 제2항에 따른 필요한 조치를 하면 이로 인한 배상책임을 줄이거나 면제받을 수 있다.

제44조의3(임의의 임시조치)

① 정보통신서비스 제공자는 자신이 운영·관리하는 정보통신망에 유통되는 정보가 사생활 침해 또는 명예훼손 등 타인의 권리를 침해한다고 인정되면 임의로 임시조치를 할 수 있다.

② 제1항에 따른 임시조치에 관하여는 제44조의2제2항 후단, 제4항 후단 및 제5항을 준용한다.

제44조의4(자율규제)

정보통신서비스 제공자단체는 이용자를 보호하고 안전하며 신뢰할 수 있는 정보통신서비스를 제공하기 위하여 정보통신서비스 제공자 행동강령을 정하여 시행할 수 있다.

제44조의5(게시판 이용자의 본인 확인)

① 다음 각 호의 어느 하나에 해당하는 자가 게시판을 설치·운영하려면 그 게시판 이용자의 본인 확인을 위한 방법 및 절차의 마련 등 대통령령으로 정하는 필요한 조치(이하 "본인확인조치"라 한다)를 하여야 한다.

1. 국가기관, 지방자치단체, 「공공기관의 운영에 관한 법률」 제5조제3항에 따른 공기업·준정부기관 및 「지방공기업법」에 따른 지방공사·지방공단(이하 "공공기관등"이라 한다)
2. 정보통신서비스 제공자로서 제공하는 정보통신서비스의 유형별 일일 평균 이용자 수가 10만명 이상이면서 대통령령으로 정하는 기준에 해당되는 자

② 방송통신위원회는 제1항제2호에 따른 기준에 해당되는 정보통신서비스 제공자가 본인확인조치를 하지 아니하면 본인확인조치를 하도록 명령할 수 있다.

③ 정부는 제1항에 따른 본인 확인을 위하여 안전하고 신뢰할 수 있는 시스템을 개발하기 위한 시책을 마련하여야 한다.

④ 공공기관등 및 정보통신서비스 제공자가 선량한 관리자의 주의로써 제1항에 따른 본인확인조치를 한 경우에는 이용자의 명의가 제3자에 의하여 부정사용됨에 따라 발생한 손해에 대한 배상책임을 줄이거나 면제받을 수 있다.

제44조의6(이용자 정보의 제공청구)

① 특정한 이용자에 의한 정보의 게재나 유통으로 사생활 침해 또는 명예훼손 등 권리를 침해당하였다고 주장하는 자는 민·형사상의 소를 제기하기 위하여 침해사실을 소명하여 제44조의10에 따른 명예훼손 분쟁조정부에 해당 정보통신서비스 제공자가 보유하고 있는 해당 이용자의 정보(민·형사상의 소를 제기하기 위한 성명·주소 등 대통령령으로 정하는 최소한의 정보를 말한다)를 제공하도록 청구할 수 있다.

② 명예훼손 분쟁조정부는 제1항에 따른 청구를 받으면 해당 이용자와 연락할 수 없는 등의 특별한 사정이 있는 경우 외에는 그 이용자의 의견을 들어 정보제공 여부를 결정하여야 한다.

③ 제1항에 따라 해당 이용자의 정보를 제공받은 자는 해당 이용자의 정보를 민·형사상의 소를 제기하기 위한 목적 외의 목적으로 사용하여서는 아니 된다.

④ 그 밖의 이용자 정보 제공청구의 내용과 절차에 필요한 사항은 대통령령으로 정한다.

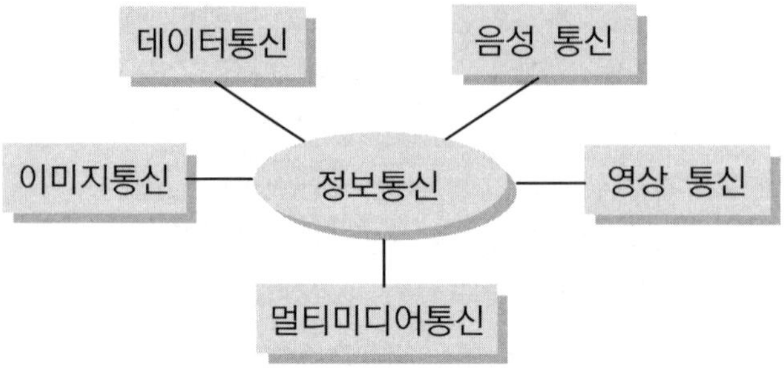

그림 5.13 정보통신의 분류

제44조의7(불법정보의 유통금지 등)

① 누구든지 정보통신망을 통하여 다음 각 호의 어느 하나에 해당하는 정보를 유통하여서는 아니 된다.

1. 음란한 부호·문언·음향·화상 또는 영상을 배포·판매·임대하거나 공공연하게 전시하는 내용의 정보
2. 사람을 비방할 목적으로 공공연하게 사실이나 거짓의 사실을 드러내어 타인의 명예를 훼손하는 내용의 정보
3. 공포심이나 불안감을 유발하는 부호·문언·음향·화상 또는 영상을 반복적으로 상대방에게 도달하도록 하는 내용의 정보
4. 정당한 사유 없이 정보통신시스템, 데이터 또는 프로그램 등을 훼손·멸실·변경·위조하거나 그 운용을 방해하는 내용의 정보
5. 「청소년보호법」에 따른 청소년유해매체물로서 상대방의 연령 확인, 표시의무 등 법령에 따른 의무를 이행하지 아니하고 영리를 목적으로 제공하는 내용의 정보
6. 법령에 따라 금지되는 사행행위에 해당하는 내용의 정보
7. 법령에 따라 분류된 비밀 등 국가기밀을 누설하는 내용의 정보
8. 「국가보안법」에서 금지하는 행위를 수행하는 내용의 정보
9. 그 밖에 범죄를 목적으로 하거나 교사(敎唆) 또는 방조하는 내용의 정보

② 방송통신위원회는 제1항제1호부터 제6호까지의 정보에 대하여는 심의위원회의 심의를 거쳐 정보통신서비스 제공자 또는 게시판 관리·운영자로 하여금 그 취급을

거부 · 정지 또는 제한하도록 명할 수 있다. 다만, 제1항 제2호 및 제3호에 따른 정보의 경우에는 해당 정보로 인하여 피해를 받은 자가 구체적으로 밝힌 의사에 반하여 그 취급의 거부 · 정지 또는 제한을 명할 수 없다.

③ 방송통신위원회는 제1항제7호부터 제9호까지의 정보가 다음 각 호의 모두에 해당하는 경우에는 정보통신서비스 제공자 또는 게시판 관리 · 운영자에게 해당 정보의 취급을 거부 · 정지 또는 제한하도록 명하여야 한다.

1. 관계 중앙행정기관의 장의 요청이 있었을 것
2. 제1호의 요청을 받은 날부터 7일 이내에 심의위원회의 심의를 거친 후 「방송통신위원회의 설치 및 운영에 관한 법률」 제21조제4호에 따른 시정 요구를 하였을 것
3. 정보통신서비스 제공자나 게시판 관리 · 운영자가 시정 요구에 따르지 아니하였을 것

④ 방송통신위원회는 제2항 및 제3항에 따른 명령의 대상이 되는 정보통신서비스 제공자, 게시판 관리 · 운영자 또는 해당 이용자에게 미리 의견제출의 기회를 주어야 한다. 다만, 다음 각 호의 어느 하나에 해당하는 경우에는 의견제출의 기회를 주지 아니할 수 있다.

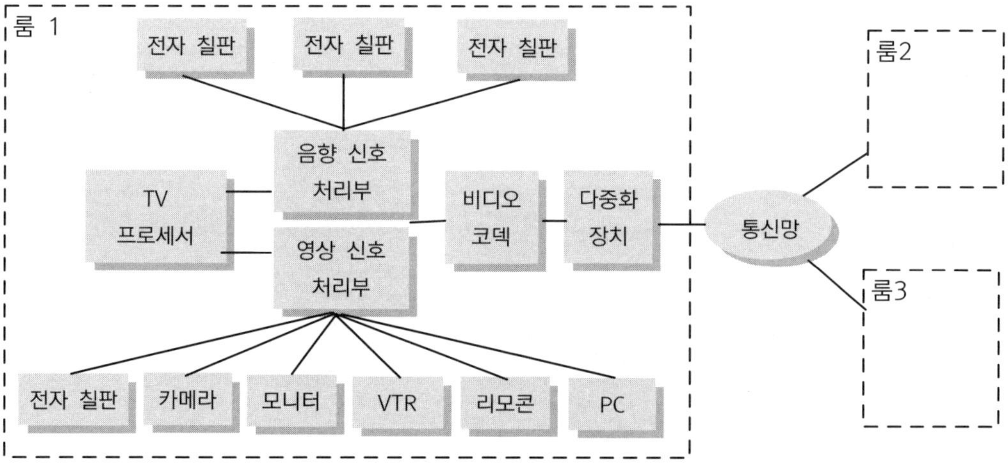

그림 5.14 정보통신을 이용한 화상회의

1. 공공의 안전 또는 복리를 위하여 긴급히 처분을 할 필요가 있는 경우
2. 의견청취가 뚜렷이 곤란하거나 명백히 불필요한 경우로서 대통령령으로 정하는 경우
3. 의견제출의 기회를 포기한다는 뜻을 명백히 표시한 경우

제44조의8 삭제

제44조의9 삭제

제44조의10(명예훼손 분쟁조정부)

① 심의위원회는 정보통신망을 통하여 유통되는 정보 중 사생활의 침해 또는 명예훼손 등 타인의 권리를 침해하는 정보와 관련된 분쟁의 조정업무를 효율적으로 수행하기 위하여 5명 이하의 위원으로 구성된 명예훼손 분쟁조정부를 두되, 그중 1명 이상은 변호사의 자격이 있는 자로 한다.

② 명예훼손 분쟁조정부의 위원은 심의위원회의 위원장이 심의위원회의 동의를 받아 위촉한다.

③ 명예훼손 분쟁조정부의 분쟁조정절차 등에 관하여는 제33조의2제2항, 제35조부터 제39조까지의 규정을 준용한다. 이 경우 "분쟁조정위원회"는 "심의위원회"로, "개인정보와 관련한 분쟁"은 "정보통신망을 통하여 유통되는 정보 중 사생활의 침해 또는 명예훼손 등 타인의 권리를 침해하는 정보와 관련된 분쟁"으로 본다.

④ 명예훼손 분쟁조정부의 설치·운영 및 분쟁조정 등에 관하여 그 밖의 필요한 사항은 대통령령으로 정한다.

제6장 정보통신망의 안정성 확보 등

제45조(정보통신망의 안정성 확보 등)

① 정보통신서비스 제공자는 정보통신서비스의 제공에 사용되는 정보통신망의 안정성 및 정보의 신뢰성을 확보하기 위한 보호조치를 하여야 한다.

② 방송통신위원회는 제1항에 따른 보호조치의 구체적 내용을 정한 정보보호조치 및 안전진단의 방법 · 절차 · 수수료에 관한 지침(이하 "정보보호지침"이라 한다)을 정하여 고시하고 정보통신서비스 제공자에게 이를 지키도록 권고할 수 있다.

③ 정보보호지침에는 다음 각 호의 사항이 포함되어야 한다.

1. 정당한 권한이 없는 자가 정보통신망에 접근 · 침입하는 것을 방지하거나 대응하기 위한 정보보호시스템의 설치 · 운영 등 기술적 · 물리적 보호조치
2. 정보의 불법 유출 · 변조 · 삭제 등을 방지하기 위한 기술적 보호조치
3. 정보통신망의 지속적인 이용이 가능한 상태를 확보하기 위한 기술적 · 물리적 보호조치
4. 정보통신망의 안정 및 정보보호를 위한 인력 · 조직 · 경비의 확보 및 관련 계획수립 등 관리적 보호조치

제45조의2 삭제

제46조(집적된 정보통신시설의 보호)

① 타인의 정보통신서비스 제공을 위하여 집적된 정보통신시설을 운영 · 관리하는 사업자(이하 "집적정보통신시설 사업자"라 한다)는 정보통신시설을 안정적으로 운영하기 위하여 대통령령으로 정하는 바에 따른 보호조치를 하여야 한다.

② 집적정보통신시설 사업자는 집적된 정보통신시설의 멸실, 훼손, 그 밖의 운영장애로 발생한 피해를 보상하기 위하여 대통령령으로 정하는 바에 따라 보험에 가입하여야 한다.

제46조의2(집적정보통신시설 사업자의 긴급대응)

① 집적정보통신시설 사업자는 다음 각 호의 어느 하나에 해당하는 경우에는 이용약관으로 정하는 바에 따라 해당 서비스의 전부 또는 일부의 제공을 중단할 수 있다.

1. 집적정보통신시설을 이용하는 자(이하 "시설이용자"라 한다)의 정보시스템에서 발생한 이상현상으로 다른 시설이용자의 정보통신망 또는 집적된 정보통신시설의 정보통신망에 심각한 장애를 발생시킬 우려가 있다고 판단되는 경우
2. 외부에서 발생한 침해사고로 집적된 정보통신시설에 심각한 장애가 발생할 우려

가 있다고 판단되는 경우

3. 중대한 침해사고가 발생하여 방송통신위원회나 한국인터넷진흥원이 요청하는 경우

② 집적정보통신시설 사업자는 제1항에 따라 해당 서비스의 제공을 중단하는 경우에는 중단사유, 발생일시, 기간 및 내용 등을 구체적으로 밝혀 시설이용자에게 즉시 알려야 한다.

③ 집적정보통신시설 사업자는 중단사유가 없어지면 즉시 해당 서비스의 제공을 재개하여야 한다.

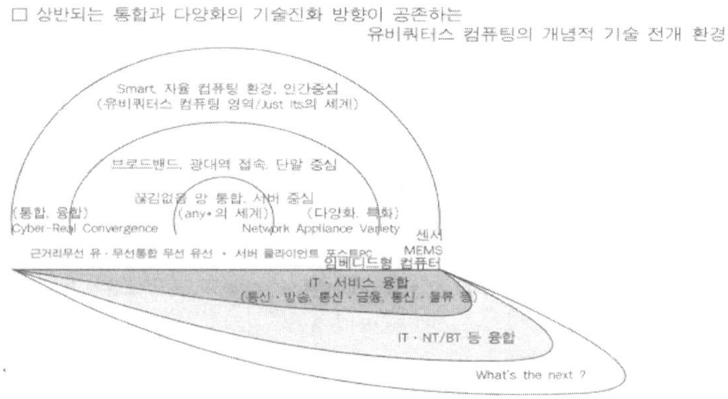

그림 5.15 정보통신기술의 변화방향

제46조의3(정보보호 안전진단)

① 다음 각 호의 어느 하나에 해당하는 자는 방송통신위원회가 안전진단을 수행할 수 있다고 인정한 자(이하 "안전진단 수행기관"이라 한다)로부터 자신의 정보통신망 또는 집적정보통신시설에 대하여 매년 정보보호지침에 따른 정보보호 안전진단을 받아야 한다. 이 경우 안전진단 수행기관은 15명 이상의 정보보호 기술인력을 보유하고 최근 3년 이내에 정보보호컨설팅을 수행한 실적이 있는 법인이어야 한다.

1. 「전기통신사업법」 제2조제1항제1호에 따른 전기통신사업자로서 전국적으로 정

보통신망서비스를 제공하는 자(이하 "주요정보통신서비스 제공자"라 한다)

2. 집적정보통신시설 사업자
3. 정보통신서비스 제공자로서 매출액, 이용자 수 등이 대통령령으로 정하는 기준에 해당하는 자

② 제1항에 따라 정보보호 안전진단을 받는 사업자는 관련 정보의 제공 및 시설·장소에의 출입 허용 등 안전진단 수행기관의 정보보호 안전진단 업무에 협력하고, 대통령령으로 정하는 바에 따라 정보보호 안전진단의 결과를 방송통신위원회에 제출하여야 한다.

③ 제1항에 따라 정보보호 안전진단을 받아야 하는 사업자가 「정보통신기반 보호법」 제9조에 따라 취약점의 분석·평가를 받거나 제47조에 따른 정보보호 관리체계의 인증을 받으면 그 분석·평가를 받거나 인증을 받은 해당 연도에는 제1항에 따른 정보보호 안전진단을 받은 것으로 본다.

④ 안전진단 수행기관은 제1항에 따른 정보보호 안전진단을 받은 사업자에게 안전진단의 결과에 따라 정보보호조치의 개선을 권고할 수 있다.

⑤ 안전진단 수행기관은 제4항에 따라 정보보호조치의 개선을 권고하였으면 그 권고내용 및 처리 결과를 방송통신위원회에 통보하여야 한다.

⑥ 방송통신위원회는 제2항에 따라 제출된 정보보호 안전진단의 결과와 제5항에 따른 통보내용에 따라 필요하면 정보보호 안전진단을 받은 사업자에게 정보보호조치에 관한 개선명령을 할 수 있다.

⑦ 제1항에 따른 정보보호 안전진단의 방법·절차·수수료, 안전진단 수행기관의 인정절차, 정보보호 기술인력의 자격기준, 정보보호컨설팅 수행실적, 그 밖에 필요한 사항은 대통령령으로 정한다.

⑧ 방송통신위원회는 제1항제3호의 요건에 해당하는지를 확인하기 위하여 필요하면 관계 행정기관, 관련 자료 보유기관 또는 정보통신서비스 제공자에 대하여 필요한 자료의 제공 또는 사실의 확인을 요청할 수 있다.

제47조(정보보호 관리체계의 인증)

① 정보통신망의 안정성 및 신뢰성을 확보하기 위하여 기술적·물리적 보호조치를 포함한 종합적 관리체계(이하 "정보보호 관리체계"라 한다)를 수립·운영하고 있

는 자는 정보보호 관리체계가 제2항에 따라 방송통신위원회가 고시한 기준에 적합한지에 관하여 방송통신위원회나 한국인터넷진흥원이 지정하는 기관(이하 "정보보호 관리체계 인증기관"이라 한다)으로부터 인증을 받을 수 있다. 〈개정 2009.4.22〉

② 방송통신위원회는 제1항에 따른 인증에 관한 정보보호 관리기준 등 필요한 기준을 정하여 고시할 수 있다.

③ 제1항에 따라 정보보호 관리체계의 인증을 받은 자는 대통령령으로 정하는 바에 따라 인증의 내용을 표시하거나 홍보할 수 있다.

④ 제1항에 따른 인증의 방법·절차와 그 밖에 필요한 사항은 대통령령으로 정한다.

⑤ 정보보호 관리체계 인증기관 지정의 기준·절차·유효기간 등에 필요한 사항은 대통령령으로 정한다.

제47조의2(정보보호 관리체계 인증기관의 지정취소 등)

① 방송통신위원회는 제47조에 따라 정보보호 관리체계 인증기관으로 지정받은 법인 또는 단체가 다음 각 호의 어느 하나에 해당하면 그 지정을 취소하거나 1년 이내의 기간을 정하여 해당 업무의 전부 또는 일부의 정지를 명할 수 있다. 다만, 제1호나 제2호에 해당하는 경우에는 그 지정을 취소하여야 한다.

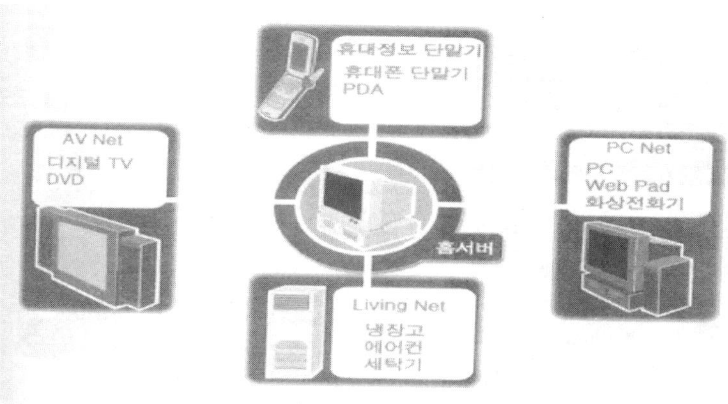

그림 5.16 정보통신을 이용한 홈네트워크

1. 거짓이나 그 밖의 부정한 방법으로 정보보호 관리체계 인증기관의 지정을 받은 경우
2. 업무정지기간 중에 인증을 한 경우
. 정당한 사유 없이 인증을 하지 아니한 경우
4. 제47조제4항을 위반하여 인증을 한 경우
5. 제47조제5항에 따른 지정기준에 적합하지 아니하게 된 경우

② 제1항에 따른 지정취소 및 업무정지 등에 필요한 사항은 대통령령으로 정한다.

제47조의3(이용자의 정보보호)

① 정부는 이용자의 정보보호에 필요한 기준을 정하여 이용자에게 권고하고, 침해사고의 예방 및 확산 방지를 위하여 취약점 점검, 기술 지원 등 필요한 조치를 할 수 있다.

② 주요정보통신서비스 제공자는 정보통신망에 중대한 침해사고가 발생하여 자신의 서비스를 이용하는 이용자의 정보시스템 또는 정보통신망 등에 심각한 장애가 발생할 가능성이 있으면 이용약관으로 정하는 바에 따라 그 이용자에게 보호조치를 취하도록 요청하고, 이를 이행하지 아니하는 경우에는 해당 정보통신망으로의 접속을 일시적으로 제한할 수 있다.

③ 「소프트웨어산업 진흥법」 제2조에 따른 소프트웨어사업자는 보안에 관한 취약점을 보완하는 프로그램을 제작하였을 때에는 한국인터넷진흥원에 알려야 하고, 그 소프트웨어 사용자에게는 제작한 날부터 1개월 이내에 2회 이상 알려야 한다.

④ 제2항에 따른 보호조치의 요청 등에 관하여 이용약관으로 정하여야 하는 구체적인 사항은 대통령령으로 정한다.

제48조(정보통신망 침해행위 등의 금지)

① 누구든지 정당한 접근권한 없이 또는 허용된 접근권한을 넘어 정보통신망에 침입하여서는 아니 된다.

② 누구든지 정당한 사유 없이 정보통신시스템, 데이터 또는 프로그램 등을 훼손·멸실·변경·위조하거나 그 운용을 방해할 수 있는 프로그램(이하 "악성프로그램"이라 한다)을 전달 또는 유포하여서는 아니 된다.

③ 누구든지 정보통신망의 안정적 운영을 방해할 목적으로 대량의 신호 또는 데이터를 보내거나 부정한 명령을 처리하도록 하는 등의 방법으로 정보통신망에 장애가 발생하게 하여서는 아니 된다.

제48조의2(침해사고의 대응 등)

① 방송통신위원회는 침해사고에 적절히 대응하기 위하여 다음 각 호의 업무를 수행하고, 필요하면 업무의 전부 또는 일부를 한국인터넷진흥원이 수행하도록 할 수 있다.

1. 침해사고에 관한 정보의 수집 · 전파
2. 침해사고의 예보 · 경보
3. 침해사고에 대한 긴급조치
4. 그 밖에 대통령령으로 정하는 침해사고 대응조치

② 다음 각 호의 어느 하나에 해당하는 자는 대통령령으로 정하는 바에 따라 침해사고의 유형별 통계, 해당 정보통신망의 소통량 통계 및 접속경로별 이용 통계 등 침해사고 관련 정보를 방송통신위원회나 한국인터넷진흥원에 제공하여야 한다.

1. 주요정보통신서비스 제공자
2. 집적정보통신시설 사업자
3. 그 밖에 정보통신망을 운영하는 자로서 대통령령으로 정하는 자

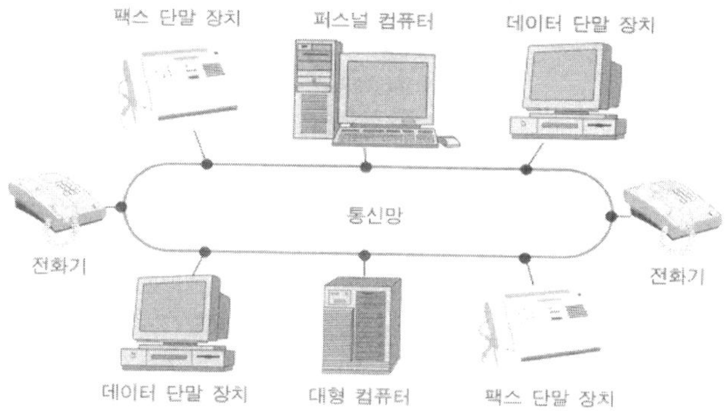

그림 5.17 광대역 종합통신망 시스템

③ 한국인터넷진흥원은 제2항에 따른 정보를 분석하여 방송통신위원회에 보고하여야 한다.

④ 방송통신위원회는 제2항에 따라 정보를 제공하여야 하는 사업자가 정당한 사유 없이 정보의 제공을 거부하거나 거짓 정보를 제공하면 상당한 기간을 정하여 그 사업자에게 시정을 명할 수 있다.

⑤ 방송통신위원회나 한국인터넷진흥원은 제2항에 따라 제공받은 정보를 침해사고의 대응을 위하여 필요한 범위에서만 정당하게 사용하여야 한다.

⑥ 방송통신위원회나 한국인터넷진흥원은 침해사고의 대응을 위하여 필요하면 제2항 각 호의 어느 하나에 해당하는 자에게 인력지원을 요청할 수 있다.

제48조의3(침해사고의 신고 등)

① 다음 각 호의 어느 하나에 해당하는 자는 침해사고가 발생하면 즉시 그 사실을 방송통신위원회나 한국인터넷진흥원에 신고하여야 한다. 이 경우 「정보통신기반 보호법」 제13조제1항에 따른 통지가 있으면 전단에 따른 신고를 한 것으로 본다.

1. 정보통신서비스 제공자
2. 집적정보통신시설 사업자

② 방송통신위원회나 한국인터넷진흥원은 제1항에 따라 침해사고의 신고를 받거나 침해사고를 알게 되면 제48조의2제1항 각 호에 따른 필요한 조치를 하여야 한다.

제48조의4(침해사고의 원인 분석 등)

① 정보통신서비스 제공자 등 정보통신망을 운영하는 자는 침해사고가 발생하면 침해사고의 원인을 분석하고 피해의 확산을 방지하여야 한다.

② 방송통신위원회는 정보통신서비스 제공자의 정보통신망에 중대한 침해사고가 발생하면 피해 확산 방지, 사고대응, 복구 및 재발 방지를 위하여 정보보호에 전문성을 갖춘 민·관합동조사단을 구성하여 그 침해사고의 원인 분석을 할 수 있다.

③ 방송통신위원회는 제2항에 따른 침해사고의 원인을 분석하기 위하여 필요하다고 인정하면 정보통신서비스 제공자와 집적정보통신시설 사업자에게 정보통신망의

접속기록 등 관련 자료의 보전을 명할 수 있다.

④ 방송통신위원회는 침해사고의 원인을 분석하기 위하여 필요하면 정보통신서비스 제공자와 집적정보통신시설 사업자에게 침해사고 관련 자료의 제출을 요구할 수 있으며, 제2항에 따른 민·관합동조사단에게 관계인의 사업장에 출입하여 침해사고 원인을 조사하도록 할 수 있다. 다만, 「통신비밀보호법」 제2조제11호에 따른 통신사실확인자료에 해당하는 자료의 제출은 같은 법으로 정하는 바에 따른다.

⑤ 방송통신위원회나 민·관합동조사단은 제4항에 따라 제출받은 자료와 조사를 통하여 알게 된 정보를 침해사고의 원인 분석 및 대책 마련 외의 목적으로는 사용하지 못하며, 원인 분석이 끝난 후에는 즉시 파기하여야 한다.

⑥ 제2항에 따른 민·관합동조사단의 구성과 제4항에 따라 제출된 침해사고 관련 자료의 보호 등에 필요한 사항은 대통령령으로 정한다.

제49조(비밀 등의 보호)

누구든지 정보통신망에 의하여 처리·보관 또는 전송되는 타인의 정보를 훼손하거나 타인의 비밀을 침해·도용 또는 누설하여서는 아니 된다.

제49조의2(속이는 행위에 의한 개인정보의 수집금지 등)

① 누구든지 정보통신망을 통하여 속이는 행위로 다른 사람의 정보를 수집하거나 다른 사람이 정보를 제공하도록 유인하여서는 아니 된다.

② 정보통신서비스 제공자는 제1항을 위반한 사실을 발견하면 즉시 방송통신위원회나 한국인터넷진흥원에 신고하여야 한다.

③ 방송통신위원회나 한국인터넷진흥원은 제2항에 따른 신고를 받거나 제1항을 위반한 사실을 알게 되면 다음 각 호의 필요한 조치를 하여야 한다.

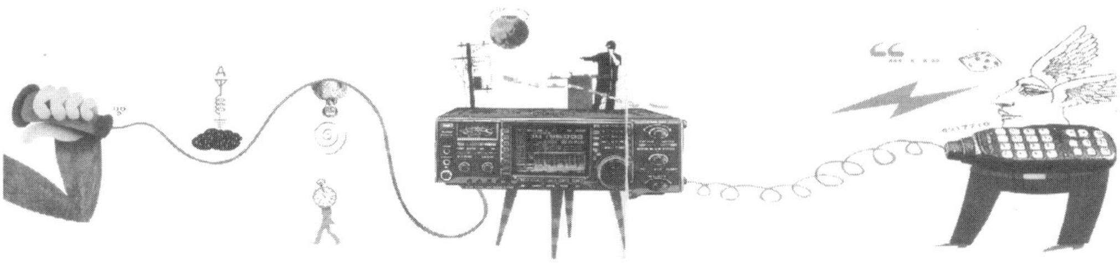

1. 위반 사실에 관한 정보의 수집 · 전파
2. 유사 피해에 대한 예보 · 경보
3. 정보통신서비스 제공자에 대한 접속경로의 차단요청 등 피해 확산을 방지하기 위한 긴급조치

제50조(영리목적의 광고성 정보 전송 제한)

① 누구든지 전자우편이나 그 밖에 대통령령으로 정하는 매체를 이용하여 수신자의 명시적인 수신거부의사에 반하는 영리목적의 광고성 정보를 전송하여서는 아니 된다.

② 수신자의 전화 · 모사전송기기에 영리목적의 광고성 정보를 전송하려는 자는 그 수신자의 사전 동의를 받아야 한다. 다만, 다음 각 호의 어느 하나에 해당하는 경우에는 사전 동의를 받지 아니한다.

1. 재화등의 거래관계를 통하여 수신자로부터 직접 연락처를 수집한 자가 그가 취급하는 재화등에 대한 영리목적의 광고성 정보를 전송하려는 경우
2. 「전자상거래 등에서의 소비자보호에 관한 법률」 제13조제1항에 따른 광고 및 「방문판매 등에 관한 법률」 제6조제3항에 따른 전화권유의 경우

③ 오후 9시부터 그 다음 날 오전 8시까지의 시간에 수신자의 전화 · 모사전송기기에 영리목적의 광고성 정보를 전송하려는 자는 제2항에도 불구하고 그 수신자로부터 별도의 사전 동의를 받아야 한다.

④ 영리목적의 광고성 정보를 전자우편이나 그 밖에 대통령령으로 정하는 매체를 이용하여 전송하는 자는 대통령령으로 정하는 바에 따라 다음 각 호의 사항을 광고성 정보에 구체적으로 밝혀야 한다.

1. 전송정보의 유형 및 주요 내용
2. 전송자의 명칭 및 연락처
3. 전자우편주소를 수집한 출처(전자우편으로 전송하는 경우에만 해당한다)
4. 수신거부의 의사표시를 쉽게 할 수 있는 조치 및 방법에 관한 사항

⑤ 영리목적의 광고성 정보를 수신자의 전화 · 모사전송기기에 전송하는 자는 대통령령으로 정하는 바에 따라 다음 각 호의 사항을 광고성 정보에 구체적으로 밝혀야 한다.

1. 전송자의 명칭 및 연락처
2. 수신동의의 철회 의사표시를 쉽게 할 수 있는 조치 및 방법에 관한 사항

⑥ 영리를 목적으로 광고를 전송하는 자는 다음 각 호의 어느 하나에 해당하는 기술적 조치를 하여서는 아니 된다.

1. 광고성 정보 수신자의 수신거부 또는 수신동의의 철회를 회피·방해하는 조치
2. 숫자·부호 또는 문자를 조합하여 전화번호·전자우편주소 등 수신자의 연락처를 자동으로 만들어 내는 조치
3. 영리목적의 광고성 정보를 전송할 목적으로 전자우편주소를 자동으로 등록하는 조치
4. 광고성 정보 전송자의 신원이나 광고 전송 출처를 감추기 위한 각종 조치

⑦ 영리목적으로 광고성 정보를 전송하는 자는 수신자가 수신거부나 수신동의의 철회를 할 때 발생하는 전화요금 등의 금전적 비용을 수신자가 부담하지 아니하도록 대통령령으로 정하는 바에 따라 필요한 조치를 하여야 한다.

제50조의2(전자우편주소의 무단 수집행위 등 금지)

① 누구든지 인터넷 홈페이지 운영자 또는 관리자의 사전 동의 없이 인터넷 홈페이지에서 자동으로 전자우편주소를 수집하는 프로그램이나 그 밖의 기술적 장치를 이용하여 전자우편주소를 수집하여서는 아니 된다.

② 누구든지 제1항을 위반하여 수집된 전자우편주소를 판매·유통하여서는 아니 된다.

③ 누구든지 제1항과 제2항에 따라 수집·판매 및 유통이 금지된 전자우편주소임을 알면서 이를 정보 전송에 이용하여서는 아니 된다.

제50조의3(영리목적의 광고성 정보 전송의 위탁 등)

① 영리목적의 광고성 정보의 전송을 타인에게 위탁한 자는 그 업무를 위탁받은 자가 제50조 및 제50조의2를 위반하지 아니하도록 관리·감독하여야 한다.

② 제1항에 따라 영리목적의 광고성 정보의 전송을 위탁받은 자는 그 업무와 관련한 법을 위반하여 발생한 손해의 배상책임에 있어 정보 전송을 위탁한 자의 소속 직원으로 본다.

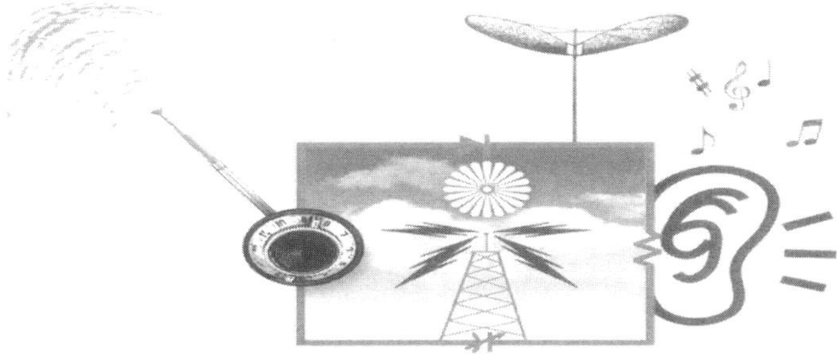

제50조의4(정보 전송 역무 제공 등의 제한)

① 정보통신서비스 제공자는 다음 각 호의 어느 하나에 해당하는 경우에 해당 역무의 제공을 거부하는 조치를 할 수 있다.

1. 광고성 정보의 전송 또는 수신으로 역무의 제공에 장애가 일어나거나 일어날 우려가 있는 경우
2. 이용자가 광고성 정보의 수신을 원하지 아니하는 경우
3. 이용계약을 통하여 해당 정보통신서비스 제공자가 이용자에게 제공하는 서비스가 불법 광고성 정보 전송에 이용되고 있는 경우

② 정보통신서비스 제공자는 제1항에 따른 거부조치를 하려면 해당 역무 제공의 거부에 관한 사항을 그 역무의 이용자와 체결하는 정보통신서비스 이용계약의 내용에 포함하여야 한다.

③ 정보통신서비스 제공자는 제1항에 따라 거부조치를 하려면 그 역무를 제공받는 이용자 등 이해관계인에게 그 사실을 알려야 한다. 다만, 미리 알리는 것이 곤란한 경우에는 거부조치를 한 후 지체 없이 알려야 한다.

제50조의5(영리목적의 광고성 프로그램 등의 설치)

정보통신서비스 제공자는 영리목적의 광고성 정보가 보이도록 하거나 개인정보를 수집하는 프로그램을 이용자의 컴퓨터나 그 밖에 대통령령으로 정하는 정보처리장치에 설치하려면 이용자의 동의를 받아야 한다. 이 경우 해당 프로그램의 용도와 삭제방법을 고지하여야 한다.

제50조의6(영리목적의 광고성 정보 전송차단 소프트웨어의 보급 등)

① 방송통신위원회는 수신자가 제50조를 위반하여 전송되는 영리목적의 광고성 정보를 편리하게 차단하거나 신고할 수 있는 소프트웨어나 컴퓨터프로그램을 개발하여 보급할 수 있다.

② 방송통신위원회는 제1항에 따른 전송차단, 신고 소프트웨어 또는 컴퓨터프로그램의 개발과 보급을 촉진하기 위하여 관련 공공기관·법인·단체 등에 필요한 지원을 할 수 있다.

③ 방송통신위원회는 정보통신서비스 제공자의 전기통신역무가 제50조를 위반하여 발송되는 영리목적의 광고성 정보 전송에 이용되면 수신자 보호를 위하여 기술개발·교육·홍보 등 필요한 조치를 할 것을 정보통신서비스 제공자에게 권고할 수 있다.

④ 제1항에 따른 개발·보급의 방법과 제2항에 따른 지원에 필요한 사항은 대통령령으로 정한다.

제50조의7(영리목적의 광고성 정보 게시의 제한)

① 누구든지 인터넷 홈페이지 운영자 또는 관리자가 구체적으로 밝힌 거부의사에 반하여 영리목적의 광고성 정보를 인터넷 홈페이지에 게시하여서는 아니 된다.

② 인터넷 홈페이지 운영자 또는 관리자는 제1항을 위반하여 게시된 영리목적의 광고성 정보를 삭제하는 등의 조치를 할 수 있다.

제50조의8(불법행위를 위한 광고성 정보 전송금지)

누구든지 정보통신망을 이용하여 이 법 또는 다른 법률에서 금지하는 재화 또는 서비스에 대한 광고성 정보를 전송하여서는 아니 된다.

제51조(중요 정보의 국외유출 제한 등)

① 정부는 국내의 산업·경제 및 과학기술 등에 관한 중요 정보가 정보통신망을 통하여 국외로 유출되는 것을 방지하기 위하여 정보통신서비스 제공자 또는 이용자에게 필요한 조치를 하도록 할 수 있다.

② 제1항에 따른 중요 정보의 범위는 다음 각 호와 같다.

1. 국가안전보장과 관련된 보안정보 및 주요 정책에 관한 정보
2. 국내에서 개발된 첨단과학 기술 또는 기기의 내용에 관한 정보

③ 정부는 제2항 각 호에 따른 정보를 취급하는 정보통신서비스 제공자에게 다음 각 호의 조치를 하도록 할 수 있다.

1. 정보통신망의 부당한 이용을 방지할 수 있는 제도적·기술적 장치의 설정
2. 정보의 불법파괴 또는 불법조작을 방지할 수 있는 제도적·기술적 조치
3. 정보통신서비스 제공자가 취급 중 알게 된 중요 정보의 누출을 방지할 수 있는 조치

제52조(한국인터넷진흥원)

① 정부는 정보통신망의 고도화(정보통신망의 구축·개선 및 관리에 관한 사항을 제외한다)와 안전한 이용 촉진 및 방송통신과 관련한 국제협력·국외진출 지원을 효율적으로 추진하기 위하여 한국인터넷진흥원(이하 "인터넷진흥원"이라 한다)을 설립한다.

② 인터넷진흥원은 법인으로 한다.

③ 인터넷진흥원은 다음 각 호의 사업을 한다.

1. 정보통신망의 이용 및 보호, 방송통신과 관련한 국제협력·국외진출 등을 위한 법·정책 및 제도의 조사·연구
2. 정보통신망의 이용 및 보호와 관련한 통계의 조사·분석
3. 정보통신망의 이용에 따른 역기능 분석 및 대책 연구
4. 정보통신망의 이용 및 보호를 위한 홍보 및 교육·훈련
5. 정보통신망의 정보보호 및 인터넷주소자원 관련 기술 개발 및 표준화
6. 지식정보보안 산업정책 지원 및 관련 기술 개발과 인력양성
7. 정보보호 안전진단, 정보보호 관리체계의 인증, 정보보호시스템 평가·인증 등 정보보호 인증·평가 등의 실시 및 지원
8. 개인정보보호를 위한 대책의 연구 및 보호기술의 개발·보급 지원
9. 분쟁조정위원회의 운영 지원과 개인정보침해 신고센터의 운영
10. 광고성 정보 전송 및 인터넷광고와 관련한 고충의 상담·처리

그림 5.18 한국인터넷진흥원 홈페이지

11. 정보통신망 침해사고의 처리 · 원인분석 및 대응체계 운영
12. 「전자서명법」 제25조제1항에 따른 전자서명인증관리
13. 인터넷의 효율적 운영과 이용활성화를 위한 지원
14. 인터넷 이용자의 저장 정보 보호 지원
15. 인터넷 관련 서비스정책 지원
16. 인터넷상에서의 이용자 보호 및 건전 정보 유통 확산 지원
17. 「인터넷주소자원에 관한 법률」에 따른 인터넷주소자원의 관리에 관한 업무
18. 「인터넷주소자원에 관한 법률」 제16조에 따른 인터넷주소분쟁조정위원회의 운영 지원
19. 방송통신과 관련한 국제협력 · 국외진출 및 국외홍보 지원
20. 제1호부터 제19호까지의 사업에 부수되는 사업

21. 그 밖에 이 법 또는 다른 법령에 따라 인터넷진흥원의 업무로 정하거나 위탁한 사업이나 행정안전부장관 · 지식경제부장관 · 방송통신위원회 또는 다른 행정기관의 장으로부터 위탁받은 사업

④ 정부는 인터넷진흥원이 사업을 수행하는 데에 필요한 경비를 충당하기 위하여 출연할 수 있다.

⑤ 인터넷진흥원에 관하여 이 법에서 정하지 아니한 사항에 대하여는 「민법」의 재단법인에 관한 규정을 준용한다.

⑥ 인터넷진흥원이 아닌 자는 한국인터넷진흥원의 명칭을 사용하지 못한다.

⑦ 인터넷진흥원의 운영 및 업무수행에 필요한 사항은 대통령령으로 정한다.

제7장 통신과금서비스

제53조(통신과금서비스제공자의 등록 등)

① 통신과금서비스를 제공하려는 자는 대통령령으로 정하는 바에 따라 다음 각 호의 사항을 갖추어 방송통신위원회에 등록하여야 한다.

1. 재무건전성
2. 통신과금서비스이용자보호계획
3. 업무를 수행할 수 있는 인력과 물적 설비

4. 사업계획서

② 제1항에 따라 등록할 수 있는 자는 「상법」 제170조에 따른 회사 또는 「민법」 제32조에 따른 법인으로서 자본금 · 출자총액 또는 기본재산이 5억원 이상의 범위에서 대통령령으로 정하는 금액 이상이어야 한다.

③ 통신과금서비스제공자는 「전기통신사업법」 제21조에도 불구하고 부가통신사업자의 신고를 하지 아니할 수 있다.

④「전기통신사업법」 제22조 및 제25조부터 제27조까지의 규정은 통신과금서비스제공자의 등록사항의 변경, 사업의 양도 · 양수 또는 합병 · 상속, 사업의 승계, 사업의 휴지 · 폐지 · 해산 등에 준용한다. 이 경우 "제19조의 규정에 의하여 별정통신사업의 등록을 한 자" 및 "별정통신사업자"는 "통신과금서비스제공자"로 보고, "별정통신사업"은 "통신과금서비스제공업"으로 본다.

⑤ 제1항에 따른 등록의 세부요건, 절차, 그 밖에 필요한 사항은 대통령령으로 정한다.

제54조(등록의 결격사유)

다음 각 호의 어느 하나에 해당하는 자는 제53조에 따른 등록을 할 수 없다.

1. 제53조제4항에 따라 사업을 폐지한 날부터 1년이 지나지 아니한 법인 및 그 사업이 폐지될 당시 그 법인의 대주주(대통령령으로 정하는 출자자를 말한다. 이하 같다)이었던 자로서 그 폐지일부터 1년이 지나지 아니한 자
2. 제55조제1항에 따라 등록이 취소된 날부터 3년이 지나지 아니한 법인 및 그 취소 당시 그 법인의 대주주이었던 자로서 그 취소가 된 날부터 3년이 지나지 아니한 자
3. 「채무자 회생 및 파산에 관한 법률」에 따른 회생절차 중에 있는 법인 및 그 법인의 대주주
4. 금융거래 등 상거래에 있어서 약정한 기일 내에 채무를 변제하지 아니한 자로서 방송통신위원회가 정하는 자
5. 제1호부터 제4호까지의 규정에 해당하는 자가 대주주인 법인

제55조(등록의 취소명령 등)

① 방송통신위원회는 통신과금서비스제공자가 다음 각 호의 어느 하나에 해당하는

때에는 등록을 취소하거나 1년 이내의 기간을 정하여 사업의 정지를 명할 수 있다. 다만, 제1호에 해당하는 때에는 등록을 취소하여야 한다.

1. 거짓이나 그 밖의 부정한 방법으로 등록을 한 때
2. 제53조제1항에 따라 등록한 날부터 1년 이내에 사업을 개시하지 아니하거나 1년 이상 계속하여 휴업한 때

② 제1항에 따른 처분의 기준, 절차, 그 밖에 필요한 사항은 대통령령으로 정한다.

제56조(약관의 신고 등)

① 통신과금서비스제공자는 통신과금서비스에 관한 약관을 정하여 방송통신위원회에 신고(변경신고를 포함한다)하여야 한다.

② 방송통신위원회는 제1항에 따른 약관이 통신과금서비스이용자의 이익을 침해할 우려가 있다고 판단되는 경우에는 통신과금서비스제공자에게 약관의 변경을 권고할 수 있다.

제57조(통신과금서비스의 안전성 확보 등)

① 통신과금서비스제공자는 통신과금서비스가 안전하게 제공될 수 있도록 선량한 관리자로서의 주의를 다하여야 한다.

② 통신과금서비스제공자는 통신과금서비스를 통한 거래의 안전성과 신뢰성을 확보하기 위하여 대통령령으로 정하는 바에 따라 업무처리지침의 제정 및 회계처리 구분 등의 관리적 조치와 정보보호시스템 구축 등의 기술적 조치를 하여야 한다.

제58조(통신과금서비스이용자의 권리 등)

① 통신과금서비스제공자는 재화등의 판매 · 제공의 대가를 청구할 때에 통신과금서비스이용자에게 구매 · 이용 내역, 이의신청의 방법 등 대통령령으로 정하는 사항을 고지하여야 한다.

② 통신과금서비스제공자는 통신과금서비스이용자가 구매 · 이용 내역을 확인할 수 있는 방법을 제공하여야 하며, 통신과금서비스이용자가 구매 · 이용 내역에 관한 서면(전자문서를 포함한다. 이하 같다)을 요청하는 경우에는 그 요청을 받은 날부터 2주 이내에 이를 제공하여야 한다.

쉬어가기

정보통신기술에 부는 녹색바람, 그린 IT

환경에 대한 관심이 높아지면서 전 세계적으로 환경 친화적 경영을 강조하는 '그린 정보기술(IT)'이 급부상 중이다. 우리나라도 녹색성장을 위해 녹색방송통신정책을 수립하고 관련분야 최고책임자 등이 참여하는 녹색방송통신촉진협의회를 구성했다. 이어 녹색방송통신촉진종합계획이 발표될 예정이다.

앞으로의 시장경쟁력은 가격 · 품질이 아닌 생태효율성과 환경기술에 의해 결정될 전망이다. 때문에 제품 성능뿐만 아니라 전력소비량 감소, 온실가스 배출규제 등 환경적 요소를 적극적으로 도입해야한다.

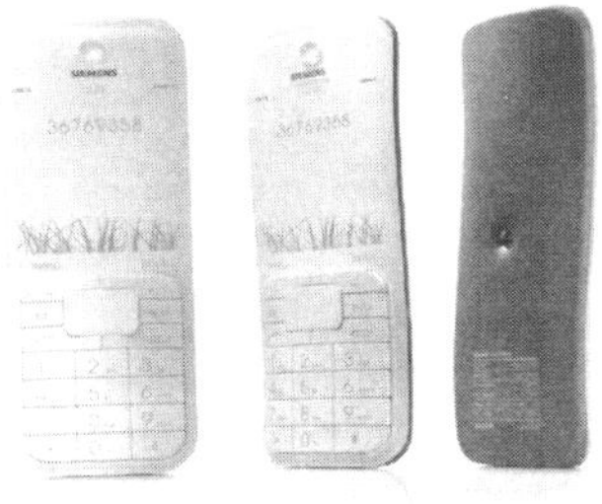

③ 통신과금서비스이용자는 통신과금서비스가 자신의 의사에 반하여 제공되었음을 안 때에는 통신과금서비스제공자에게 이에 대한 정정을 요구할 수 있으며(통신과금서비스이용자의 고의 또는 중과실이 있는 경우는 제외한다), 통신과금서비스제공자는 그 정정 요구를 받은 날부터 2주 이내에 처리 결과를 알려 주어야 한다.

④ 통신과금서비스제공자는 통신과금서비스에 관한 기록을 5년 이내의 범위에서 대통령령으로 정하는 기간 동안 보존하여야 한다.

⑤ 제2항에 따라 통신과금서비스제공자가 제공하여야 하는 구매·이용내역의 대상기간, 종류 및 범위, 제4항에 따라 통신과금서비스제공자가 보존하여야 하는 기록의 종류 및 보존방법 등에 관한 사항은 대통령령으로 정한다.

제59조(분쟁해결 등)

① 통신과금서비스제공자는 통신과금서비스에 있어서 이용자의 권익을 보호하기 위하여 자율적인 분쟁해결 등을 시행하는 기관 또는 단체를 설치·운영할 수 있다.

② 통신과금서비스제공자는 대통령령으로 정하는 바에 따라 통신과금서비스와 관련한 통신과금서비스이용자의 이의신청 및 권리구제를 위한 절차를 마련하여야 한다.

제60조(손해배상 등)

① 통신과금서비스제공자는 통신과금서비스를 제공함에 있어서 통신과금서비스이용자에게 손해가 발생한 경우에 그 손해를 배상하여야 한다. 다만, 그 손해의 발생이 통신과금서비스이용자의 고의 또는 중과실로 인한 경우에는 그러하지 아니하다.

② 제1항에 따른 손해배상을 함에 있어서는 손해배상을 받을 자와 협의하여야 한다.

③ 제2항에 따른 손해배상에 관한 협의가 성립되지 아니하거나 협의를 할 수 없는 경우에는 당사자는 방송통신위원회에 재정을 신청할 수 있다.

제61조(통신과금서비스의 이용제한)

방송통신위원회는 통신과금서비스제공자에게 다음 각 호의 어느 하나에 해당하는 자에 대한 서비스의 제공을 거부, 정지 또는 제한하도록 명할 수 있다.

1. 「청소년보호법」 제17조를 위반하여 청소년유해매체물을 청소년에게 판매·대여·제공하는 자
2. 다음 각 목의 어느 하나에 해당하는 수단을 이용하여 통신과금서비스이용자로 하여금 재화등을 구매·이용하게 함으로써 통신과금서비스이용자의 이익을 현저하게 저해하는 자
   가. 제50조를 위반한 영리목적의 광고성 정보 전송
   나. 통신과금서비스이용자에 대한 기망 또는 부당한 유인
3. 이 법 또는 다른 법률에서 금지하는 재화등을 판매·제공하는 자

제8장 국제협력

제62조(국제협력)

정부는 다음 각 호의 사항을 추진할 때 다른 국가 또는 국제기구와 상호 협력하여야 한다.

1. 개인정보의 국가간 이전 및 개인정보의 보호에 관련된 업무
2. 정보통신망에서의 청소년 보호를 위한 업무
3. 정보통신망의 안전성을 침해하는 행위를 방지하기 위한 업무
4. 그 밖에 정보통신서비스의 건전하고 안전한 이용에 관한 업무

제63조(국외 이전 개인정보의 보호)

① 정보통신서비스 제공자등은 이용자의 개인정보에 관하여 이 법을 위반하는 사항을 내용으로 하는 국제계약을 체결하여서는 아니 된다.

② 정보통신서비스 제공자등은 이용자의 개인정보를 국외로 이전하려면 이용자의 동의를 받아야 한다.

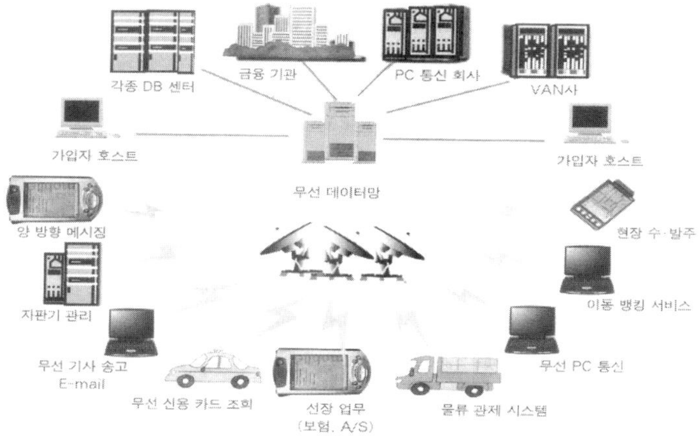

그림 5.19 정보통신망의 데이터시스템 구성

③ 정보통신서비스 제공자등은 제2항에 따른 동의를 받으려면 미리 다음 각 호의 사항 모두를 이용자에게 고지하여야 한다.

1. 이전되는 개인정보 항목
2. 개인정보가 이전되는 국가, 이전일시 및 이전방법
3. 개인정보를 이전받는 자의 성명(법인인 경우에는 그 명칭 및 정보관리책임자의 연락처를 말한다)
4. 개인정보를 이전받는 자의 개인정보 이용목적 및 보유·이용 기간

④ 정보통신서비스 제공자등은 제2항에 따른 동의를 받아 개인정보를 국외로 이전하는 경우 대통령령으로 정하는 바에 따라 보호조치를 하여야 한다.

제9장 보칙

제64조(자료의 제출 등)

① 행정안전부장관 또는 방송통신위원회는 다음 각 호의 어느 하나에 해당하는 경우에는 정보통신서비스 제공자등(제67조에 따라 준용되는 자를 포함한다. 이하 이 조에서 같다)에게 관계 물품·서류 등을 제출하게 할 수 있다.

1. 이 법에 위반되는 사항을 발견하거나 혐의가 있음을 알게 된 경우
2. 이 법의 위반에 대한 신고를 받거나 민원이 접수된 경우
3. 그 밖에 이용자 보호를 위하여 필요한 경우로서 대통령령으로 정하는 경우

② 방송통신위원회는 이 법을 위반하여 영리목적 광고성 정보를 전송한 자에게 다음 각 호의 조치를 하기 위하여 정보통신서비스 제공자등에게 해당 광고성 정보 전송자의 성명·주소·주민등록번호·이용기간 등에 대한 자료의 열람이나 제출을 요청할 수 있다.

1. 제4항에 따른 시정조치
2. 제76조에 따른 과태료 부과
3. 그 밖에 이에 준하는 조치

③ 행정안전부장관 또는 방송통신위원회는 정보통신서비스 제공자등이 제1항 및 제2항에 따른 자료를 제출하지 아니하거나 이 법을 위반한 사실이 있다고 인정되면 소속 공무원에게 정보통신서비스 제공자등의 사업장에 출입하여 업무상황, 장부 또는 서류 등을 검사하도록 할 수 있다.

④ 행정안전부장관 또는 방송통신위원회는 이 법을 위반한 정보통신서비스 제공자등에게 해당 위반행위의 중지나 시정을 위하여 필요한 시정조치를 명할 수 있고, 시정조치의 명령을 받은 정보통신서비스 제공자등에게 시정조치의 명령을 받은 사실을 공표하도록 할 수 있다. 이 경우 공표의 방법 · 기준 및 절차 등에 필요한 사항은 대통령령으로 정한다.

⑤ 행정안전부장관 또는 방송통신위원회는 제4항에 따라 필요한 시정조치를 명한 경우에는 시정조치를 명한 사실을 공개할 수 있다. 이 경우 공개의 방법 · 기준 및 절차 등에 필요한 사항은 대통령령으로 정한다.

⑥ 행정안전부장관 또는 방송통신위원회가 제1항 및 제2항에 따라 자료 등의 제출 또는 열람을 요구할 때에는 요구사유, 법적 근거, 제출시한 또는 열람일시, 제출 · 열람할 자료의 내용 등을 구체적으로 밝혀 서면(전자문서를 포함한다)으로 알려야 한다.

⑦ 제3항에 따른 검사를 하는 경우에는 검사 시작 7일 전까지 검사일시, 검사이유 및 검사내용 등에 대한 검사계획을 해당 정보통신서비스 제공자등에게 알려야 한다. 다만, 긴급한 경우나 사전통지를 하면 증거인멸 등으로 검사목적을 달성할 수 없다고 인정하는 경우에는 그 검사계획을 알리지 아니한다.

⑧ 제3항에 따라 검사를 하는 공무원은 그 권한을 표시하는 증표를 지니고 이를 관계인에게 내보여야 하며, 출입할 때 성명 · 출입시간 · 출입목적 등이 표시된 문서를 관계인에게 내주어야 한다.

⑨ 행정안전부장관 또는 방송통신위원회는 제1항부터 제3항까지의 규정에 따라 자료 등을 제출받거나 열람 또는 검사한 경우에는 그 결과(조사 결과 시정조치명령 등의 처분을 하려는 경우에는 그 처분의 내용을 포함한다)를 해당 정보통신서비스 제공자등에게 서면으로 알려야 한다.

⑩ 행정안전부장관 또는 방송통신위원회는 제1항부터 제4항까지의 규정에 따른 자료의 제출 요구 및 검사 등을 위하여 인터넷진흥원의 장에게 기술적 자문을 하거나

그 밖에 필요한 지원을 요청할 수 있다.

⑪ 제1항부터 제3항까지의 규정에 따른 자료 등의 제출 요구, 열람 및 검사 등은 이 법의 시행을 위하여 필요한 최소한의 범위에서 하여야 하며 다른 목적을 위하여 남용하여서는 아니 된다.

제64조의2(자료 등의 보호 및 폐기)

① 행정안전부장관 또는 방송통신위원회는 정보통신서비스 제공자등으로부터 제64조에 따라 제출되거나 수집된 서류·자료 등에 대한 보호 요구를 받으면 이를 제3자에게 제공하거나 일반에게 공개하여서는 아니 된다.

② 행정안전부장관 또는 방송통신위원회는 정보통신망을 통하여 자료의 제출 등을 받은 경우나 수집한 자료 등을 전자화한 경우에는 개인정보·영업비밀 등이 유출되지 아니하도록 제도적·기술적 보안조치를 하여야 한다.

③ 행정안전부장관 또는 방송통신위원회는 다른 법률에 특별한 규정이 있는 경우 외에 다음 각 호의 어느 하나에 해당하는 사유가 발생하면 제64조에 따라 제출되거나 수집된 서류·자료 등을 즉시 폐기하여야 한다. 제65조에 따라 행정안전부장관, 지식경제부장관 또는 방송통신위원회의 권한의 전부 또는 일부를 위임 또는 위탁받은 자도 또한 같다.

1. 제64조에 따른 자료제출 요구, 출입검사, 시정명령 등의 목적이 달성된 경우
2. 제64조제4항에 따른 시정조치명령에 불복하여 행정심판이 청구되거나 행정소송이 제기된 경우에는 해당 행정쟁송절차가 끝난 경우
3. 제76조제4항에 따른 과태료 처분이 있고 이에 대한 이의제기가 없는 경우에는 같은 조 제5항에 따른 이의제기기간이 끝난 경우
4. 제76조제4항에 따른 과태료 처분에 대하여 이의제기가 있는 경우에는 해당 관할 법원에 의한 비송사건절차가 끝난 경우

제64조의3(과징금의 부과 등)

① 방송통신위원회는 다음 각 호의 어느 하나에 해당하는 행위가 있는 경우에는 해당 전기통신사업자에게 위반행위와 관련한 매출액의 100분의 1 이하에 해당하는 금액을 과징금으로 부과할 수 있다. 다만, 제6호에 해당하는 행위가 있는 경우에

는 1억원 이하의 과징금을 부과할 수 있다.

1. 제22조제1항을 위반하여 이용자의 동의를 받지 아니하고 개인정보를 수집한 경우
2. 제23조제1항을 위반하여 이용자의 동의를 받지 아니하고 개인의 권리 · 이익이나 사생활을 뚜렷하게 침해할 우려가 있는 개인정보를 수집한 경우
3. 제24조를 위반하여 개인정보를 이용한 경우
4. 제24조의2를 위반하여 개인정보를 제3자에게 제공한 경우
5. 제25조제1항을 위반하여 이용자의 동의를 받지 아니하고 개인정보 취급위탁을 한 경우
6. 제28조제1항제2호부터 제5호까지의 조치를 하지 아니하여 이용자의 개인정보를 분실 · 도난 · 누출 · 변조 또는 훼손한 경우
7. 제31조제1항을 위반하여 법정대리인의 동의를 받지 아니하고 만 14세 미만인 아동의 개인정보를 수집한 경우

② 제1항에 따른 과징금을 부과하는 경우 전기통신사업자가 매출액 산정자료의 제출을 거부하거나 거짓의 자료를 제출한 경우에는 해당 전기통신사업자와 비슷한 규모의 전기통신사업자의 재무제표 등 회계자료와 가입자 수 및 이용요금 등 영업현황 자료에 근거하여 매출액을 추정할 수 있다. 다만, 매출액이 없거나 매출액의 산정이 곤란한 경우로서 대통령령으로 정하는 경우에는 4억원 이하의 과징금을 부과할 수 있다.

③ 방송통신위원회는 제1항에 따른 과징금을 부과하려면 다음 각 호의 사항을 고려하여야 한다.

1. 위반행위의 내용 및 정도
2. 위반행위의 기간 및 횟수
3. 위반행위로 인하여 취득한 이익의 규모

④ 제1항에 따른 과징금은 제3항을 고려하여 산정하되, 구체적인 산정기준과 산정절차는 대통령령으로 정한다.

⑤ 방송통신위원회는 제1항에 따른 과징금을 내야 할 자가 납부기한까지 이를 내지 아니하면 납부기한의 다음 날부터 내지 아니한 과징금의 연 100분의 6에 해당하

는 가산금을 징수한다.

⑥ 방송통신위원회는 제1항에 따른 과징금을 내야 할 자가 납부기한까지 이를 내지 아니한 경우에는 기간을 정하여 독촉을 하고, 그 지정된 기간에 과징금과 제5항에 따른 가산금을 내지 아니하면 국세 체납처분의 예에 따라 징수한다.

⑦ 법원의 판결 등의 사유로 제1항에 따라 부과된 과징금을 환급하는 경우에는 과징금을 낸 날부터 환급하는 날까지 연 100분의 6에 해당하는 환급가산금을 지급하여야 한다.

제65조(권한의 위임 · 위탁)

① 이 법에 따른 행정안전부장관, 지식경제부장관 또는 방송통신위원회의 권한은 대통령령으로 정하는 바에 따라 그 일부를 그 소속 기관의 장 또는 체신청장에게 위임 · 위탁할 수 있다.

② 지식경제부장관은 제13조에 따른 정보통신망의 이용촉진 등에 관한 사업을 대통령령으로 정하는 바에 따라 「정보화촉진기본법」 제10조에 따른 한국정보사회진흥원에 위탁할 수 있다.

③ 행정안전부장관 또는 방송통신위원회는 제64조제1항 및 제2항에 따른 자료의 제출 요구 및 검사에 관한 업무를 대통령령으로 정하는 바에 따라 인터넷진흥원에 위탁할 수 있다.

④ 제3항에 따른 인터넷진흥원의 직원에게는 제64조제8항을 준용한다.

제65조의2 삭제

제66조(비밀유지 등)

다음 각 호의 어느 하나에 해당하는 업무에 종사하는 자 또는 종사하였던 자는 그 직무상 알게 된 비밀을 타인에게 누설하거나 직무 외의 목적으로 사용하여서는 아니 된다. 다만, 다른 법률에 특별한 규정이 있는 경우에는 그러하지 아니하다.

1. 제33조에 따른 분쟁조정위원회의 분쟁조정 업무
2. 제47조에 따른 정보보호 관리체계 인증 업무
3. 제52조제3항제4호에 따른 정보보호시스템의 평가 업무

4. 제46조의3에 따른 정보보호 안전진단 업무
5. 제44조의10에 따른 명예훼손 분쟁조정부의 분쟁조정 업무

제67조(정보통신서비스 제공자 외의 자에 대한 준용)

① 정보통신서비스 제공자 외의 자로서 재화등을 제공하는 자 중 대통령령으로 정하는 자가 자신이 제공하는 재화등을 제공받는 자의 개인정보를 수집·이용 또는 제공하는 경우에는 제22조, 제23조, 제23조의2, 제24조, 제24조의2, 제25조, 제26조, 제26조의2, 제27조, 제27조의2, 제28조, 제28조의2 및 제29조부터 제32조까지의 규정을 준용한다. 이 경우 "정보통신서비스 제공자" 또는 "정보통신서비스 제공자등"은 "재화등을 제공하는 자"로, "이용자"는 "재화등을 제공받는 자"로 본다. 또한 제22조, 제23조, 제23조의2, 제24조, 제24조의2, 제25조, 제26조, 제26조의2, 제27조, 제27조의2, 제28조, 제28조의2 및 제29조부터 제32조까지의 규정을 준용하는 자에 대하여는 제27조제1항·제3항, 제27조의2제1항·제3항 및 제28조

그림 5.20 행정안전부 홈페이지

제1항에 따른 기준, 방법 등 세부사항을 행정안전부령으로 정한다.

② 제25조제1항에 따른 수탁자에 관하여는 제22조, 제23조, 제23조의2, 제24조, 제24조의2, 제26조, 제26조의2, 제27조, 제27조의2, 제28조, 제28조의2 및 제29조부터 제31조까지의 규정을 준용한다.

제68조(한국정보통신산업협회)

① 정보통신서비스 제공자 및 정보통신망과 관련된 사업을 경영하는 자는 정보통신망 이용촉진 및 정보보호등을 위하여 대통령령으로 정하는 바에 따라 방송통신위원회의 인가를 받아 한국정보통신산업협회(이하 "협회"라 한다)를 설립할 수 있다.

② 협회는 법인으로 한다.

③ 협회에 관하여 이 법에서 정한 것 외에는 「민법」 중 사단법인에 관한 규정을 준용한다.

④ 정부는 협회의 사업수행을 위하여 필요하면 예산의 범위에서 보조금을 지급할 수 있다.

⑤ 협회의 사업 및 감독 등에 필요한 사항은 대통령령으로 정한다.

제68조의2(한국정보보호산업협회의 설립)

① 정보보호에 관련된 사업을 경영하는 자는 정보보호산업을 건전하게 발전시키고 국가산업 전반의 정보보호 수준을 높이기 위하여 지식경제부장관의 인가를 받아 한국정보보호산업협회를 설립할 수 있다.

② 한국정보보호산업협회는 법인으로 한다.

③ 한국정보보호산업협회의 인가절차 · 사업 및 감독 등에 필요한 사항은 대통령령으로 정한다.

④ 한국정보보호산업협회에 관하여 이 법에서 정한 것 외에는 「민법」 중 사단법인에 관한 규정을 준용한다.

제69조(벌칙 적용 시의 공무원 의제)

행정안전부장관, 지식경제부장관 또는 방송통신위원회가 제65조제2항 및 제3항에 따라 위탁한 업무에 종사하는 한국정보사회진흥원과 인터넷진흥원의 임직원은 「형법」 제129조부터 제132조까지의 규정에 따른 벌칙을 적용할 때에는 공무원으로 본다.

제10장 벌칙

제70조(벌칙)

① 사람을 비방할 목적으로 정보통신망을 통하여 공공연하게 사실을 드러내어 다른 사람의 명예를 훼손한 자는 3년 이하의 징역이나 금고 또는 2천만원 이하의 벌금에 처한다.

② 사람을 비방할 목적으로 정보통신망을 통하여 공공연하게 거짓의 사실을 드러내어 다른 사람의 명예를 훼손한 자는 7년 이하의 징역, 10년 이하의 자격정지 또는 5천만원 이하의 벌금에 처한다.

③ 제1항과 제2항의 죄는 피해자가 구체적으로 밝힌 의사에 반하여 공소를 제기할 수 없다.

제71조(벌칙)

다음 각 호의 어느 하나에 해당하는 자는 5년 이하의 징역 또는 5천만원 이하의 벌금에 처한다.

1. 제22조제1항(제67조에 따라 준용되는 경우를 포함한다)을 위반하여 이용자의 동의를 받지 아니하고 개인정보를 수집한 자
2. 제23조제1항(제67조에 따라 준용되는 경우를 포함한다)을 위반하여 이용자의 동의를 받지 아니하고 개인의 권리 · 이익이나 사생활을 뚜렷하게 침해할 우려가 있는 개인정보를 수집한 자
3. 제24조, 제24조의2제1항 및 제2항 또는 제26조제3항(제67조에 따라 준용되는 경우를 포함한다)을 위반하여 개인정보를 이용하거나 제3자에게 제공한 자 및 그 사정을 알면서도 영리 또는 부정한 목적으로 개인정보를 제공받은 자
4. 제25조제1항(제67조에 따라 준용되는 경우를 포함한다)을 위반하여 이용자의 동의를 받지 아니하고 개인정보 취급위탁을 한 자
5. 제28조의2제1항(제67조에 따라 준용되는 경우를 포함한다)을 위반하여 이용자의 개인정보를 훼손 · 침해 또는 누설한 자

6. 제28조의2제2항을 위반하여 그 개인정보가 누설된 사정을 알면서도 영리 또는 부정한 목적으로 개인정보를 제공받은 자
7. 제30조제5항(제30조제7항, 제31조제3항 및 제67조에 따라 준용되는 경우를 포함한다)을 위반하여 필요한 조치를 하지 아니하고 개인정보를 제공하거나 이용한 자
8. 제31조제1항(제67조에 따라 준용되는 경우를 포함한다)을 위반하여 법정대리인의 동의를 받지 아니하고 만 14세 미만인 아동의 개인정보를 수집한 자
9. 제48조제2항을 위반하여 악성프로그램을 전달 또는 유포한 자
10. 제48조제3항을 위반하여 정보통신망에 장애가 발생하게 한 자
11. 제49조를 위반하여 타인의 정보를 훼손하거나 타인의 비밀을 침해·도용 또는 누설한 자

제72조(벌칙)

① 다음 각 호의 어느 하나에 해당하는 자는 3년 이하의 징역 또는 3천만원 이하의 벌금에 처한다.

1. 제48조제1항을 위반하여 정보통신망에 침입한 자
2. 제49조의2제1항을 위반하여 다른 사람의 개인정보를 수집한 자
3. 제53조제1항에 따른 등록을 하지 아니하고 그 업무를 수행한 자
4. 다음 각 목의 어느 하나에 해당하는 행위를 통하여 자금을 융통하여 준 자 또는 이를 알선한 자
   가. 재화등의 판매·제공을 가장하거나 실제 매출금액을 초과하여 통신과금서비스에 의한 거래를 하거나 이를 대행하게 하는 행위
   나. 통신과금서비스이용자로 하여금 통신과금서비스에 의하여 재화등을 구매·이용하도록 한 후 통신과금서비스이용자가 구매·이용한 재화등을 할인하여 매입하는 행위
5. 제66조를 위반하여 직무상 알게 된 비밀을 타인에게 누설하거나 직무 외의 목적으로 사용한 자

② 제1항제1호의 미수범은 처벌한다.

제73조(벌칙)

다음 각 호의 어느 하나에 해당하는 자는 2년 이하의 징역 또는 1천만원 이하의 벌금에 처한다.

1. 제28조제1항제2호부터 제5호까지(제67조에 따라 준용되는 경우를 포함한다)의 규정에 따른 기술적·관리적 조치를 하지 아니하여 이용자의 개인정보를 분실·도난·누출·변조 또는 훼손한 자
2. 제42조를 위반하여 청소년유해매체물임을 표시하지 아니하고 영리를 목적으로 제공한 자
3. 제42조의2를 위반하여 청소년유해매체물을 광고하는 내용의 정보를 청소년에게 전송하거나 청소년 접근을 제한하는 조치 없이 공개적으로 전시한 자
4. 제44조의6제3항을 위반하여 이용자의 정보를 민·형사상의 소를 제기하는 것 외의 목적으로 사용한 자
5. 제44조의7제2항 및 제3항에 따른 방송통신위원회의 명령을 이행하지 아니한 자
6. 제48조의4제3항에 따른 명령을 위반하여 관련 자료를 보전하지 아니한 자
7. 제49조의2제1항을 위반하여 개인정보의 제공을 유인한 자
8. 제61조에 따른 명령을 이행하지 아니한 자

제74조(벌칙)

① 다음 각 호의 어느 하나에 해당하는 자는 1년 이하의 징역 또는 1천만원 이하의 벌금에 처한다.

1. 제8조제4항을 위반하여 비슷한 표시를 한 제품을 표시·판매 또는 판매할 목적으로 진열한 자
2. 제44조의7제1항제1호를 위반하여 음란한 부호·문언·음향·화상 또는 영상을 배포·판매·임대하거나 공공연하게 전시한 자
3. 제44조의7제1항제3호를 위반하여 공포심이나 불안감을 유발하는 부호·문언·음향·화상 또는 영상을 반복적으로 상대방에게 도달하게 한 자
4. 제50조제6항을 위반하여 기술적 조치를 한 자

5. 제50조의2를 위반하여 전자우편주소를 수집·판매·유통하거나 정보 전송에 이용한 자
6. 제50조의8을 위반하여 광고성 정보를 전송한 자
7. 제53조제4항을 위반하여 등록사항의 변경등록 또는 사업의 양도·양수 또는 합병·상속의 신고를 하지 아니한 자

② 제1항제3호의 죄는 피해자가 구체적으로 밝힌 의사에 반하여 공소를 제기할 수 없다.

제75조(양벌규정)

법인의 대표자나 법인 또는 개인의 대리인, 사용인, 그 밖의 종업원이 그 법인 또는 개인의 업무에 관하여 제71조부터 제73조까지 또는 제74조제1항의 어느 하나에 해당하는 위반행위를 하면 그 행위자를 벌하는 외에 그 법인 또는 개인에게도 해당 조문의 벌금형을 과(科)한다. 다만, 법인 또는 개인이 그 위반행위를 방지하기 위하여 해당 업무에 관하여 상당한 주의와 감독을 게을리하지 아니한 경우에는 그러하지 아니하다.

제76조(과태료)

① 다음 각 호의 어느 하나에 해당하는 자와 제7호부터 제11호까지의 경우에 해당하는 행위를 하도록 한 자에게는 3천만원 이하의 과태료를 부과한다.

1. 제23조제2항(제67조에 따라 준용되는 경우를 포함한다)을 위반하여 서비스의 제공을 거부한 자
2. 제23조의2를 위반하여 필요한 조치를 하지 아니한 자
3. 제28조제1항제1호 및 제6호(제67조에 따라 준용되는 경우를 포함한다)에 따른 기술적·관리적 조치를 하지 아니한 자
4. 제29조 본문(제67조에 따라 준용되는 경우를 포함한다)을 위반하여 개인정보를 파기하지 아니한 자
5. 제30조제3항·제4항 및 제6항(제30조제7항, 제31조제3항 및 제67조에 따라 준용되는 경우를 포함한다)을 위반하여 필요한 조치를 하지 아니한 자
6. 제44조의5제2항에 따른 방송통신위원회의 명령을 이행하지 아니한 자

7. 제50조제1항부터 제3항까지의 규정을 위반하여 영리 목적의 광고성 정보를 전송한 자
8. 제50조제4항 또는 제5항을 위반하여 광고성 정보를 전송할 때 밝혀야 하는 사항을 밝히지 아니하거나 거짓으로 밝힌 자
9. 제50조제7항을 위반하여 비용을 수신자에게 부담하도록 한 자
10. 제50조의5를 위반하여 이용자의 동의를 받지 아니하고 프로그램을 설치한 자
11. 제50조의7제1항을 위반하여 인터넷 홈페이지에 영리목적의 광고성 정보를 게시한 자
12. 제71조부터 제74조까지, 제1호부터 제11호까지 및 제2항의 위반행위를 하여 제64조제4항에 따른 행정안전부장관 또는 방송통신위원회의 시정조치 명령을 이행하지 아니한 자

② 다음 각 호의 어느 하나에 해당하는 자에게는 2천만원 이하의 과태료를 부과한다.

1. 제25조제2항(제67조에 따라 준용되는 경우를 포함한다)을 위반하여 이용자에게 개인정보 취급위탁에 관한 사항을 공개하지 아니하거나 알리지 아니한 자
2. 제26조 제1항 및 제2항(제67조에 따라 준용되는 경우를 포함한다)을 위반하여 이용자에게 개인정보의 이전사실을 알리지 아니한 자
3. 제27조제1항(제67조에 따라 준용되는 경우를 포함한다)을 위반하여 개인정보 관리책임자를 지정하지 아니한 자
4. 제27조의2제1항(제67조에 따라 준용되는 경우를 포함한다)을 위반하여 개인정보 취급방침을 공개하지 아니한 자

③ 다음 각 호의 어느 하나에 해당하는 자에게는 1천만원 이하의 과태료를 부과한다.

1. 제20조제2항을 위반하여 전자문서를 보관하지 아니한 자
2. 제21조를 위반하여 전자문서를 공개한 자
3. 제42조의3제1항을 위반하여 청소년 보호 책임자를 지정하지 아니한 자
4. 제43조를 위반하여 정보를 보관하지 아니한 자
5. 제46조제2항을 위반하여 보험에 가입하지 아니한 자
6. 제46조의3제1항을 위반하여 정보보호 안전진단을 받지 아니한 자

7. 제46조의3제2항을 위반하여 정보보호 안전진단의 결과를 제출하지 아니하거나 거짓으로 제출한 자
8. 제46조의3제5항에 따른 권고 내용 또는 처리 결과를 거짓으로 통보한 자
9. 제46조의3제6항에 따른 개선명령을 이행하지 아니한 자
10. 제47조의3제3항을 위반하여 소프트웨어 사용자에게 알리지 아니한 자
11. 제48조의2제4항에 따른 시정명령을 이행하지 아니한 자
12. 제48조의4제4항에 따른 사업장 출입 및 조사를 방해하거나 거부 또는 기피한 자
13. 제52조제6항을 위반하여 한국인터넷진흥원의 명칭을 사용한 자
14. 제53조제4항을 위반하여 사업의 휴지 · 폐지 · 해산의 신고를 아니한 자
15. 제56조제1항을 위반하여 약관을 신고하지 아니한 자
16. 제57조제2항을 위반하여 관리적 조치 또는 기술적 조치를 하지 아니한 자
17. 제58조제1항을 위반하여 구매 · 이용 내역 및 이의신청의 방법 등 대통령령으로 정하는 사항을 통신과금서비스이용자에게 고지하지 아니한 자
18. 제58조제2항을 위반하여 통신과금서비스이용자가 구매 · 이용 내역을 확인할 수 있는 방법을 제공하지 아니하거나 통신과금서비스이용자의 제공 요청에 응하지 아니한 자
19. 제58조제3항을 위반하여 통신과금서비스이용자의 요청에 대한 처리 결과를 통신과금서비스이용자에게 알려 주지 아니한 자
20. 제58조제4항을 위반하여 통신과금서비스에 관한 기록을 보존하지 아니한 자
21. 제59조제2항을 위반하여 통신과금서비스이용자의 이의신청 및 권리구제를 위한 절차를 마련하지 아니한 자
22. 제64조제1항에 따른 관계 물품 · 서류 등을 제출하지 아니하거나 거짓으로 제출한 자
23. 제64조제2항에 따른 자료의 열람 · 제출요청에 따르지 아니한 자
24. 제64조제3항에 따른 출입 · 검사를 거부 · 방해 또는 기피한 자

④ 제1항부터 제3항까지의 과태료는 대통령령으로 정하는 바에 따라 행정안전부장관 또는 방송통신위원회가 부과 · 징수한다.

⑤ 제4항에 따른 과태료 처분에 불복하는 자는 그 처분을 고지받은 날부터 30일 이내에 행정안전부장관 또는 방송통신위원회에 이의를 제기할 수 있다.

⑥ 제4항에 따라 과태료 처분을 받은 자가 제5항에 따라 이의를 제기하면 행정안전부장관 또는 방송통신위원회는 지체 없이 관할 법원에 그 사실을 통보하여야 하며, 그 통보를 받은 관할 법원은 「비송사건절차법」에 따른 과태료 재판을 한다.

⑦ 제5항에 따른 기간에 이의를 제기하지 아니하고 과태료를 내지 아니하면 국세 체납처분의 예에 따라 징수한다.

연습문제

1. 정보통신이용망 촉진법에서 목적과 정의에 대해서 설명하시오.

2. 정보통신이용망 촉진법에서 정보통신망의 이용촉진과 표준화에 대해서 설명하시오.

3. 정보통신이용망 촉진법에서 정보통신망의 전자문서활용에 대하여 설명하시오.

4. 정보통신이용망 촉진법에서 정보통신망의 개인정보의 보호에 대하여 설명하시오.

5. 정보통신이용망 촉진법에서 이용자의 권리에 대하여 설명하시오.

6. 정보통신이용망 촉진법에서 안정성 확보에 대하여 설명하시오.

7. 정보통신이용망 촉진법에서 통신과금서비스에 대하여 설명하시오.

8. 정보통신이용망 촉진법에서 벌칙과 과태료에 대해서 설명하시오.

객관식 문제

1. 정보통신망의 이용촉진 등에 관한 법률규정의 목적에 해당하지 않는 것은?
   가. 정보통신망의 이용을 촉진하고 안정적인 관리운용을 도모한다.
   나. 정보통신서비스를 이용하는 자의 개인정보보호와 정보화 사회의 기반을 조성한다.
   다. 정보화를 촉진하고 정보통신산업기반을 조성한다.
   라. 국민생활의 향상과 공공복리증진에 이바지한다.

2. 정보통신망 이용촉진 관계법의 법적 규정은?
   가. 법률
   나. 대통령령
   다. 방송통신부령
   라. 국무총리령

3. 다음 중 전기통신역무와 동역무를 이용하여 정보를 제공하거나 정보의 제공을 매개하는 것을 무엇이라 하는가?
   가. 전기통신역무
   나. 정보통신역무
   다. 정보통신서비스
   라. 전기통신서비스

4. 전기통신사업자와 전기통신사업자의 전기통신역무를 이용하여 정보를 제공하거나 정보의 제공을 매개하는 자를 무엇이라 하는가?
   가. 전기통신사업자 서비스

나. 이용자 서비스
다. 개인정보 서비스
라. 정보통신서비스 제공자.

5. 다음 중 정보통신망 이용촉진 등에 관한 시책의 강구사항 중 정보사회의 기반을 조성하기 위한 시책이 아닌 것은?
   가. 정보통신망과 관련된 기술의 개발 · 보급
   나. 정보통신망의 표준화
   다. 정보통신망을 통하여 유통되는 개인정보의 보호
   라. 정보통신망을 통하여 유통되는 불온통신 및 미풍양속을 저해하는 통신

6. 정보통신망의 이용촉진의 기술개발추진을 위하여 정부는 연구개발 등의 사업을 실시하는 연구기관 등에 무엇을 지원할 수 있는가?
   가. 보조금
   나. 재정적 지원의 일부
   다. 출자금
   라. 사업에 소요되는 비용의 전부 및 일부를 지원할 수 있다.

7. 정보통신망의 표준화의 권고 사항중 틀린 것은?
   가. 방송통신위원장은 정보통신망 이용 촉진 등을 위하여 정보통신망에 관한 표준을 정하여 고시한다.
   나. 정보통신 서비스 제공자에게 권고할 수 있다.
   다. 정보통신망과 관련된 제품을 제조 또는 공급하는 자에게 권고할 수 있다.
   라. 산업표준화법에 의한 한국산업규격에 제정되어 있는 사항에 대하여도 권고한다.

8. 정보통신마으이 표준화의 대상, 방법 및 절차 등에 관하여 필요한 사항은 무엇으로 정하는가?

가. 대통령령
나. 방송통신부령
다. 법률
라. 국무총리령

9. 다음 중 정보통신망 응용서비스의 내용에 해당하지 않는 것은?
가. 정보통신망을 활용하여 업무를 효율화하는 서비스
나. 정보통신망을 활용하여 업무를 자동화하는 서비스
다. 정보통신망을 활용하여 업무를 고도화하는 서비스
라. 정보통신망을 활용하여 업무를 표준화하는 서비스

10. 정보통신 서비스 제공자가 이용자의 개인정보를 수집하는 때에는 당해 이용자의 동의를 받아야하나 이에 해당사항이 아닌 것은?
가. 이법 또는 다른 법률에 특별한 규정이 있는 경우
나. 정보통신 서비스 이용약관의 이행을 위하여 필요한 경우
다. 정보통신서비스의 제공에 따른 요금정산을 위하여 필요한 경우
라. 정보토인 서비스 제공자가 이용자의 동의를 받은 경우

정답 : 1.다 2.가 3.다 4.라 5.라 6.라 7.라 8.나 9.라 10.라

인터넷주소 자원에 관한 법률

6

인터넷 주소 자원에 관한 법률에 대한 내용

* 전인터넷의 주소자원의 중요성에 대하여 도모한다.
* 인터넷 주소자원의 개발 및 이용촉진에 대하여 도모한다.
* 유비쿼터스 사회에 대비한 인터넷을 통한 다양한 서비스를 도모한다.

현재 인터넷 주소 자원의 중요성은 현세대뿐만 아니라 미래사회에서는 그 중요성이 더욱 증대될 것은 자명한 사실이겠다.

우리나라에서도 이를 인식하여 도메인 도입을 연차적으로 계획하여 2차 사업까지 끝낸 상태에 있으며, 인터넷 주소 자원의 촉진 및 관리의 기본계획은 인터넷주소자원의 개발 및 이용을 촉진하고 국가 인터넷 안정성 제고를 통해 국가전략을 능동적으로 지원함과 동시에 인터넷 이용편익 증진 및 국가 정보화에 기여를 목표로 하고 있다.

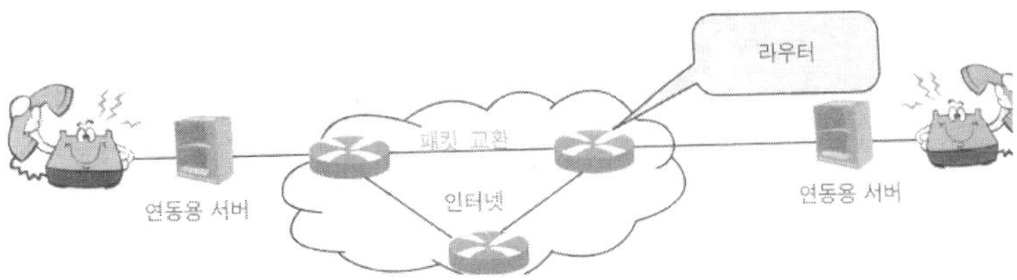

그림 6.1 인터넷 시스템

제1장 총칙

제1조 (목적)

이 법은 인터넷주소자원의 개발·이용을 촉진하고 인터넷주소자원의 안정적인 관리체계를 구축함으로써 인터넷 이용자의 편익을 증진하고 국가사회의 정보화에 이바지함을 목적으로 한다.

제2조 (정의)

이 법에서 사용하는 용어의 뜻은 다음과 같다.

1. **"인터넷주소"**란 인터넷에서 국제표준방식 또는 국가표준방식에 의하여 일정한 통신규약에 따라 특정 정보시스템을 식별하여 접근할 수 있도록 하는 숫자·문자·부호 또는 이들의 조합으로 구성되는 정보체계로서 다음 각 목의 어느 하나에 해당하는 것을 말한다.
   가. 인터넷 프로토콜(protocol) 주소: 인터넷에서 컴퓨터 및 정보통신설비가 인식하도록 만들어진 것
   나. 도메인(domain)이름: 인터넷에서 인터넷 프로토콜 주소를 사람이 기억하기 쉽도록 하기 위하여 만들어진 것
   다. 그 밖에 대통령령으로 정하는 것
2. **"인터넷주소자원"**이란 인터넷주소 및 인터넷주소의 사용에 필요한 정보·설비·기술 등의 자원을 말한다.
3. **"인터넷주소관리기관"**이란 인터넷주소의 할당·등록 등과 관련된 업무를 수행하는 「정보통신망 이용촉진 및 정보보호 등에 관한 법률」 제52조에 따른 한국인터넷진흥원(이하 "인터넷진흥원"이라 한다)과 인터넷진흥원으로부터 인터넷주소 관리업무를 위탁받은 법인 및 단체를 말한다.
4. **"인터넷주소의 사용자"**란 인터넷에서 컴퓨터 등 정보시스템을 식별하기 위하여 인터넷주소관리기관으로부터 인터넷 프로토콜 주소를 할당받거나 인터넷주소관리기관·인터넷주소관리대행자 또는 최상위도메인등록업체(이하 "인터넷주소관리기관등"이라 한다)에 도메인이름 또는 제1호다목의 인터넷주소(이하 "도메인이름등"

이라 한다)를 등록한 자를 말한다.

5. "**개인정보**"란 「정보통신망 이용촉진 및 정보보호 등에 관한 법률」 제2조제1항 제6호에 따른 개인정보를 말한다.
6. "**인터넷주소관리대행자**"란 인터넷주소의 할당 또는 등록에 관한 업무의 일부를 대행하기 위하여 제14조제1항에 따라 인터넷주소관리기관이 선정한 자를 말한다.
7. "**최상위도메인등록업체**"란 일반최상위도메인 또는 국가코드최상위도메인(대한민국 국가코드 최상위도메인은 제외한다)의 등록업무를 대행하는 업체를 말한다.

제3조 (국가의 책무)

① 국가는 인터넷주소자원의 개발과 이용을 촉진하고 인터넷주소가 공정하고 적절하게 사용될 수 있도록 노력하여야 한다.

② 국가는 인터넷주소자원 관련 정책이 투명하고 민주적으로 수립·시행되도록 노력하여야 한다.

제4조 (적용범위)

이 법은 대한민국에서 할당되는 인터넷 프로토콜 주소와 대한민국에서 등록·보유 또는 사용되는 도메인이름등의 인터넷주소자원에 대하여 적용한다.

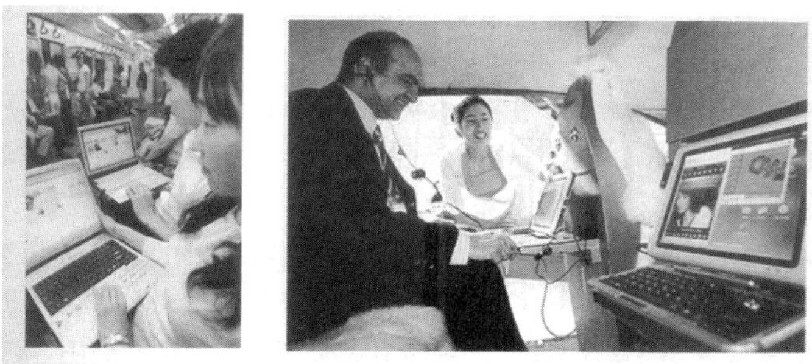

그림 6.2 인터넷을 사용하는 모습

제2장 인터넷주소자원에 관한 정책의 추진 등

제5조 (기본계획의 수립 · 시행)

① 방송통신위원회는 인터넷주소자원의 개발과 이용촉진 및 관리에 관한 기본계획(이하 "기본계획"이라 한다)을 수립 · 시행하여야 한다.

② 기본계획에는 다음 각 호의 사항이 포함되어야 한다.

1. 인터넷주소자원의 개발 · 이용촉진 및 관리를 위한 기본목표
2. 인터넷주소자원의 현황과 수급에 관한 사항
3. 인터넷주소자원의 개발과 표준화에 관한 사항
4. 인터넷주소의 사용자 보호와 분쟁해결에 관한 사항
5. 인터넷주소자원과 관련한 국가 · 지방자치단체 및 민간의 협력에 관한 사항
6. 인터넷주소자원과 관련된 국제협력에 관한 사항
7. 인터넷주소자원의 개발과 이용촉진 및 관리를 위한 재원의 조달 및 운용에 관한 사항
8. 그 밖에 인터넷주소자원의 개발과 이용촉진 및 관리에 관한 사항

③ 방송통신위원회는 기본계획을 수립하는 때에는 제6조에 따른 인터넷주소정책심의위원회의 심의를 거쳐야 한다.

④ 기본계획의 수립과 시행 등에 필요한 사항은 대통령령으로 정한다.

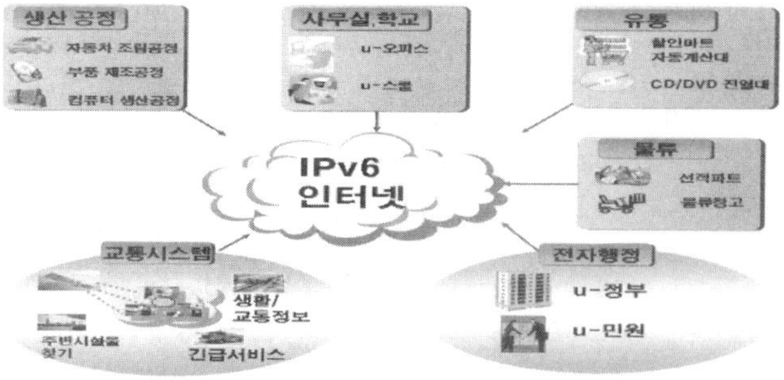

그림 6.3 IPV6인터넷의 응용분야

제6조 (인터넷주소정책심의위원회)

① 인터넷주소자원에 관한 정책 등을 심의하기 위하여 방송통신위원회 소속으로 인터넷주소정책심의위원회(이하 "심의위원회"라 한다)를 둔다.

② 심의위원회는 다음 각 호의 사항을 심의한다.

1. 기본계획의 수립 · 시행에 관한 사항
2. 제9조에 따른 인터넷주소관리기관 업무위탁의 승인에 관한 사항
3. 제13조에 따른 인터넷주소관리준칙의 승인에 관한 사항
4. 인터넷주소와 관련된 분쟁의 해결을 위한 주요 정책에 관한 사항
5. 인터넷주소자원과 관련된 주요 국제협력에 관한 사항
6. 그 밖에 인터넷주소자원과 관련된 주요 정책사항으로서 위원장이 부의하는 사항

③ 심의위원회는 위원장을 포함한 10명 이내의 위원으로 구성하고, 위원장은 위원 중에서 호선한다.

④ 심의위원회의 위원은 인터넷주소자원에 관한 학식과 경험이 풍부한 자로서 다음 각 호의 어느 하나에 해당하는 자 중에서 방송통신위원회위원장이 위촉 또는 지명한다.

1. 3급 이상의 공무원 또는 이에 상당하는 공공기관의 직에 있거나 있었던 자
2. 판사 · 검사 · 변호사 또는 변리사의 직에 10년 이상 있거나 있었던 자
3. 대학이나 공인된 연구기관에서 부교수 이상 또는 이에 상당하는 직에 5년 이상 있거나 있었던 자로서 정보통신분야를 전공한 자
4. 정보통신관련 기업의 임원의 직에 5년 이상 있거나 있었던 자
5. 정보통신관련 단체 또는 기관의 대표자의 직에 있거나 있었던 자
6. 그 밖에 위와 동등한 자격이 있다고 방송통신위원회가 인정하는 자

⑤ 심의위원회의 구성 및 운영 등에 관하여 필요한 사항은 대통령령으로 정한다.

제7조 (인터넷주소자원의 개발 및 표준화)

① 방송통신위원회는 인터넷주소자원의 지속적 개발과 표준화를 위하여 필요한 시책을 수립 · 시행하여야 한다.

② 방송통신위원회는 민간부문에서 추진하는 인터넷주소자원의 연구개발과 표준화사업에 재정적 · 행정적 · 기술적 지원을 할 수 있다.

③ 제1항과 제2항에 따른 인터넷주소자원의 연구개발 및 표준화에 관한 시책의 수립 · 시행 및 지원에 필요한 사항은 대통령령으로 정한다.

제8조 (인터넷주소자원에 관한 국제협력)

① 방송통신위원회는 인터넷을 안정적으로 운영하고 인터넷주소자원을 확충하기 위하여 다른 국가나 국제기구와의 상호협력을 위한 시책을 수립 · 시행하여야 한다.

② 방송통신위원회는 인터넷주소자원에 관한 민간부문의 국제협력활동을 지원할 수 있다.

③ 제2항에 따른 민간부문의 국제협력활동 지원에 필요한 사항은 대통령령으로 정한다.

제9조 (인터넷주소관리기관의 업무위탁)

인터넷진흥원은 인터넷주소관리기관의 업무를 인터넷주소별로 구분하여 방송통신위원회의 승인을 받아 대통령령으로 정하는 법인 및 단체에 위탁할 수 있다.

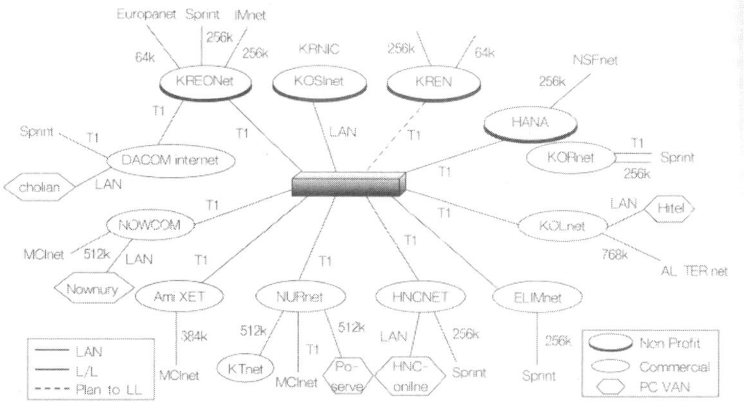

그림 5.4 인터넷 구성도

제3장 인터넷주소의 사용 · 관리 등

제10조 (인터넷 프로토콜 주소의 할당)

① 인터넷 프로토콜 주소를 사용하려는 자는 인터넷주소관리기관으로부터 이를 할당받아야 한다.

② 제1항에 따른 인터넷 프로토콜 주소의 할당신청 · 할당기준 및 방법 등에 관하여 필요한 사항은 대통령령으로 정한다.

제11조 (도메인이름등의 등록)

① 도메인이름등을 사용하려는 자는 인터넷주소관리기관등에 이를 등록하여야 한다. 이 경우 인터넷주소관리기관등은 필요 시 등록인에게 본인임을 확인할 수 있는 정보를 요구할 수 있다.

② 제1항 후단에 따른 본인확인정보가 거짓인 것으로 확인될 경우 인터넷주소관리기관등은 도메인이름등을 말소하여야 한다.

③ 제1항에 따른 도메인이름등의 등록기준 · 등록신청 · 등록방법 및 본인확인방법 등에 관하여 필요한 사항은 대통령령으로 정한다.

제12조 (부정한 목적의 도메인이름등의 등록 등의 금지)

① 누구든지 정당한 권원이 있는 자의 도메인이름등의 등록을 방해하거나 정당한 권원이 있는 자로부터 부당한 이득을 얻는 등 부정한 목적으로 도메인이름등을 등록 · 보유 또는 사용하여서는 아니 된다.

② 정당한 권원이 있는 자는 제1항을 위반하여 도메인이름등을 등록 · 보유 또는 사용한 자가 있으면 법원에 그 도메인이름등의 등록말소 또는 등록이전을 청구할 수 있다.

제13조 (인터넷주소관리준칙)

① 인터넷주소관리기관은 다음 각 호의 사항이 포함된 인터넷주소관리에 관한 준칙(이하 "인터넷주소관리준칙"이라 한다)을 작성하여 방송통신위원회의 승인을 받아야 한다. 승인받은 사항을 변경하는 경우에도 또한 같다.

1. 인터넷주소의 할당 또는 등록업무에 관한 사항
2. 인터넷주소의 사용기준과 사용조건에 관한 사항
3. 인터넷주소 관련 정보와 시설의 보호에 관한 사항
4. 인터넷주소의 사용정지, 사용폐지 또는 등록말소에 관한 사항
5. 인터넷주소 데이터베이스의 인계 · 인수에 필요한 사항(제9조에 따라 업무를 위탁한 경우에만 해당한다)
6. 인터넷주소의 할당 또는 등록수수료에 관한 사항
7. 인터넷주소관리대행자의 선정 · 관리 및 감독 등에 관한 사항
8. 그 밖에 인터넷주소의 관리에 필요한 사항

② 인터넷주소관리기관은 제1항에 따른 인터넷주소관리준칙을 성실히 따라야 한다.

제14조 (인터넷주소관리업무의 대행)

① 인터넷주소관리기관은 인터넷주소의 할당 또는 등록에 관한 업무의 일부를 대행하게 하기 위하여 인터넷주소관리대행자를 선정할 수 있다.

② 인터넷주소관리기관은 제1항에 따라 인터넷주소관리대행자를 선정할 때에 공정하고 투명한 절차에 따라야 하고, 부당한 조건을 강요하여서는 아니 된다.

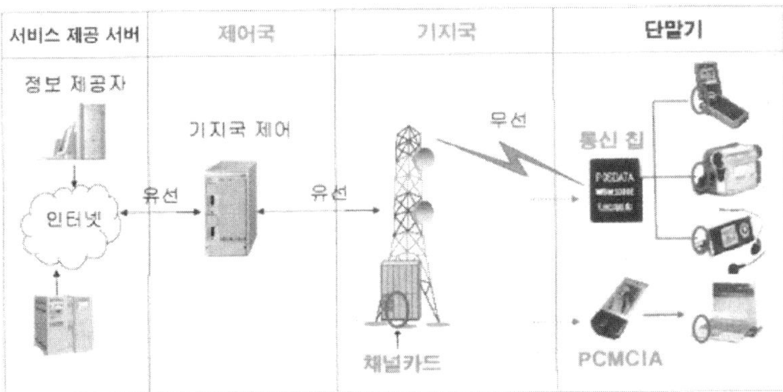

그림 5.5 인터넷 사용 시스템

제15조 (개인정보의 보호)

① 인터넷주소관리기관등은 인터넷주소 사용자의 개인정보를 보호하여야 한다.

② 제1항에 따른 개인정보보호에 관하여는 「정보통신망 이용촉진 및 정보보호 등에 관한 법률」 제22조, 제23조, 제23조의2, 제24조, 제24조의2, 제25조, 제26조의2, 제27조, 제27조의2, 제28조, 제28조의2, 제29조부터 제32조까지, 제36조제1항, 제63조, 제64조, 제71조제1호부터 제8호까지, 제73조제1호, 제76조제1항제1호부터 제5호까지, 같은 조 제2항(같은 항 제2호는 제외한다), 같은 조 제3항제22호부터 제24호까지의 개인정보에 관한 규정을 준용한다. 이 경우 "정보통신서비스 제공자"는 "인터넷주소관리기관등"으로, "이용자"는 "인터넷주소의 사용자"로 본다.

그림 5.6 인터넷주소분쟁조정위원회 홈페이지

제4장 인터넷주소분쟁조정위원회

제16조 (인터넷주소분쟁조정위원회의 설치 및 구성)

① 인터넷주소의 등록과 사용에 관한 분쟁(이하 "분쟁"이라 한다)을 조정하기 위하여 인터넷주소분쟁조정위원회(이하 "분쟁조정위원회"라 한다)를 둔다.

② 분쟁조정위원회는 위원장 1명을 포함한 30명 이내의 위원으로 구성한다.

③ 위원은 다음 각 호의 사람 중에서 방송통신위원회위원장이 임명하거나 위촉한다.

1. 대학이나 공인된 연구기관에서 부교수 이상 또는 이에 상당하는 직위에 재직하거나 재직하였던 법학 전공자
2. 4급 이상 공무원(고위공무원단에 속하는 일반직 공무원을 포함한다) 또는 이에 상당하는 공공기관의 직위에 재직하거나 재직하였던 자로서 인터넷주소 또는 지식재산권 업무에 관한 경험이 있는 사람
3. 판사 · 검사 · 변호사 또는 변리사의 자격이 있는 사람
4. 그 밖에 위와 동등한 자격이 있다고 방송통신위원회가 인정한 사람

④ 위원의 임기는 3년으로 한다.

⑤ 위원장은 위원 중에서 방송통신위원회위원장이 임명한다.

⑥ 분쟁조정위원회의 업무를 지원하기 위하여 인터넷진흥원에 사무국을 둔다.

⑦ 분쟁조정위원회가 아닌 자는 인터넷주소분쟁조정위원회 또는 이와 유사한 명칭을 사용하지 못한다.

제17조 (위원의 제척 · 기피 · 회피)

① 다음 각 호의 어느 하나에 해당하는 위원은 해당 분쟁조정청구사건(이하 "사건"이라 한다)의 심의 · 의결에서 제척(除斥)된다.

1. 위원 또는 그 배우자나 배우자였던 사람이 해당 사건의 당사자가 되거나 그 사건에 관하여 공동권리자 또는 의무자의 관계에 있는 경우
2. 위원이 해당 사건의 당사자와 친족이거나 친족이었던 경우
3. 위원이 해당 사건에 관하여 증언이나 감정을 한 경우

4. 위원이 해당 사건에 관하여 당사자의 대리인 또는 임직원으로서 관여하거나 관여하였던 경우

② 당사자는 위원에게 공정한 심의·의결을 기대하기 어려운 사정이 있는 경우에는 분쟁조정위원회에 기피신청을 할 수 있다. 이 경우 분쟁조정위원회는 기피신청이 타당하다고 인정하면 그 위원에 대하여 기피의 결정을 한다.

③ 위원이 제1항이나 제2항의 사유에 해당하는 경우에는 스스로 그 사건의 심의·의결에서 회피할 수 있다.

제18조 (분쟁의 조정)

① 인터넷주소의 등록·보유 또는 사용과 관련된 분쟁의 조정을 원하는 자는 분쟁조정위원회에 조정을 신청할 수 있다.

② 제1항에 따른 조정신청이 있는 경우 분쟁조정위원회는 인터넷주소의 등록인인 피신청인에게 사실을 통지하고, 피신청인은 통지를 받은 날부터 14일 이내에 답변서 및 관련 자료(이하 "답변서등"이라 한다)를 분쟁조정위원회에 제출하여야 한다. 다만, 피신청인이 불가피한 사유가 있어 답변서등의 제출의 연기를 요청하는 경우에는 1회에 한하여 제출기한을 연장할 수 있다.

③ 피신청인이 제2항에 따른 제출기한 내에 답변서등을 제출하지 아니하면 분쟁조정위원회는 피신청인의 답변 없이 심리를 진행할 수 있다.

④ 제1항에 따른 조정신청을 받은 분쟁조정위원회는 답변서 제출기한 경과 후 7일 이내에 1명 또는 3명의 위원으로 조정부(調停部)를 구성하고 조정부 구성 후 14일 이내에 그 사건을 심리하여 조정안을 작성하여야 한다. 다만, 부득이한 사정이 있는 경우에는 그 기간을 연장할 수 있다.

⑤ 제4항 단서에 따라 기간을 연장한 경우에는 그 사실을 당사자에게 통보하여야 한다.

제18조의2 (판단기준)

① 피신청인이 등록한 인터넷주소의 사용이 다음 각 호의 어느 하나에 해당하는 경우에는 조정부는 피신청인의 인터넷주소를 신청인에게 이전하도록 하거나 말소하는 조정결정을 할 수 있다.

1. 피신청인의 인터넷주소의 사용이 국내에 등록된 신청인의 상표, 서비스표 등 「상표법」에서 보호되는 표장(이하 "표장"이라 한다)에 대한 권리를 침해하는 경우
2. 피신청인의 인터넷주소의 사용이 국내에 널리 인식된 신청인의 상품이나 영업과 혼동을 일으키게 하는 경우
3. 피신청인의 인터넷주소의 사용이 국내에서 저명한 신청인의 성명, 명칭, 표장 또는 상호 등에 대한 식별력이나 명성을 손상하는 경우

② 피신청인의 인터넷주소의 등록·보유 또는 사용이 정당한 권원이 있는 자의 인터넷주소의 등록 또는 사용을 방해하거나 성명, 명칭, 표장 또는 상호 등에 대하여 정당한 권한이 있는 자에게 판매·대여하려는 등 부당한 이득을 얻으려는 목적으로 행하여진 경우에도 조정부는 제1항과 같은 결정을 할 수 있다.

③ 제1항 및 제2항에도 불구하고 피신청인의 인터넷주소가 피신청인이 정당한 권원을 가지고 있는 성명, 명칭, 표장 또는 상호와 동일하거나 그 밖에 피신청인이 인터넷주소의 등록이나 사용에 정당한 권리나 이익을 가지고 있는 경우에는 조정부는 신청을 기각할 수 있다.

제19조 (자료요청 등)

① 분쟁조정위원회는 분쟁조정을 위하여 필요한 자료의 제공을 분쟁당사자 또는 인

터넷주소관리기관등에 요청할 수 있다. 이 경우 분쟁당사자 등은 정당한 사유가 없으면 그 요청에 따라야 한다.

② 분쟁조정위원회는 필요하다고 인정하면 분쟁당사자 또는 참고인으로 하여금 분쟁조정위원회에 출석하게 하여 그 의견을 들을 수 있다.

제20조 (조정의 효력)

① 분쟁조정위원회는 제18조제4항에 따라 조정안을 작성하였으면 지체 없이 조정안을 당사자에게 통지하여야 한다.

② 제1항에 따라 조정안을 송달받은 피신청인은 송달받은 날부터 15일 이내에 다음 각 호의 어느 하나의 증명서를 제출하지 아니하면 분쟁조정위원회의 조정을 수락한 것으로 보며, 신청인은 분쟁조정위원회에 그 조정내용의 실행을 신청할 수 있다.

1. 피신청인이 관할 법원에 해당 인터넷주소에 관한 소를 제기하였다는 증명서
2. 피신청인이 당사자 합의에 따라 「중재법」에 따른 중재를 신청하였다는 증명서

③ 신청인이 제2항에 따라 분쟁조정위원회에 조정내용의 실행을 신청한 경우 분쟁조정위원회는 인터넷주소관리기관등에 그 조정내용의 실행을 요청하고 인터넷주소관리기관등은 이를 지체 없이 시행하여야 한다.

④ 제1항에 따라 통지받은 조정안을 당사자가 수락한 경우에는 당사자 간에 조정안과 동일한 내용의 합의가 성립된 것으로 본다.

제21조 (조정의 거부 및 중지)

① 분쟁조정위원회는 분쟁의 성질상 분쟁조정위원회에서 조정하는 것이 적합하지 아니하다고 인정하거나 부정한 목적으로 신청되었다고 인정하는 경우에는 그 조정을 거부할 수 있다. 이 경우 조정 거부 사유 등을 신청인에게 통보하여야 한다.

② 분쟁조정위원회는 신청된 조정사건에 대한 처리절차가 진행되는 동안 한쪽 당사자가 소송을 제기한 경우에는 그 조정을 중지하고 그 사실을 다른 당사자에게 통보하여야 한다.

제22조 (조정비용)

분쟁조정위원회는 분쟁의 조정을 신청한 자에게 대통령령으로 정하는 바에 따라 조정비용을 부담하게 할 수 있다.

제23조 (비밀유지)

분쟁조정위원회의 분쟁조정업무에 종사하는 사람 또는 종사하였던 사람은 그 직무상 알게 된 비밀을 타인에게 누설하거나 직무상 목적 외의 용도로 사용하여서는 아니 된다. 다만, 다른 법률에 특별한 규정이 있는 경우에는 그러하지 아니하다.

제24조 (조정절차 등)

이 장에서 정한 것 외에 분쟁조정위원회의 조직·운영 및 분쟁 조정의 방법·절차와 조정업무의 처리 등에 필요한 사항은 대통령령으로 정한다.

제5장 벌칙

제25조 (벌칙)

제23조를 위반하여 직무상 알게 된 비밀을 타인에게 누설하거나 직무상 목적 외의 용도로 사용한 사람은 1년 이하의 징역 또는 1천만원 이하의 벌금에 처한다.

제26조 (벌칙 적용 시 공무원 의제)

분쟁조정위원회의 위원과 인터넷주소관리기관의 업무에 종사하는 사람은 「형법」 제129조부터 제132조까지의 규정을 적용할 때에는 공무원으로 본다.

제27조 (과태료)

① 다음 각 호의 어느 하나에 해당하는 자에게는 1천만원 이하의 과태료를 부과한다.

1. 제11조제2항을 위반하여 도메인이름등을 말소하지 아니한 자
2. 제16조제7항을 위반하여 인터넷주소분쟁조정위원회 또는 이와 유사한 명칭을 사용한 자

② 제1항에 따른 과태료는 대통령령으로 정하는 바에 따라 방송통신위원회가 부과·징수한다.

연습문제

1. 인터넷 주소자원을 위한 법률을 만든 이유는 무엇인지 설명하시오.

2. 인터넷 주소정보의 시스템의 식별을 위하여 사용되는 규약을 설명하시오.

3. 인터넷주소정책심의위원회의 구성과 업무내용을 설명하시오.

4. 인터넷 진흥원에 대하여 아는 바를 설명하시오.

5. 인터넷주소에 대한 분쟁이 생기게 되면 어떤 절차를 거쳐야 하는지 아는 바를 설명하시오.

객관식 문제

1. 세계 각국의 통신 사업자와 공동으로 교환장비를 이용하여 전세계와 단일화된 통신망을 제공하는 네트워크 서비스를 무엇이라 하는가?
   가. Internet 서비스
   나. DACOM-Mail 서비스
   다. 메시지 교환
   라. 천리안 서비스

2. 일반교환전환회선에서 정보통신기기의 본체와 이에 부수되는 입출력장치와 기타의 기기 및 이들을 설치하기 위한 옥내배선 등을 무엇이라 하는가?
   가. 정보통신기기
   나. 전자계산기
   다. 전자계산조직
   라. 정보통신

3. 다음 중 특정통신회선 중 일반교환회선과 정보교환회선을 제외한 회선으로서 직접 두 지점간을 접속하는 정보통신 회선을 무엇이라 하는가?
   가. 일반교환회선
   나. 정보교환회선
   다. 정보통신회선
   라. 특정통신회선

4. 이용자간에 개인용 컴퓨터를 통해 서신을 상호교환할 수 있는 영역을 무엇이라 하는가?

가. 전자회의
나. 전자우편
다. 천리안 서비스
라. 데이터서비스

5. 다중화장치 또는 회선분배장치를 이용하여 두 지점을 직접 접속하기 위해 회사가 제공하는 정보통신회선을 무엇이라 하는가?
가. 디지털 전용회선
나. 메시지 교환회선
다. 정보교환회선
라. 특정통신회선

정답 : 1.가 2.가 3.라 4.나 5.가

III

PART

정보통신 관계법

정보통신의 공사업법 7

정보 통신 공사업법의 내용

* 정보 통신 공사의 조사, 설계, 시공, 감리, 유지관리, 기술관리
* 정보 통신 공사의 등록 및 도급에 관한 필요한 사항
* 정보 통신 공사의 적정한 시공
* 정보 통신 공사업의 건전한 발전도모

전기통신공사업법은 1998년 1월 1일부로 그 명칭이 "정보통신공사업법"으로 명칭이 변경 되었고 내용도 정보 분야 위주로 대폭 개정보완 되었다. 정보통신공사시장의 대외 개방 등에 따른 환경변화에 대비해 국내공사업체의 경쟁력을 강화시키고, 경쟁이 제한적인 행정규제 제도를 완화시키며 공사의 · 시공품질 향상을 위한 제도적 장치를 마련하고자 한 것이 정보통신공사업법이 되겠다.

정보통신공사는 특별히 규정된 것을 제외하고는 공사업자가 아니면 시공할 수 없으며, 또한 공사업을 영위하고자 하는 자는 대통령령이 정하는 바에 따라 정보통신부장관의 허가를 받도록 되어 있었다. 허나 정부의 직재개편으로 2008년에 정보통신부가 통폐합되어 소관업무가 방송통신위원회에 대부분 위임됨으로 이법은 시행규칙(부령)이 없어지고 일부 규정은 대통령령에 편입시키고 있다.

방송통신위원회는 공사업의 허가는 물론 시공사의 시정 또는 중지명령을 명하여 시행케하므로 공사업의 효율적 감독을 행하고, 영업의 정지 또는 허가의 취소 사항을 강화하여 무자격자에 의한 공사를 배제시켜 공사업에 대한 보호와 동시에 공사의 완전시공을 기하도록하고있다.

제1장 총칙

제1조(목적)

이 법은 정보통신공사의 조사 · 설계 · 시공 · 감리(監理) · 유지관리 · 기술관리 등에 관한 기본적인 사항과 정보통신공사업의 등록 및 정보통신공사의 도급(都給) 등에 필요한 사항을 규정함으로써 정보통신공사의 적절한 시공과 공사업의 건전한 발전을 도모함을 목적으로 한다.

제2조(정의)

이 법에서 사용하는 용어의 뜻은 다음과 같다.

1. "정보통신설비"란 유선, 무선, 광선, 그 밖의 전자적 방식으로 부호 · 문자 · 음향 또는 영상 등의 정보를 저장 · 제어 · 처리하거나 송수신하기 위한 기계 · 기구(器具) · 선로(線路) 및 그 밖에 필요한 설비를 말한다.
2. "정보통신공사"란 정보통신설비의 설치 및 유지 · 보수에 관한 공사와 이에 따르는 부대공사(附帶工事)로서 대통령령으로 정하는 공사를 말한다.
3. "정보통신공사업"이란 도급이나 그 밖에 명칭이 무엇이든 이 법을 적용받는 정보통신공사(이하 "공사"라 한다)를 업(業)으로 하는 것을 말한다.
4. "정보통신공사업자"란 이 법에 따른 정보통신공사업(이하 "공사업"이라 한다)의 등록을 하고 공사업을 경영하는 자를 말한다.

- **전화**
  - **가입 전화**
    - **일반 가입 전화**
      - **단독 전화**
      - **구내 교환 전화**
      - **집단 전화**
      - **항만 전화**
    - **이동 가입 전화**
      - **차량 전화**
      - **휴대용 전화**
      - **선박전화**
      - **공항 전화**
  - **공중 전화**
    - **관리 공중 전화**
    - **무인 공중 전화**

5. "용역"이란 다른 사람의 위탁을 받아 공사에 관한 조사, 설계, 감리, 사업관리 및 유지관리 등의 역무를 하는 것을 말한다.
6. "용역업"이란 용역을 영업으로 하는 것을 말한다.
7. "용역업자"란 「엔지니어링기술 진흥법」 제4조에 따라 엔지니어링활동주체로 신고하거나 「기술사법」 제6조에 따라 기술사사무소의 개설자로 등록한 자로서 통신 · 전자 · 정보처리 등 대통령령으로 정하는 정보통신 관련 분야의 자격을 보유하고 용역업을 경영하는 자를 말한다.

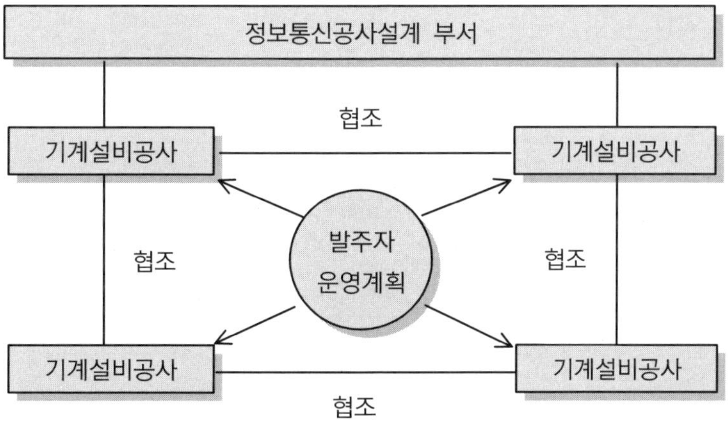

그림 7.1 정보통신 설계 기본계획

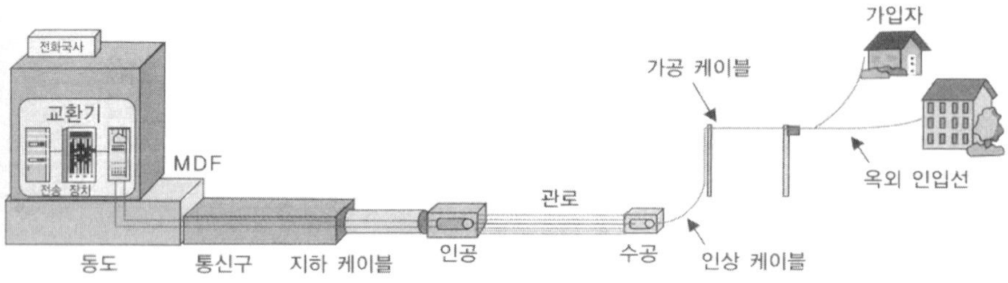

그림 7.2 가입자망의 시스템

8. "설계"란 공사(「건축사법」 제4조에 따른 건축물의 건축등은 제외한다)에 관한 계획서, 설계도면, 시방서(示方書), 공사비명세서, 기술계산서 및 이와 관련된 서류(이하 "설계도서"라 한다)를 작성하는 행위를 말한다.
9. "감리"란 공사(「건축사법」 제4조에 따른 건축물의 건축등은 제외한다)에 대하여 발주자의 위탁을 받은 용역업자가 설계도서 및 관련 규정의 내용대로 시공되는지를 감독하고, 품질관리 · 시공관리 및 안전관리에 대한 지도 등에 관한 발주자의 권한을 대행하는 것을 말한다.
10. "감리원(監理員)"이란 공사(「건축사법」 제4조에 따른 건축물의 건축등은 제외한다)의 감리에 관한 기술 또는 기능을 가진 사람으로서 제8조에 따라 방송통신위원회의 인정을 받은 사람을 말한다.
11. "발주자"란 공사(용역을 포함한다. 이하 이 조에서 같다)를 공사업자(용역업자를 포함한다. 이하 이 조에서 같다)에게 도급하는 자를 말한다. 다만, 수급인(受給人)으로서 도급받은 공사를 하도급(下都給)하는 자는 제외한다.
12. "도급"이란 원도급(原都給), 하도급, 위탁, 그 밖에 명칭이 무엇이든 공사를 완공할 것을 약정하고, 발주자가 그 일의 결과에 대하여 대가를 지급할 것을 약정하는 계약을 말한다.
13. "하도급"이란 도급받은 공사의 일부에 대하여 수급인이 제3자와 체결하는 계약을 말한다.
14. "수급인"이란 발주자로부터 공사를 도급받은 공사업자를 말한다.

15. "하수급인"이란 수급인으로부터 공사를 하도급받은 공사업자를 말한다.
16. "정보통신기술자"란 「국가기술자격법」에 따라 정보통신 관련 분야의 기술자격을 취득한 사람과 정보통신설비에 관한 기술 또는 기능을 가진 사람으로서 제39조에 따라 방송통신위원회의 인정을 받은 사람을 말한다.

제3조(공사의 제한)

공사(工事)는 정보통신공사업자(이하 "공사업자"라 한다)가 아니면 도급받거나 시공할 수 없다. 다만, 다음 각 호의 어느 하나에 해당하면 그러하지 아니하다.

쉬어가기

국내 최초의 교환기

1920년 3월 20일, 서울과 인천 사이에 통신원에서 경영하는 전화가 개통됨으로써 우리 나라의 공중통신용 전화 사업이 시작되었다. 당시 교환기는 자석식 100회선 단식 교환기와 소형 벽걸이형의 두 종류였으며, 일제 강점기에 총 12대가 있었다.

자석식 100회선용 교환기의 제조 회사는 밝혀지지 않고 있으나, 스웨덴의 제품이거나 일본이 수입해서 개량한 미국의 웨스턴 전기 회사 제품일 것으로 추정하고 있다.

1. 「전기통신사업법」 제5조에 따라 방송통신위원회의 허가를 받은 기간통신사업자가 허가받은 역무를 수행하기 위하여 공사를 시공하는 경우
2. 대통령령으로 정하는 경미한 공사를 도급받거나 시공하는 경우
3. 통신구(通信溝) 설비공사 또는 도로공사에 딸려서 그와 동시에 시공되는 정보통신 지하관로(地下管路)의 설비공사를 대통령령으로 정하는 바에 따라 도급받거나 시공하는 경우

제4조(공사업자의 성실의무)

공사업자는 정보통신설비의 품질과 안전이 확보되도록 공사 및 용역에 관한 법령을 준수하고 설계도서 등에 따라 성실하게 업무를 수행하여야 한다.

제5조(외국공사업자에 대한 조치)

방송통신위원회는 외국인 또는 외국법인에 대하여 공사업의 등록을 위하여 필요한 경우에는 공사업에 관한 외국에서의 자격 · 학력 · 경력 등을 인정할 수 있는 기준을 정할 수 있다.

제2장 공사의 설계 · 감리

제6조(기술기준의 준수)

① 공사를 설계하는 자는 대통령령으로 정하는 기술기준에 적합하게 설계하여야 한다.
② 감리원은 설계도서 및 관련 규정에 적합하게 공사를 감리하여야 한다.

제7조(설계 등)

① 발주자는 용역업자에게 공사의 설계를 발주하여야 한다.
② 제1항에 따라 설계도서를 작성한 자는 그 설계도서에 서명 또는 기명날인하여야 한다.
③ 제1항 및 제2항에 따른 설계 대상인 공사의 범위, 설계도서의 보관, 그 밖에 필요한 사항은 대통령령으로 정한다.

표 7.1 정보통신 공사의 종류

구 분	공사의 종류	공사의 예시
통신설비 공사	선로설비공사	통신구설비, 통신관로설비, 통신케이블설치(전주·철탑·자함 등을 포함한다) 등의 공사
	교환설비공사	전자식교환설비, 자동식교환설비, 수동식교환설비등의 공사
	전송설비공사	전송단국설비, 송신설비, 수신설비, 중계설비, 다중화설비 전력선반송설비 등의 공사
방송설비 공사	방송국설비공사	영상·음향설비·송출설비, 방송관리시스템설비 등의 공사
	전송·선로설비공사	방송관로설비, 방송케이블설치(전주·철탑·배관·단자함을 포함한다.), 전송단국설비, 송·수신설비, 중계설비, 분배설비, 구내전송선로설비 등의 공사
정보 설비	정보제어·보안 설비공사	인공지능빌딩시스템설비, 관제설비, 원격조정·제어설비, 시스템관리설비, 방향탐지설비, 위치측정설비, 전자신호제어설비, 회로텔레비전설비, 경비보안설비 등의 공사
	정보망설비공사	종합정보통신망(ISDN)설비, 근거리통신망(LAN)설비, 대역통신망(WAN)설비, 정보통신망 관리비 등의 공사
	정보매체설비공사	화상(영상)회의시스템설비, 홈뱅킹시스템설비, 원격의료시스템, 원격교육시스템설비, 주문대응형비디오시스템(VOD) 설비, 인포메이션시스템설비, 전자식전광판설비 등의 공사
기타설비 공사	정보통신전용 전기시설설비공사	정보통신전기공급설비, 전기부식방지설비, 전력유도방지설비, 전원장치(UPS), 충전 및 전압조정장치

제8조(감리 등)

① 발주자는 용역업자에게 공사의 감리를 발주하여야 한다.

② 제1항에 따라 공사의 감리를 발주 받은 용역업자는 감리원에게 그 공사에 대하여 감리를 하게 하여야 한다.

③ 감리원으로 인정받으려는 사람은 대통령령으로 정하는 바에 따라 방송통신위원회에 자격을 신청하여야 한다.

④ 방송통신위원회는 제3항에 따른 신청인이 대통령령으로 정하는 감리원의 자격에

해당하면 감리원으로 인정하여야 한다.

⑤ 방송통신위원회는 제3항에 따른 신청인을 감리원으로 인정하는 경우에는 감리원 자격증명서(이하 "자격증"이라 한다)를 그 감리원에게 발급하여야 한다.

⑥ 감리원은 자기의 성명을 사용하여 다른 사람에게 감리업무를 하게 하거나 자격증을 빌려 주어서는 아니 된다.

⑦ 제1항에 따른 감리 대상인 공사의 범위, 제2항에 따른 감리원의 업무범위 · 배치기준과 그 밖에 감리에 필요한 사항은 대통령령으로 정한다.

제9조(감리원의 공사중지명령 등)

① 감리원은 공사업자가 설계도서 및 관련 규정의 내용에 적합하지 아니하게 해당 공사를 시공하는 경우에는 발주자의 동의를 받아 재시공 또는 공사중지 명령이나 그 밖에 필요한 조치를 할 수 있다.

② 제1항에 따라 감리원으로부터 재시공 또는 공사중지 명령이나 그 밖에 필요한 조치에 관한 지시를 받은 공사업자는 특별한 사유가 없으면 이에 따라야 한다.

제10조(감리원에 대한 시정조치)

발주자는 감리원이 업무를 성실하게 수행하지 아니하여 공사가 부실하게 될 우려가 있을 때에는 대통령령으로 정하는 바에 따라 그 감리원에 대하여 시정지시 등 필요한 조치를 할 수 있다.

제11조(감리 결과의 통보)

제8조제1항에 따라 공사의 감리를 발주받은 용역업자는 공사에 대한 감리를 끝냈을 때에는 대통령령으로 정하는 바에 따라 그 감리 결과를 발주자에게 서면으로 알려야 한다.

제12조(공사업자의 감리 제한)

공사업자와 용역업자가 동일인이거나 다음 각 호의 어느 하나의 관계에 해당되면 해당 공사에 관하여 공사와 감리를 함께 할 수 없다.

1. 대통령령으로 정하는 모회사(母會社)와 자회사(子會社)의 관계인 경우
2. 법인과 그 법인의 임직원의 관계인 경우
3. 「민법」 제777조에 따른 친족관계인 경우

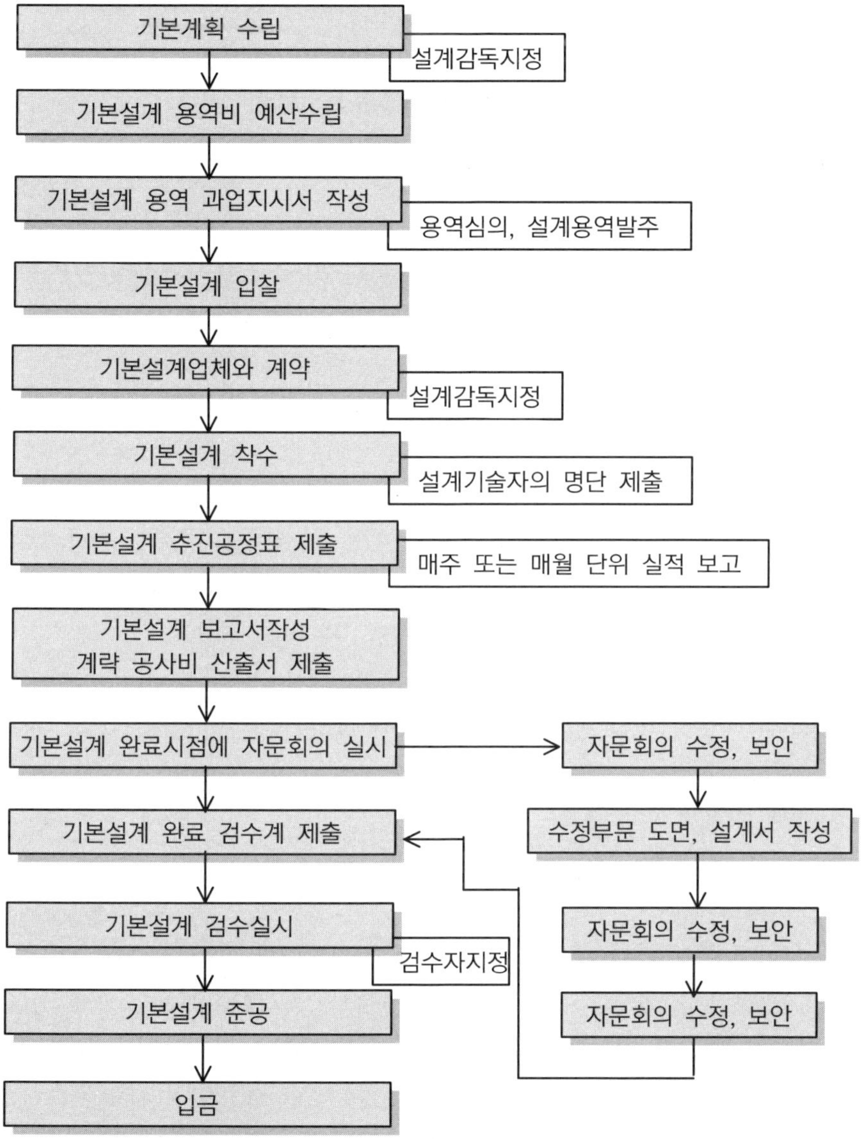

그림 7.3 정보통신 설비 기본설계 추진 순서

통신 시스템의 주요구성

* **교환기** : 전화국의 중심이 되는 시설로서, 요구되는 통신 선로끼리 연결해 주는 역할을 하는 시스템이다.
* **전송 장치** : 두 지점 간의 통신 신호를 전달해 주는 장치로서, 유선이나 무선으로 통신 신호를 전송한다. 무선 전송인 경우에는 신호의 변조 및 증폭 기능을 가진 무선 장치를 통해 안테나로 전송된다.
* **가입자 운용 보전 시스템** : 전화국에 신규 전화의 설치나 가입자 선로 등의 고장 수리를 집중화하여 관리하는 시스템이다.
* **케이블** : 전화국과 가입자 댁내를 연결해 주는 통신 선로로서, 통신구나 관로를 통하여 지하로 설치되거나 전신주를 이용해서 가공으로 설치되기도 한다.
* **분배 선반**(MDF: main distribution frame) : 교환기와 케이블을 연결해 주는 장치로서, 모든 가입자 선로를 배열하여 정리한 선반이다.
* **성단 격벽** : 전화국 내로 들어오는 케이블에 습기를 방지하기 위해 젤리형의 재료를 사용하여 케이블 내에 공기를 가두기 위해 설치한다.
* **공기 주입기** : 케이블의 고장을 조기에 발견하고 예방하기 위해 건조한 공기를 만들어서 케이블에 주입하기 위한 장치이다.
* **통신구** : 전화국 내 및 주로 도시 내 대량의 통신 케이블 설치를 위해 전화국 상호간 또는 국내 통신구와 관로 사이에 사람이 충분히 다닐 수 있을 정도의 크기로 만들어진 지하 구조물과 관로와 관로 사이에 설치한 10m 이상의 지하도를 말한다.
* **관로** : 지하 케이블을 넣어 안전하게 보호하기 위해 지하에 설치한 50mm관, 80mm관, 100mm관이 있다.
* **수공**(hand hole: **핸드 홀**) : 소규모의 지하 케이블을 설치하거나 철거하는 작업과 접속점을 연결하여 보호하기 위해, 지하에 설치된 인공보다는 작은 크기의 지하 공간 구조물이다.
* **인상케이블** : 지하 케이블에서 가공 케이블로 끌어올리는 케이블이다.

* **가공케이블** : 전주 위에 가설하는 케이블이다.
* **전 주** : 케이블을 가입자까지 연결하고 지지하기 위한 자재로서, 보통 통신용 전주는 7 m를 사용한다. 통신용 전주로는 사용 방법에 따라 인상주, 중간주, 인입주(종말주) 등이 있다.
* **단자함** : 케이블과 인입선을 연결하는 전주 위의 함체이다.
* **인입선** : 전주 위의 케이블에서 댁내로 들어가는 옥외 전화 회선이다.
* **댁내 설비** : 전화 이용자의 댁내에 설치하는 모든 설비를 말한다.
* **접속점** : 케이블을 연결하는 지점이다.
* **인공(manhole: 맨홀)** : 통신 케이블의 포설, 접속 작업, 중계기, 관로 및 케이블의 점검 등을 목적으로 사람이 그 안에 들어가서 작업할 수 있도록 만든 지하 공간 구조물이다.

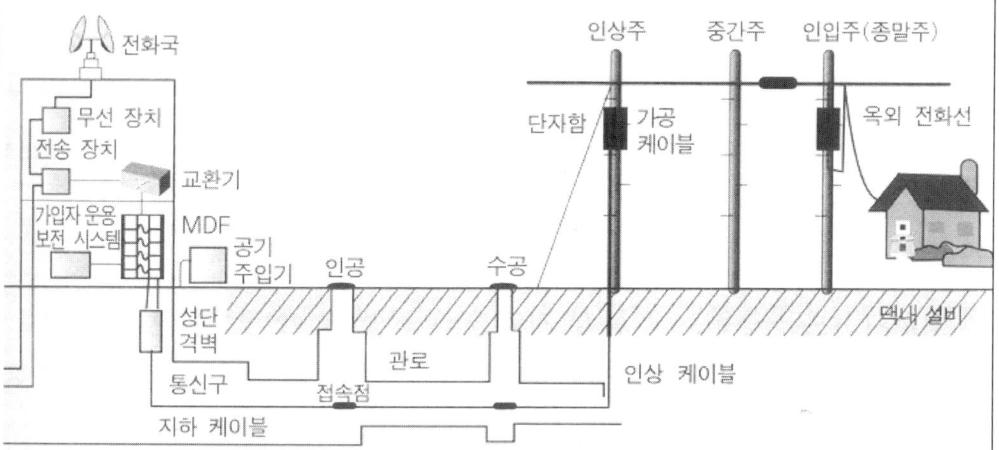

그림 7.4 통신 시설의 설치구성도

*

제12조의2(용역업의 육성 등)

① 방송통신위원회는 용역에 관한 기술수준의 향상과 용역업의 건전한 발전을 도모하기 위하여 필요하면 교육과학기술부장관 및 관계 중앙행정기관의 장과 협의하여 공사의 특성에 적합한 용역업을 육성 · 지원하기 위한 시책을 수립 · 시행할 수 있다.

② 방송통신위원회는 제1항에 따른 시책을 수립하기 위하여 필요하면 교육과학기술부장관 및 관계 중앙행정기관의 장에게 용역업 등의 현황에 관한 자료를 요청할 수 있다.

제3장 공사의 시공

제1절 공사업의 등록 등

제13조 삭제

제14조(공사업의 등록 등)

① 공사업을 경영하려는 자는 대통령령으로 정하는 바에 따라 특별시장 · 광역시장 · 도지사 또는 특별자치도지사(이하 "시 · 도지사"라 한다)에게 등록하여야 한다.

② 제1항에 따라 공사업을 등록한 자는 제15조에 따른 등록기준에 관한 사항을 3년 이내의 범위에서 대통령령으로 정하는 기간이 끝날 때마다 대통령령으로 정하는 바에 따라 시 · 도지사에게 신고하여야 한다.

③ 시 · 도지사는 제1항에 따른 등록을 받았을 때에는 등록증과 등록수첩을 발급한다.

제15조(등록기준)

공사업의 등록기준은 다음 각 호의 사항에 따라 대통령령으로 정한다.

1. 기술능력

2. 자본금(개인인 경우에는 자산평가액)
3. 그 밖에 필요한 사항

제16조(등록의 결격사유)

다음 각 호의 어느 하나에 해당하는 자는 공사업의 등록을 할 수 없다.

1. 금치산자 또는 한정치산자
2. 파산선고를 받고 복권되지 아니한 사람
3. 이 법을 위반하여 금고 이상의 실형을 선고받고 그 집행이 끝나거나(집행이 끝난 것으로 보는 경우를 포함한다) 집행이 면제된 날부터 3년이 지나지 아니한 사람 또는 그 형의 집행유예를 선고받고 그 유예기간 중에 있는 사람
4. 이 법을 위반하여 벌금형을 선고받고 2년이 지나지 아니한 사람
5. 이 법에 따라 등록이 취소된 후 2년이 지나지 아니한 자
6. 「국가보안법」 또는 「형법」 제2편제1장 또는 제2장에 규정된 죄를 범하여 금고 이상의 실형을 선고받고 그 집행이 끝나거나(집행이 끝난 것으로 보는 경우를 포함한다) 그 집행이 면제된 날부터 3년이 지나지 아니한 사람 또는 그 형의 집행유예를 선고받고 그 유예기간 중에 있는 사람
7. 임원 중에 제1호부터 제6호까지의 어느 하나에 해당하는 사람이 있는 법인

제17조(공사업의 양도 등)

① 공사업자는 다음 각 호의 어느 하나에 해당하면 대통령령으로 정하는 바에 따라 시 · 도지사에게 신고를 하여야 한다.

1. 공사업을 양도하려는(공사업자인 법인이 분할 또는 분할합병되어 설립되거나 존속하는 법인에 공사업을 양도하는 경우를 포함한다. 이하 같다) 경우
2. 공사업자인 법인 간에 합병하려는 경우 또는 공사업자인 법인과 공사업자가 아닌 법인이 합병하려는 경우

② 제1항에 따른 공사업 양도의 신고가 있을 때에는 공사업을 양수한 자는 공사업을 양도한 자의 공사업자로서의 지위를 승계하며, 법인의 합병신고가 있을 때에는 합병으로 설립되거나 존속하는 법인이 합병으로 소멸되는 법인의 공사업자로서의 지위를 승계한다.

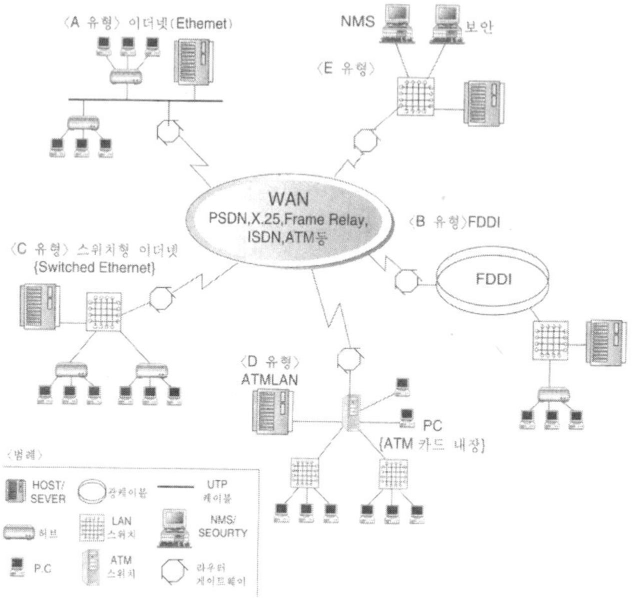

그림 7.5 LAN 설치 유형

③ 제1항에 따른 신고에 관하여는 제15조 및 제16조를 준용한다.

제18조 삭제

제19조(공사업 양도의 내용 등)

① 공사업을 양도하려는 자는 공사업에 관한 다음 각 호의 권리·의무를 모두 양도하여야 한다.

1. 시공 중인 공사의 도급에 관한 권리·의무
2. 완공된 공사로서 그에 관한 하자담보책임기간 중인 경우에는 그 하자보수에 관한 권리·의무

② 제1항의 경우 시공 중인 공사가 있을 때에는 그 공사 발주자의 동의를 받거나 그 공사의 도급을 해지(解止)한 후가 아니면 공사업을 양도할 수 없다.

제20조 삭제

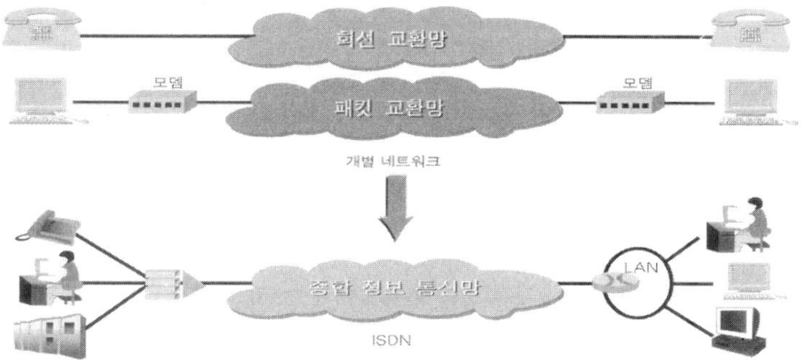

그림 7.6 종합 정보 통신망의 시스템

제21조(공사업의 상속)

공사업자가 사망한 때에는 그 상속인은 이 법에 따른 공사업자의 모든 권리·의무를 승계한다.

제22조(등록이 취소된 공사업자 등의 계속공사)

① 제66조에 따른 영업정지 또는 등록취소 처분을 받은 공사업자와 그 포괄승계인(包括承繼人)은 그 처분을 받기 전에 도급을 체결하였거나 관계 법령에 따라 허가·인가 등을 받아 착공한 공사는 계속하여 시공할 수 있다.

② 제66조에 따른 영업정지 또는 등록취소의 처분을 받은 공사업자와 그 포괄승계인은 그 처분의 내용을 지체 없이 해당 공사의 발주자에게 알려야 한다.

③ 공사업자가 공사업의 등록이 취소된 후라도 제1항에 따라 공사를 계속하는 경우에는 그 공사를 완공할 때까지는 그를 공사업자로 본다.

④ 발주자는 특별한 사유가 있는 경우를 제외하고는 해당 공사업자로부터 제2항에 따른 통지를 받거나 그 처분 사실을 안 날부터 30일 이내에만 도급을 해지할 수 있다.

제23조(공사업자의 신고의무)

① 공사업자는 상호, 명칭 또는 그 밖에 대통령령으로 정하는 사항을 변경한 경우에는 대통령령으로 정하는 바에 따라 이를 시·도지사에게 신고(「정보통신망 이

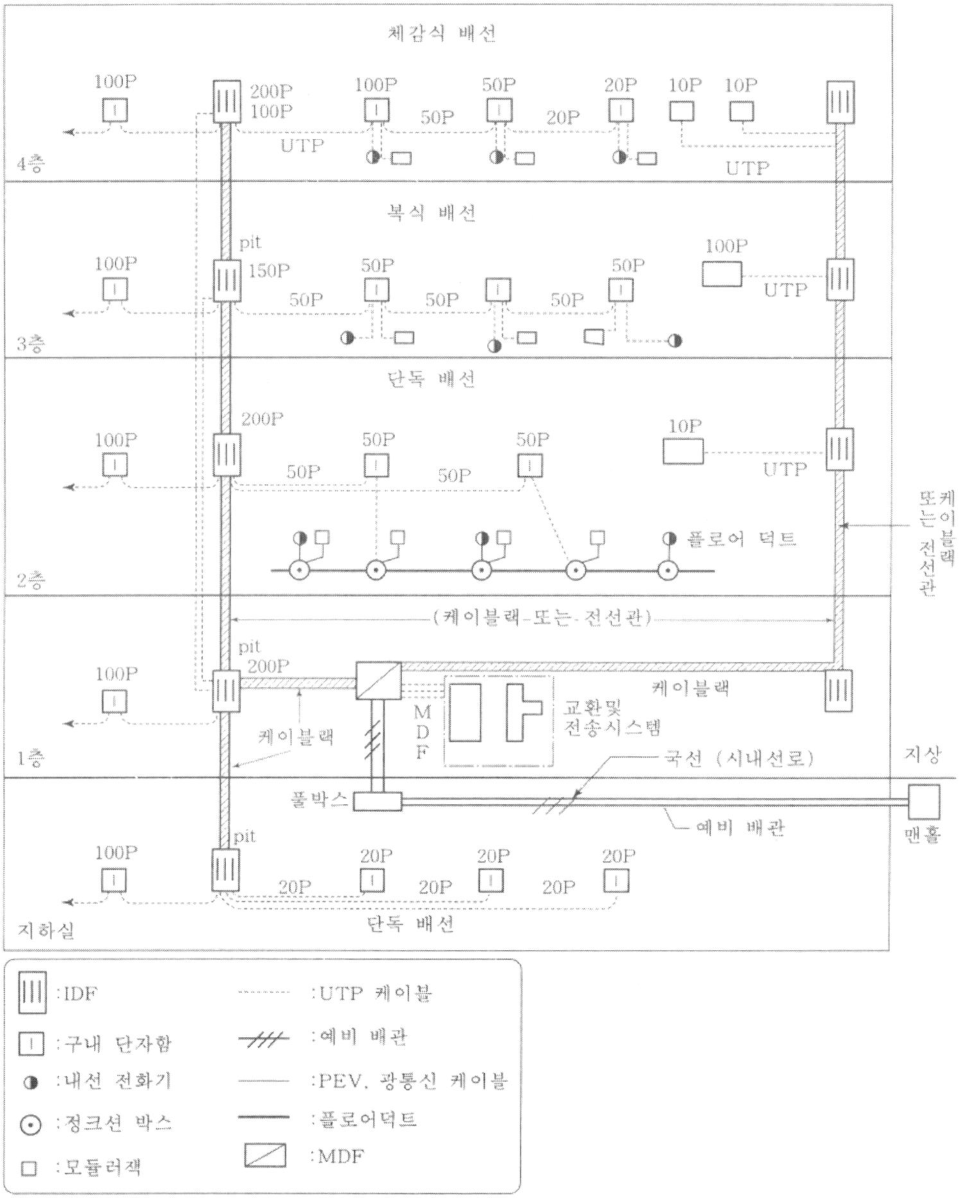

그림 7.7 구내통신 배선 계통도

용촉진 및 정보보호 등에 관한 법률」 제2조제1항제1호에 따른 정보통신망을 이용한 신고를 포함한다. 이하 제2항에서 같다)하여야 한다.

② 다음 각 호의 어느 하나에 해당하는 사람은 시 · 도지사에게 공사업의 폐업을 신고하여야 한다.

1. 공사업자가 파산한 경우에는 그 파산관재인(破產管財人)
2. 법인이 합병 또는 파산 외의 사유로 해산(解散)한 경우에는 그 청산인(淸算人)
3. 공사업자가 사망하였으나 상속인이 그 공사업을 상속하지 아니하는 경우에는 그 상속인
4. 제1호부터 제3호까지의 사유 외의 사유로 공사업을 폐업한 경우에는 그 공사업자였던 개인 또는 법인의 대표자

제24조(공사업등록증 등의 대여 금지)

공사업자는 타인에게 자기의 성명 또는 상호를 사용하여 공사를 수급 또는 시공하게 하거나 그 등록증 또는 등록수첩을 빌려 주어서는 아니 된다.

제24조의2(공사업의 육성시책의 수립 등)

① 방송통신위원회는 공사업의 건전한 발전을 위하여 필요하면 이에 필요한 육성시책을 수립 · 시행할 수 있다.

② 방송통신위원회는 공사업의 균형적 육성을 위하여 필요하다고 인정하면 공사를 발주하는 국가, 지방자치단체 및 「공공기관의 운영에 관한 법률」 제4조에 따른 공공기관으로 하여금 중소 공사업자의 참여 기회를 확대하거나 그 밖에 필요한 조치를 할 것을 요청할 수 있다. 이 경우 국가, 지방자치단체 및 공공기관은 특별한 사유가 없으면 이에 적극 협조하여야 한다.

제2절 도급 및 하도급

제25조(도급의 분리)

공사는「건설산업기본법」에 따른 건설공사 또는 「전기공사업법」에 따른 전기공사 등 다른 공사와 분리하여 도급하여야 한다. 다만, 공사의 성질상 또는 기술관리상 분리하

여 도급하는 것이 곤란한 경우로서 대통령령으로 정하는 경우에는 그러하지 아니하다.

☀ 도급(都給)

어떤 일의 완성을 부탁받은 자(수급인)가 일을 하기로 약정하고, 부탁한 자(도급인)가 그 일이 완성되면 보수(報酬)를 지급할 것을 약정함으로써 성립하는 계약(664조)이다. 도급계약은 쌍무계약, 유상계약에 속한다. 고용과 같이 노무의 제공 그 자체를 목적으로 하지 않고 노무를 가지고 어떤 일을 완성하는 것을 내용으로 하는 점에 특징이 있다. 토목공사나 건축의 경우가 보통인데, 치과의나 정형외과의(整形外科醫)의 수술이나 운송의 계약 등도 도급이다. 도급은 노무의 결과인 일의 완성을 목적으로 하는 것이므로 일은 반드시 수급인 자신이 할 필요는 없으며 금지의 특약이 없는 한 수급인은 다시 그 일을 제3자에게 도급할 수 있다. 이것을 하도급(下都給 : 下請)이라고 한다. 도급제도는 중소 건축업으로부터 토건(土建)·조선(造船) 등의 기업에 걸쳐서 광범하게 사회적 기능을 달성하고 있는데, 특히 토건업(土建業)의 도급관계는 노동관계의 근대화를 방해하고(下都給에 대한 중간착취), 또 수급인의 기술적 무능이나 해태(懈怠)가 도급인뿐만 아니라 일반공중의 안전에 관계가 깊다(건물의 안전확보, 漏電화재의 방지의 필요). 따라서 하도급관계에서 특별법인 '하도급거래공정화에 관한 법률'에 의해 중간착취의 배제(근기 8조)나 건설업법에 의한 도급의 통제시책(統制施策 : 건설업자의 면허제, 건설공사의 계약방식의 규제, 기술자의 수준확보의 조치 등)이 취하여지고 있다. 도급 계약에 의하여도 대리권이 발생할 수 있다.

☀ 하도급(下都給) :

대기업의 중소기업에 대한 대등하지 않은 외주(外注)관계. 대량생산공업이 발전하여 생산의 우회(迂廻)가 진전되면, 부품· 반제품의 수요가 늘어 공급자인 중소기업과 구매자인 대기업 간에 하도급 관계가 생긴다. 본래 대기업과 중소기업은 서로 사회적 분업을 보완하는 관계이나, 시장에서는 대기업의 매점· 독점이 되기 쉽다. 한편, 하도급 기업간의 경쟁이 격화함으로써 대기업의 계열 지배가 강화된다. 하청부(下請負)의 법률용어이다.

하청

대기업과 중소기업 간이나같은 중소기업간에 맺어진 하도급 거래관계 또는 생산분업관계. 오늘날 대부분의 산업에서 기업은 제품의 단명화·다양화·전문화·첨단화, 즉 다품종·소량생산이 심화됨에 따라 완제품의 일부 또는 부품·반제품의 제조 및 가공을, 나아가서는 노동과정의 일부분까지도 다른 기업에 위탁하는 것이 일반화되고 있다. 이 경우 위탁생산을 발주하는 기업을 도급기업(都給企業)이라 하고, 위탁생산을 수급(수주)받은 기업을 하도급기업(下都給企業) 또는 하청기업이라고 한다.

제26조(공사도급의 원칙 등)

① 공사도급의 당사자는 각기 대등한 입장에서 합의에 따라 공정하게 계약을 체결하고, 신의에 따라 성실하게 계약을 이행하여야 한다.

② 공사도급의 당사자는 그 계약을 체결할 때 도급금액, 공사기간, 그 밖에 대통령령으로 정하는 사항을 계약서에 명시하여야 하며, 서명 · 날인한 계약서를 서로 내주고 보관하여야 한다.

③ 수급인은 하수급인에게 하도급공사의 시공과 관련하여 자재구입처의 지정 등 하수급인에게 불리하다고 인정되는 행위를 강요하여서는 아니 된다.

④ 하도급에 관하여 이 법에서 규정하는 것을 제외하고는 「하도급거래 공정화에 관한 법률」의 해당 규정을 준용한다.

제27조(공사업에 관한 정보관리 등)

① 방송통신위원회는 공사에 필요한 자재 · 인력의 수급 상황 등 공사업에 관한 정보와 공사업자의 공사 종류별 실적, 자본금, 기술력 등에 관한 정보를 종합관리하여야 한다.

② 방송통신위원회는 공사업자의 신청을 받으면 대통령령으로 정하는 바에 따라 그 공사업자의 공사실적 · 자본금 · 기술력 및 공사품질의 신뢰도와 품질관리수준 등에 따라 시공능력을 평가하여 공시(公示)하여야 한다.

③ 제2항에 따른 시공능력평가를 신청하는 공사업자는 대통령령으로 정하는 바에 따라 공사실적, 자본금, 그 밖에 대통령령으로 정하는 사항에 관한 서류를 방송통신

위원회에 제출하여야 한다.

④ 방송통신위원회는 발주자 등이 제1항에 따라 종합관리하고 있는 정보의 제공을 요청하면 이에 대한 정보를 제공할 수 있다.

⑤ 제4항에 따라 제공할 수 있는 정보의 내용, 제공방법, 절차, 그 밖에 필요한 사항은 대통령령으로 정한다.

제28조 삭제

제29조(공사의 도급)

발주자는 공사를 공사업자에게 도급하여야 한다. 다만, 제3조 각 호의 어느 하나에 해당하는 경우에는 그러하지 아니하다.

제30조(수급자격의 추가제한 금지)

국가, 지방자치단체 또는 「공공기관의 운영에 관한 법률」 제4조에 따른 공공기관은 다른 법률에 특별한 규정이 있는 경우를 제외하고는 공사업자에 대하여 이 법에 규정된 것 외에 수급자격에 관한 등록을 하게 하거나 수급에 관한 제한을 하여서는 아니된다.

제31조(하도급의 제한 등)

① 공사업자는 도급받은 공사의 100분의 50을 초과하여 다른 공사업자에게 하도급을 하여서는 아니 된다. 다만, 다음 각 호의 어느 하나에 해당하는 경우에는 그러하지 아니하다.

그림 7.8 교환기를 통한 전송 시스템

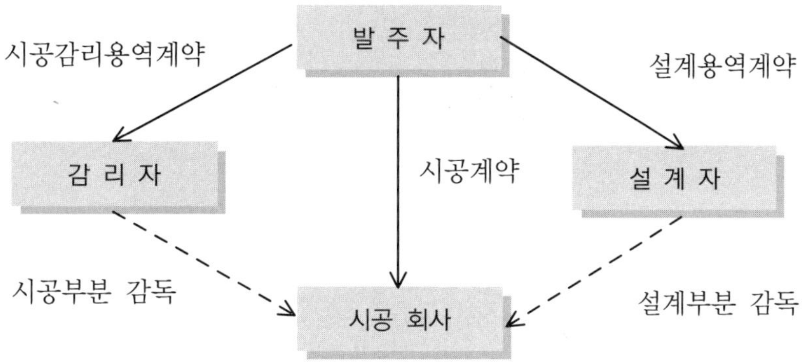

그림 7.9 일반공사계약의 실시체계

1. 발주자가 공사의 품질이나 시공상의 능력을 높이기 위하여 필요하다고 인정하는 경우
2. 공사에 사용되는 자재를 납품하는 공사업자가 그 납품한 자재를 설치하기 위하여 공사하는 경우

② 하수급인은 하도급받은 공사를 다른 공사업자에게 다시 하도급을 하여서는 아니 된다. 다만, 하도급금액의 100분의 50 미만에 해당하는 부분을 대통령령으로 정하는 범위에서 다시 하도급하는 경우에는 그러하지 아니하다.

③ 공사업자가 도급받은 공사 중 그 일부를 다른 공사업자에게 하도급하거나 하수급인이 하도급받은 공사 중 그 일부를 다른 공사업자에게 다시 하도급하려면 그 공사의 발주자로부터 서면으로 승낙을 받아야 한다.

④ 제1항에 따라 공사업자가 하도급할 수 있는 공사의 내용 및 범위 등은 대통령령으로 정한다.

제31조의2(하수급인 등의 지위)

① 하수급인은 하도급받은 공사를 시공할 경우 발주자에 대하여 수급인과 같은 의무를 진다.

② 제1항은 수급인과 하수급인 간의 법률관계에 영향을 미치지 아니한다.

제31조의3(하수급인의 의견청취)

수급인은 도급받은 공사를 시공할 때 하수급인이 있으면 하도급한 그 공사의 시공에

관한 공법 · 공정과 그 밖에 필요하다고 인정되는 사항에 관하여 미리 하수급인의 의견을 들어야 한다.

제31조의4(하도급대금의 지급 등)

① 수급인은 발주자로부터 도급받은 공사에 대한 준공금(준공김)을 받은 경우에는 하도급대금의 전부를, 기성금(기성김)을 받은 경우에는 하수급인이 시공한 부분에 상당한 금액을 각각 지급받은 날(수급인이 발주자로부터 공사대금을 어음으로 받은 경우에는 그 어음만기일을 말한다)부터 15일 이내에 하수급인에게 하도급대금을 현금으로 지급하여야 한다.

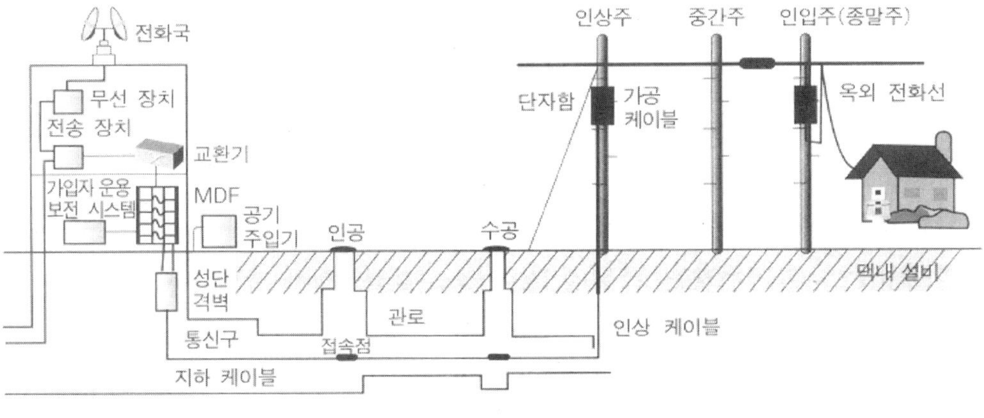

그림 7.10 통신시설망 구성도

② 수급인은 발주자로부터 선급금을 받은 경우에는 하수급인이 자재의 구입, 현장근로자의 고용, 그 밖에 하도급공사를 시작할 수 있도록 그가 받은 선급금의 내용과 비율에 따라 하수급인에게 선급금을 지급하여야 한다. 이 경우 수급인은 하수급인이 선급금을 반환하여야 할 경우에 대비하여 하수급인에게 보증을 요구할 수 있다.

③ 수급인은 하도급을 한 후 설계변경 또는 물가변동 등의 사정으로 도급금액이 조정되는 경우에는 조정된 공사금액과 비율에 따라 하수급인에게 하도급금액을 증액 또는 감액하여 지급할 수 있다.

제31조의5(하도급대금의 직접 지급)

① 발주자는 다음 각 호의 어느 하나에 해당하는 경우에는 하수급인이 시공한 부분에 해당하는 하도급대금을 하수급인에게 직접 지급할 수 있다. 이 경우 발주자가 수급인에게 대금을 지급할 채무는 하수급인에게 지급한 하도급대금의 한도에서 소멸한 것으로 본다.

1. 발주자와 수급인 간에 하도급대금을 하수급인에게 직접 지급할 수 있다는 뜻과 그 지급의 방법 · 절차를 명백히 하여 합의한 경우
2. 하수급인이 수급인을 상대로 그가 시공한 부분에 대한 하도급대금의 지급을 명하는 확정판결을 받은 경우
3. 수급인의 지급정지 · 파산 등으로 인하여 수급인이 하도급대금을 지급할 수 없는 명백한 사유가 있다고 발주자가 인정하는 경우

② 수급인은 제1항제3호에 해당하는 경우로서 하수급인에게 책임이 있는 사유로 자신이 피해를 입을 우려가 있다고 인정되는 경우에는 그 사유를 명시하여 발주자에게 하도급대금의 직접 지급을 중지할 것을 요청할 수 있다.

③ 제1항제3호에 따라 하도급대금을 직접 지급하는 경우의 지급방법과 그 절차는 대통령령으로 정한다.

제32조(하수급인의 변경요구)

① 발주자는 하수급인이 그 공사를 시공하면서 관계 법령을 위반하여 시공하거나 설계도서대로 시공하지 아니한다고 인정될 때에는 대통령령으로 정하는 바에 따라 그 사유를 명시하여 수급인에게 하수급인의 변경을 요구할 수 있다.

② 발주자는 수급인이 정당한 이유 없이 제1항의 요구에 따르지 아니하여 공사 결과에 중대한 영향을 미칠 우려가 있다고 인정하는 경우에는 공사에 관한 도급을 해지할 수 있다.

제3절 공사의 시공관리 및 사용전검사(使用前檢査)

제33조(정보통신기술자의 배치)

① 공사업자는 공사의 시공관리와 그 밖의 기술상의 관리를 하기 위하여 대통령령으로 정하는 바에 따라 공사 현장에 정보통신기술자 1명 이상을 배치하고, 이를 그 공사의 발주자에게 알려야 한다.

② 제1항에 따라 배치된 정보통신기술자는 해당 공사의 발주자의 승낙을 받지 아니하고는 정당한 사유 없이 그 공사 현장을 이탈하여서는 아니 된다.

③ 발주자는 제1항에 따라 배치된 정보통신기술자가 업무수행의 능력이 현저히 부족하다고 인정되는 경우에는 수급인에게 정보통신기술자의 교체를 요청할 수 있다. 이 경우 수급인은 정당한 사유가 없으면 이에 따라야 한다.

정보통신 산업기사 · 기사의 직무 수행

* 정보통신망에 관한 계획 및 운용, 정보의 검색 및 제공 등 정보통신에 관계되는 정보전송방식, 정보기기, 정보통신설비에 관한 사항
* 정보처리를 포함한 데이터 통신분야에서 컴퓨터 하드웨어와 연결된 정보통신 시스템 설계, 제작, 응용, 유지, 보수 및 관리 업무를 담당
* 정보통신설비의 공사설계, 감리, 설치 및 유지 · 보수 등 주로 기술적인 업무를 수행하며, 공사현장에 배치되어 시설 공법에 따라 설치하고, 공사에 따른 위험 및 장해가 발생하지 않도록 안전장치를 강구하는 업무 수행

제34조 삭제

제35조(공사업자의 손해배상책임)

① 공사업자는 고의 또는 과실로 인하여 공사의 시공관리를 부실하게 하여 타인에게 손해를 입힌 경우에는 그 손해를 배상할 책임이 있다.

② 공사업자는 제1항에 따른 손해가 발주자의 고의 또는 중대한 과실에 의하여 발생한 것일 때에는 발주자에 대하여 구상권(求償權)을 행사할 수 있다.

③ 수급인은 하수급인이 고의 또는 과실로 인하여 하도급받은 공사의 시공관리를 부실하게 하여 타인에게 손해를 입힌 경우에는 하수급인과 연대하여 그 손해를 배상할 책임이 있다.

④ 수급인은 제3항에 따라 손해를 배상한 경우에는 배상할 책임이 있는 하수급인에 대하여 구상권을 행사할 수 있다.

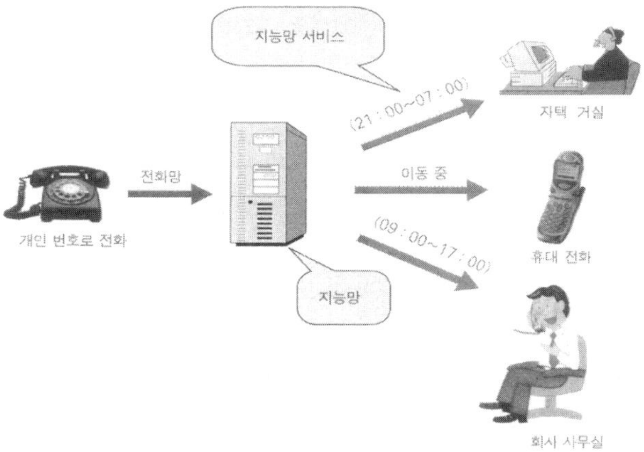

그림 7.11 지능망 서비스 시스템

제36조(공사의 사용전검사 등)

① 대통령령으로 정하는 공사를 발주한 자(자신의 공사를 스스로 시공한 공사업자 및 제3조제2호에 따라 자신의 공사를 스스로 시공한 자를 포함한다)는 해당 공사를 시작하기 전에 설계도를 특별자치도지사 · 시장 · 군수 · 구청장(자치구의 구청장을 말한다. 이하 같다)에게 제출하여 제6조에 따른 기술기준에 적합한지를 확인받아야 하며, 그 공사를 끝냈을 때에는 특별자치도지사 · 시장 · 군수 · 구청장의 사용전검사를 받고 정보통신설비를 사용하여야 한다.

② 제1항에 따른 착공 전 확인과 사용전검사의 절차 등은 대통령령으로 정한다.제37조(공사의 하자담보책임)

① 수급인은 발주자에 대하여 공사의 완공일부터 5년 이내의 범위에서 공사의 종류별로 대통령령으로 정하는 기간 내에 발생한 하자(瑕疵)에 대하여 담보책임이 있다.

② 수급인은 다음 각 호의 어느 하나의 사유로 발생한 하자에 대하여는 제1항에도 불구하고 담보책임이 없다. 다만, 수급인이 그 재료 또는 지시의 부적당함을 알고 발주자에게 고지(告知)하지 아니한 경우에는 담보책임이 있다.

1. 발주자가 제공한 재료의 품질이나 규격 등의 기준미달로 인한 경우
2. 발주자의 지시에 따라 시공한 경우

③ 공사에 관한 하자담보책임에 관하여 다른 법률(「민법」 제670조 및 제671조는 제외한다)에 특별한 규정이 있는 경우에는 그 법률에서 정한 바에 따른다.

제4장 정보통신기술자

제38조(정보통신기술인력의 양성 및 교육 등)

① 방송통신위원회는 정보통신기술자 등 정보통신기술인력의 효율적 활용 및 자질향상을 위하여 정보통신기술인력의 양성 및 인정교육훈련을 실시할 수 있다.

② 방송통신위원회는 정보통신기술인력을 안정적으로 공급하기 위하여 정보통신기술

인력의 양성기관을 지정하고, 이에 드는 비용을 「정보통신산업 진흥법」 제41조에 따른 정보통신진흥기금 등에서 지원할 수 있다.

③ 정보통신기술인력의 양성 및 교육 등에 필요한 사항은 대통령령으로 정한다.

제39조(정보통신기술자의 인정 등)

① 정보통신기술자로 인정을 받으려는 사람은 대통령령으로 정하는 바에 따라 방송통신위원회에 자격 인정을 신청하여야 한다.

② 방송통신위원회는 제1항에 따른 신청인이 대통령령으로 정하는 정보통신기술자의 자격에 해당하는 경우에는 정보통신기술자로 인정하여야 한다.

③ 방송통신위원회는 제1항에 따른 신청인을 정보통신기술자로 인정하면 정보통신기술자로서의 등급 및 경력 등에 관한 증명서(이하 "경력수첩"이라 한다)를 그 정보통신기술자에게 발급하여야 한다.

④ 제3항에 따른 경력수첩의 발급 및 관리에 필요한 사항은 대통령령으로 정한다.

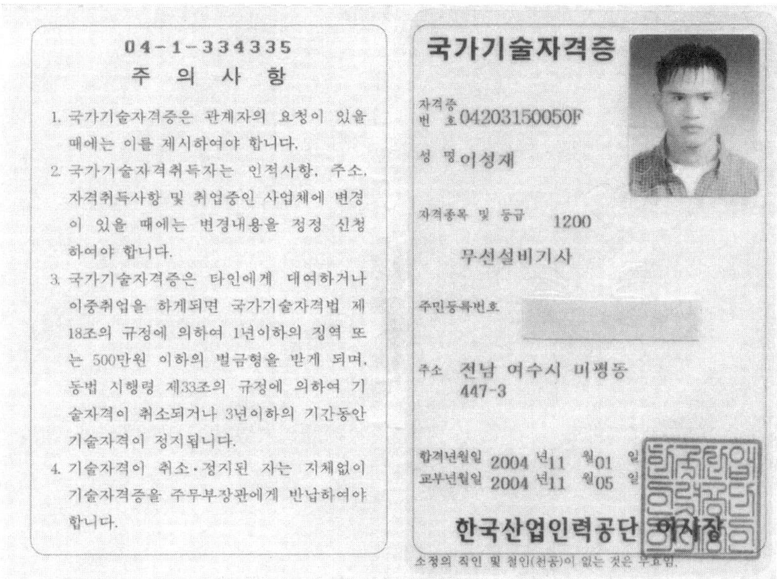
04-1-334335

주 의 사 항

1. 국가기술자격증은 관계자의 요청이 있을 때에는 이를 제시하여야 합니다.
2. 국가기술자격취득자는 인적사항, 주소, 자격취득사항 및 취업중인 사업체에 변경이 있을 때에는 변경내용을 정정 신청하여야 합니다.
3. 국가기술자격증은 타인에게 대여하거나 이중취업을 하게되면 국가기술자격법 제18조의 규정에 의하여 1년이하의 징역 또는 500만원 이하의 벌금형을 받게 되며, 동법 시행령 제33조의 규정에 의하여 기술자격이 취소되거나 3년이하의 기간동안 기술자격이 정지됩니다.
4. 기술자격이 취소·정지된 자는 지체없이 기술자격증을 주무부장관에게 반납하여야 합니다.

국가기술자격증

자격증 번호 04203150050F

성 명 이성재

자격종목 및 등급 1200

무선설비기사

주민등록번호

주소 전남 여수시 미평동 447-3

합격년월일 2004 년 11 월 01 일

교부년월일 2004 년 11 월 05 일

한국산업인력공단 이사장

소정의 직인 및 철인(천공)이 없는 것은 무효임.

그림 7.12 기사자격증의 예

제40조(정보통신기술자의 겸직 등의 금지)

① 정보통신기술자는 동시에 두 곳 이상의 공사업체에 종사할 수 없다.

② 정보통신기술자는 다른 사람에게 자기의 성명을 사용하여 용역 또는 공사를 하게 하거나 경력수첩을 빌려 주어서는 아니 된다.

제5장 공사 관련 단체

제41조(정보통신공사협회의 설립)

① 공사업자는 품위 유지, 기술 향상, 공사시공방법 개량, 그 밖에 공사업의 건전한 발전을 위하여 방송통신위원회의 인가를 받아 정보통신공사협회(이하 "협회"라 한다)를 설립할 수 있다.

② 협회는 법인으로 한다.

③ 협회의 설립 및 감독 등에 필요한 사항은 대통령령으로 정한다.

제42조(회원의 자격)

제14조제1항에 따라 공사업의 등록을 한 자는 협회에 가입할 수 있다.

제43조(건의)

협회는 공사의 적절한 시공과 공사업의 건전한 발전을 위하여 공사업에 관한 사항을 방송통신위원회에 건의할 수 있다.

제44조(「민법」의 준용)

협회에 관하여 이 법에 규정된 사항을 제외하고는 「민법」 중 사단법인에 관한 규정을 준용한다.

제45조(정보통신공제조합의 설립)

① 공사업자는 공사업자 간의 협동조직을 통하여 자율적인 경제활동을 도모하고, 공사업의 경영에 필요한 각종 보증과 자금융자 등을 하기 위하여 방송통신위원회의

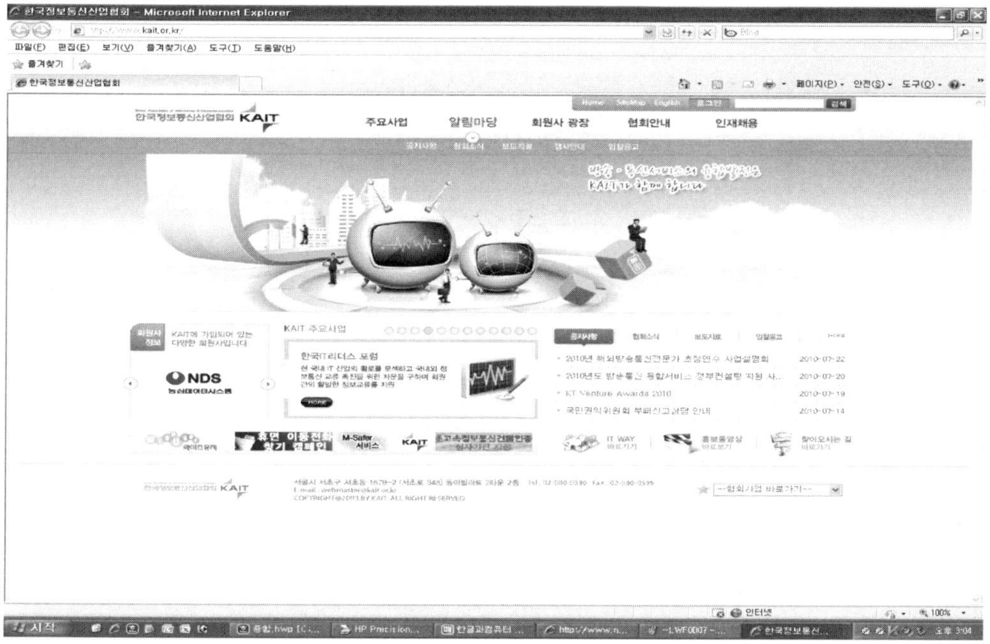

인가를 받아 정보통신공제조합(이하 "조합"이라 한다)을 설립할 수 있다.

② 조합은 법인으로 한다.

③ 조합의 설립 및 감독 등에 필요한 사항은 대통령령으로 정한다.

제46조(조합의 사업) 조합의 사업은 정관으로 정한다.

제47조(대리인의 선임)

조합은 임원 또는 직원 중에서 조합의 업무에 관한 재판상 또는 재판 외의 모든 행위를 할 수 있는 대리인을 선임(選任)할 수 있다.

제48조(지분의 양도 등)

① 현재 조합원이거나 조합원이었던 자는 정관으로 정하는 바에 따라 그 지분을 다른 조합원이나 조합원이 되려는 자에게 양도할 수 있다.

② 제1항에 따라 지분을 양수한 자는 그 지분에 관한 양도인의 권리·의무를 승계한다.

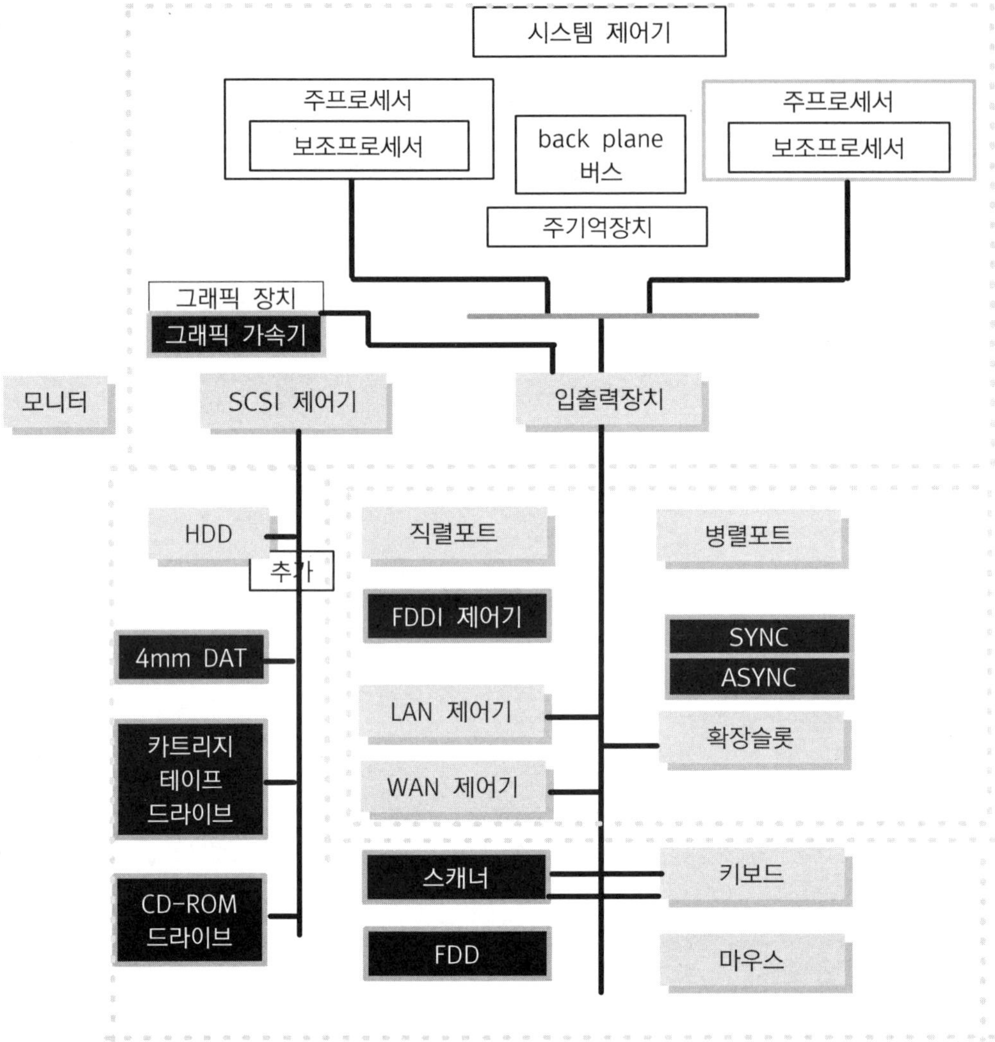

그림 7.13 서버용 워크스테이션의 하드웨어 구성도

③ 지분의 양도 및 질권설정(조합에 대한 채무의 담보로 제공되는 경우만 해당한다)은 「상법」에 따른 기명주식(記名株式)의 양도 및 질권설정의 방법에 따른다.

④ 민사집행절차나 국세의 체납처분절차 등에 따른 지분의 가압류 또는 압류는 「민사집행법」에 따른 지시채권(指示債券)의 가압류 또는 압류 방법에 따른다.

제49조(조합의 지분 취득 등)

① 조합은 다음 각 호의 어느 하나에 해당하는 사유가 있으면 조합원이거나 조합원이었던 자의 지분을 취득할 수 있다. 다만, 제1호 또는 제3호에 해당하는 경우에는 반드시 그 지분을 취득하여야 한다.

1. 출자금을 감소하려는 경우
2. 조합원에 대하여 가지는 담보권을 행사하기 위하여 필요한 경우
3. 탈퇴하는 조합원이 자기 출자액을 회수하기 위하여 조합에 지분의 양수를 요구한 경우
4. 조합원이 탈퇴한 후 2년이 지난 경우
5. 준비금 출자전입(出資轉入) 시 단좌(端坐)가 발생한 경우

② 조합은 제1항제1호에 따라 지분을 취득하였을 때에는 지체 없이 출자금의 감소절차를 밟아야 하며, 같은 항 제2호부터 제5호까지의 어느 하나에 해당하는 이유로 지분을 취득하였을 때에는 지체 없이 지분을 처분하여야 한다.

③ 조합은 제1항에 따라 지분을 취득하면 현재 조합원이거나 조합원이었던 자에게 지급하여야 할 금액을 지체 없이 지급하여야 한다.

④ 제1항에 따라 조합의 지분취득에 따라 조합원이거나 조합원이었던 자가 가지는 청산금 청구권은 그 지분을 취득한 날부터 5년간 행사하지 아니하면 시효(時效)로 소멸한다.

제50조(조합의 책임)

① 조합은 그가 보증한 사항에 관하여 법령이나 그 밖의 계약서 등으로 정하는 바에 따라 보증금을 지급할 사유가 발생하면 그 보증금을 보증채권자에게 지급하여야 한다.

② 제1항에 따라 보증채권자가 조합에 대하여 가지는 보증금에 관한 권리는 보증기

간 만료일부터 5년간 행사하지 아니하면 시효로 소멸한다.

제51조(다른 법률의 준용)

조합에 관하여 이 법에 규정된 것을 제외하고는 「민법」 중 사단법인에 관한 규정 및 「상법」 중 주식회사의 계산에 관한 규정을 준용한다.

제6장 삭제

제52조 삭제 제53조 삭제 제54조 삭제 제55조 삭제 제56조 삭제
제57조 삭제 제58조 삭제 제59조 삭제 제60조 삭제 제61조 삭제
제62조 삭제

제7장 감독

제63조(공사업자의 지도 · 감독 등)

① 시 · 도지사는 등록기준에 적합한지, 하도급이 적절한지, 성실하게 시공하는지 등을 판단하기 위하여 필요하다고 인정하면 공사업자에게 그 업무 및 시공 상황에 관하여 보고하게 하거나 자료의 제출을 명할 수 있으며, 소속 공무원으로 하여금 공사업자의 경영실태를 조사하게 하거나 공사자재 또는 시설을 검사하게 할 수 있다.

② 제1항에 따른 조사 또는 검사를 하는 공무원은 그 권한을 표시하는 증표를 지니고 이를 관계인에게 내보여야 한다.

③ 시 · 도지사는 필요하다고 인정하면 정보통신공사의 발주자, 감리원, 그 밖에 정보통신공사 관계 기관에 정보통신공사의 시공 상황에 관한 자료의 제출을 요구할 수 있다.

감독

일이나 사람 따위가 잘못되지 아니하도록 살피어 단속함. 또는 그렇게 하는 사람.

감리(원)

공사(「건축사법」 제4조에 따른 건축물의 건축등은 제외한다)의 감리에 관한 기술 또는 기능을 가진 사람으로서 제8조에 따라 방송통신위원회의 인정을 받은 사람을 말한다.

감리의 목적은 회계법인의 공정한 감사 수행을 유도하는 데 있으며, 여기서 외부감사를 받아야 하는 대상은 자산이 70억 원이 넘는 기업이다.

유형별로는 일반감리·특별감리·수시감리의 세 종류가 있다. 일반감리는 매년 2회 무작위로 기업을 선정하여 이루어지고, 특별감리는 중대한 분식회계나 부실감사의 정보가 있는 회사 및 법정관리 신청회사를 대상으로 실시하며, 수시감리는 기업공개 예정회사를 대상으로 이루어진다.

통신분야에서 감리원은 예를 들면 엔지니어링회사에서 인천국제공항, 고속철도/지하철, 각 지자체의 U-CITY/ITS/BIS, 유비쿼터스, 여수세계박람회 등의 다양한 분야에서 정보통신 및 정보시스템 구축 책임감리를 수행하여 완벽한 품질관리와 공정관리 및 안전관리업무를 체계적으로 수행하는 것을 말한다.

제64조(감리원의 업무정지)

방송통신위원회는 감리원이 제8조제6항을 위반하여 다른 사람에게 자기의 성명을 사용하여 감리업무를 수행하게 하거나 자격증을 빌려 준 경우에는 1년 이내의 기간을 정하여 그 업무의 정지를 명할 수 있다.

제64조의2(감리원의 인정취소)

방송통신위원회는 다음 각 호의 어느 하나에 해당하는 사람에 대하여는 감리원의 인정을 취소하여야 한다.

1. 거짓이나 그 밖의 부정한 방법으로 제8조제4항에 따른 감리원자격을 인정받은 사람
2. 「국가기술자격법」 제16조제1항에 따라 해당 국가기술자격이 취소된 사람

제65조(시정명령 등)

시·도지사는 공사업자가 다음 각 호의 어느 하나에 해당하면 기간을 정하여 그 시정을 명하거나 그 밖에 필요한 지시를 할 수 있다.

1. 제12조를 위반하여 공사를 한 경우
2. 제31조를 위반하여 하도급을 한 경우

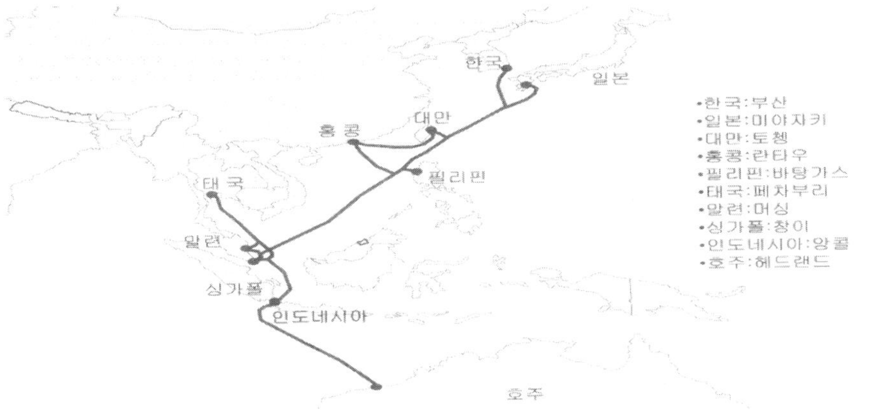

그림 7.14 우리나라의 해저광케이블망

3. 제31조의4를 위반하여 하수급인에게 대금을 지급하지 아니한 경우
4. 제33조제1항에 따른 정보통신기술자를 배치하지 아니한 경우
5. 「전기통신기본법」 등 관계 법령을 위반하여 시공함으로써 공사를 부실하게 할 우려가 있는 경우
6. 정당한 사유 없이 도급받은 공사를 이행하지 아니한 경우

제66조(영업정지와 등록취소)

시 · 도지사는 공사업자가 다음 각 호의 어느 하나에 해당하게 되면 1년 이내의 기간을 정하여 영업정지를 명하거나 등록취소를 할 수 있다. 다만, 제1호 · 제2호 · 제5호 · 제7호 또는 제13호에 해당하는 경우에는 등록취소를 하여야 한다.

1. 부정한 방법으로 제14조제1항에 따른 공사업의 등록을 한 경우
2. 제14조제2항에 따른 등록기준에 관한 사항을 거짓으로 신고한 경우
3. 제14조제2항에 따른 등록기준에 관한 사항을 대통령령으로 정하는 기간 이내에 신고하지 아니한 경우
4. 제15조에 따른 등록기준에 미달하게 된 경우
5. 공사업자가 제16조 각 호의 어느 하나에 해당하게 된 경우. 다만, 같은 조 제7호에 해당하는 법인의 경우에는 그 사유가 있음을 안 날부터 3개월 이내에 그

임원을 바꾸어 선임한 경우와 제21조제1항에 따른 상속인이 상속을 받은 날부터 3개월 이내에 해당 공사업을 타인에게 양도한 경우에는 그러하지 아니하다.

6. 제23조에 따른 신고 또는 폐업신고를 하지 아니하거나 거짓으로 신고한 경우
7. 제24조를 위반하여 타인에게 등록증이나 등록수첩을 빌려 주거나 타인의 등록증이나 등록수첩을 빌려서 사용한 경우
8. 제27조제3항을 위반하여 공사실적, 자본금, 그 밖에 대통령령으로 정하는 사항에 관한 서류를 거짓으로 제출한 경우
9. 제31조를 위반하여 하도급을 한 경우
10. 제33조제1항에 따른 정보통신기술자를 공사 현장에 배치하지 아니한 경우
11. 제65조에 따른 시정명령 또는 지시를 위반한 경우
12. 「전기통신기본법」 등 관계 법령을 위반하여 부실하게 공사를 시공한 경우
13. 영업정지처분을 위반하거나 최근 5년간 3회 이상 영업정지처분을 받은 경우
14. 다른 법령에 따라 국가 또는 지방자치단체가 영업정지와 등록취소를 요구한 경우
15. 이 법 또는 이 법에 따른 명령을 위반한 경우

제67조(이해관계인에 의한 제재의 요구)

공사업자에게 제65조 및 제66조에 해당하는 사항이 있을 때 이해관계인은 시·도지사에게 그 사유를 신고하고, 공사업자에 대하여 적절한 조치를 할 것을 요구할 수 있다.

제68조(정보통신기술자의 업무정지)

방송통신위원회는 정보통신기술자가 다음 각 호의 어느 하나에 해당하게 되면 1년 이내의 기간을 정하여 그 업무의 정지를 명할 수 있다.

1. 제40조제1항을 위반하여 동시에 두 곳 이상의 공사업체에 종사한 경우
2. 제40조제2항을 위반하여 다른 사람에게 자기의 성명을 사용하여 용역 또는 공사를 하게 하거나 경력수첩을 빌려 준 경우

제68조의2(정보통신기술자의 인정취소)

방송통신위원회는 다음 각 호의 어느 하나에 해당하는 사람에 대하여는 정보통신기술자의 인정을 취소하여야 한다.

1. 거짓이나 그 밖의 부정한 방법으로 제39조제2항에 따른 정보통신기술자의 자격을 인정받은 사람
2. 「국가기술자격법」 제16조제1항에 따라 해당 국가기술자격이 취소된 사람

제68조의3(청문)

방송통신위원회 또는 시·도지사는 다음 각 호의 어느 하나에 해당하는 처분을 하려면 청문을 하여야 한다.

1. 제64조의2에 따른 감리원의 인정취소
2. 제66조에 따른 등록의 취소
3. 제68조의2에 따른 정보통신기술자의 인정취소

청문

행정기관이 규칙제정이나 행정처분 또는 재결(裁決) 등을 행하는데 그 필요성·타당성을 판단하기 위하여 상대방·이해관계인·증인·감정인 등의 변명이나 의견 등을 청취하고 증거를 제출하게 함으로써 사실을 조사하는 절차이다. 원래 미국행정법상에서 발달한 행정절차제도이다. 유럽에서도 제2차 세계대전 전에 오스트리아에서 행정절차법이 제도화된 일이 있고, 전후에 독일에서도 제도화되었으나, 기타 나라에서는 부분적으로 도입되고 있다.

1990년대 초 국가에서 21세기 국가의 정보 통신 분야의 주요 '정보 고속 도로 구축' 전략은 국가 기간망의 고도화를 위한 것이었으나, 이를 위해서는 가입자망의 고속화 또한 필수적인 사항이었다. 즉, 큰 도시를 연결하는 고속 도로만 넓어졌다고 해서 최종 사용자에게 물자 수송이 빨라지는 것이 아니고, 고속 도로 끝에서 사용자의 집 앞까지의 간선 도로도 고속 도로만큼은 아니지만 충분히 넓어져야 대형 물자의 수송이 가능해지는 것과 같다.

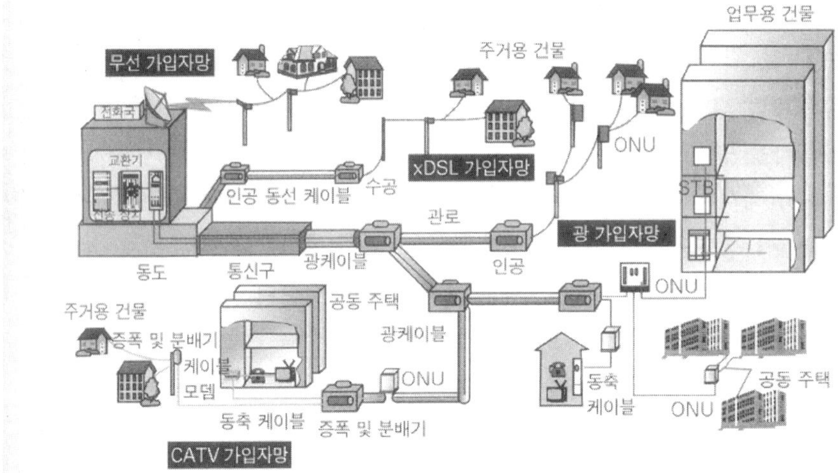

다양한 가입자망의 고속화 통신망

초고속 정보 통신망을 실현하기 위한 최종적인 가입자망은가입자의 댁내 인입점까지 광케이블을 제공하는 FTTH(fiber to the home)이었으나, 이와 같은 정보 통신 서비스 망의 구축에는 막대한 투자와 시간이 필요하다.

제8장 보칙

제69조(권한의 위임 및 위탁)

① 이 법에 따른 방송통신위원회의 권한은 그 일부를 대통령령으로 정하는 바에 따라 그 소속 기관의 장 또는 체신청장에게 위임 · 위탁할 수 있다.

② 방송통신위원회 또는 시 · 도지사는 이 법에 따른 다음 각 호의 업무를 대통령령으로 정하는 바에 따라 협회에 위탁할 수 있다.

1. 제8조제3항부터 제5항까지의 규정에 따른 감리원의 인정신청접수 · 인정 및 자격증 발급 · 관리에 관한 업무
2. 제23조제1항에 따른 신고에 관한 업무
3. 제27조에 따른 정보의 종합관리, 시공능력평가 및 공시, 정보의 제공에 관한 업무
4. 제39조제1항부터 제3항까지의 규정에 따른 정보통신기술자의 인정신청접수 · 인정 및 경력수첩의 발급 · 관리에 관한 업무
5. 제64조의2에 따른 감리원의 인정취소에 관한 업무
6. 제68조의2에 따른 정보통신기술자의 인정취소에 관한 업무
7. 제68조의3제1호 및 제3호에 따른 청문에 관한 업무

사업명	위 치	사업 대상 가로시설물	비 고
박람회장 주진입로변 가로시설물 제작·구매·설치	여수·순천경계 ~ 박람회장	버스승강장, 가로등, 볼라드, 휴지통, 보행자 보호펜스, 분전함, 교통제어함, 정보지함 등	

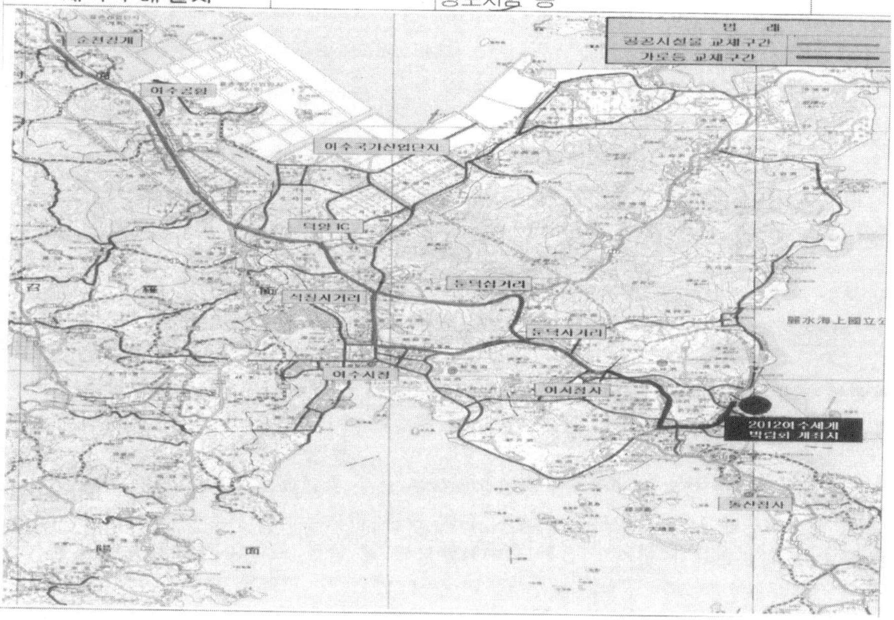

그림 7.15 여수박람회장 진입로 설계

③ 방송통신위원회는 제38조제1항에 따른 정보통신기술인력의 양성 및 인정교육훈련에 관한 업무를 협회 또는 방송통신위원회가 지정 · 고시하는 정보통신기술인력의 양성기관에 위탁할 수 있다.

제70조(비밀준수의 의무)

다음 각 호의 어느 하나에 해당하는 사람은 특별한 사유가 없으면 직무상 알게 된 용역업자 및 공사업자의 재산 및 업무 상황을 누설하여서는 아니 된다.

1. 이 법에 따른 등록 · 신고 또는 감독사무에 종사하는 공무원 또는 공무원이었던 사람
2. 제69조제2항 및 제3항에 따른 위탁사무에 종사하는 사람 또는 종사하였던 사람

제71조(벌칙 적용에서의 공무원 의제)

제69조제2항 및 제3항에 따른 위탁사무에 종사하는 사람은 「형법」 제129조부터 제132조까지를 적용할 때에는 공무원으로 본다.

제71조의2(노임에 대한 압류의 금지)

① 공사업자가 도급받은 공사의 도급금액 중 그 공사(하도급한 공사를 포함한다)의 근로자에게 지급하여야 할 노임에 상당하는 금액에 대하여는 압류할 수 없다.

② 제1항에 따른 노임에 상당하는 금액의 범위와 산정방법은 대통령령으로 정한다.

제72조(등록 등의 공고)

시 · 도지사는 다음 각 호의 어느 하나에 해당하는 경우에는 대통령령으로 정하는 바에 따라 그 내용을 공고하여야 한다.

1. 공사업의 등록을 한 경우
2. 공사업의 양도 및 법인합병의 신고를 받은 경우
3. 공사업의 상속으로 대표자가 변경된 경우
4. 공사업의 등록을 취소하거나 영업의 정지처분을 한 경우

제72조의2(공사업 현황 등의 보고)

① 방송통신위원회는 시 · 도지사에게 제63조에 따른 지도 · 감독의 결과에 대한 보고

를 요구할 수 있다.

② 시 · 도지사는 대통령령으로 정하는 바에 따라 제14조에 따른 공사업의 등록 현황을 방송통신위원회에 보고하여야 한다.

③ 특별자치도지사 · 시장 · 군수 · 구청장은 대통령령으로 정하는 바에 따라 제36조에 따른 사용전검사의 현황을 방송통신위원회에 보고하여야 한다.

제73조(수수료)

다음 각 호의 어느 하나에 해당하는 자는 대통령령으로 정하는 바에 따라 수수료를 납부하여야 한다.

1. 제8조제3항에 따른 감리원의 인정을 받으려는 사람
2. 제14조제1항에 따라 공사업의 등록을 신청하는 자
3. 제14조제3항에 따른 등록증 및 등록수첩의 재발급을 신청하는 자
4. 제27조제2항에 따라 시공능력의 평가를 받으려는 자와 같은 조 제4항에 따라 정보의 제공을 받으려는 자
5. 제36조제1항에 따라 공사의 사용전검사를 신청하는 자
6. 제39조제1항에 따른 정보통신기술자의 인정을 받으려는 사람

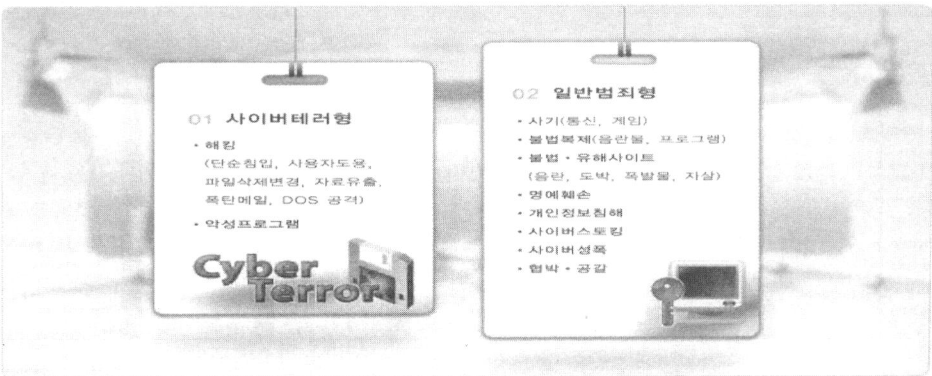

그림 7.16 사이버 범죄의 형태(출처 : 경찰청)

제9장 벌칙

제74조(벌칙)

다음 각 호의 어느 하나에 해당하는 자는 3년 이하의 징역 또는 2천만원 이하의 벌금에 처한다.

1. 제12조를 위반하여 공사와 감리를 함께 한 자
2. 제14조제1항에 따른 등록을 하지 아니하거나 부정한 방법으로 등록을 하고 공사업을 경영한 자
3. 제17조제1항에 따른 신고를 하지 아니하거나 부정한 방법으로 신고를 하고 공사업을 경영한 자
4. 제24조를 위반하여 타인에게 등록증이나 등록수첩을 빌려 준 자 또는 타인의 등록증이나 등록수첩을 빌려서 사용한 자
5. 제66조에 따른 영업정지처분을 받고 그 영업정지기간 중에 영업을 한 자

제75조(벌칙)

다음 각 호의 어느 하나에 해당하는 자는 1년 이하의 징역 또는 1천만원 이하의 벌금에 처한다.

1. 제8조제2항에 따른 감리원이 아닌 사람에게 감리를 하게 한 자
2. 제8조제6항을 위반하여 다른 사람에게 자기의 성명을 사용하여 감리업무를 수행하게 하거나 자격증을 빌려 준 사람 또는 다른 사람의 성명을 사용하여 감리업무를 하거나 다른 사람의 자격증을 빌려서 사용한 사람
3. 제31조제1항 또는 제2항을 위반하여 하도급을 한 자
4. 제36조제1항에 따른 착공 전 확인을 받지 아니하고 공사를 시작하거나 사용전검사를 받지 아니하고 정보통신설비를 사용한 자
5. 제40조제2항을 위반하여 경력수첩을 빌려 준 사람 또는 다른 사람의 경력수첩을 빌려서 사용한 사람

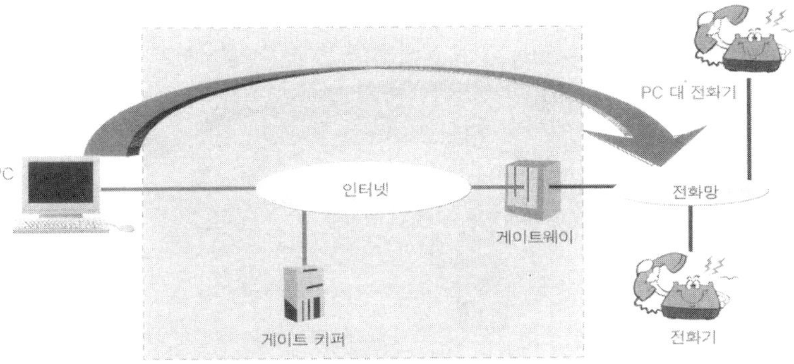

그림 7.17 인터넷을 이용한 전화 통화 시스템

제76조(벌칙)

다음 각 호의 어느 하나에 해당하는 자는 500만원 이하의 벌금에 처한다.

1. 제6조에 따른 기술기준을 위반하여 설계 또는 감리를 한 자
2. 제7조제1항을 위반하여 발주한 자
3. 제8조제1항을 위반하여 발주한 자
4. 제25조를 위반하여 분리하여 도급하지 아니한 자
5. 제29조를 위반하여 공사업자가 아닌 자에게 도급한 자
6. 제33조제1항에 따른 정보통신기술자를 공사현장에 배치하지 아니한 자

벌칙

국가 또는지방자치단체의 법규에서 그 법규위반 행위에 대한 제재(制裁)로서 형벌이나 행정벌을 과할 것을 정하는 규정.

제77조(양벌규정)

법인의 대표자나 법인 또는 개인의 대리인, 사용인, 그 밖의 종업원이 그 법인 또는 개인의 업무에 관하여 제74조부터 제76조까지의 어느 하나에 해당하는 위반행위를 하면

그 행위자를 벌하는 외에 그 법인 또는 개인에게도 해당 조문의 벌금형을 과(科)한다. 다만, 법인 또는 개인이 그 위반행위를 방지하기 위하여 해당 업무에 관하여 상당한 주의와 감독을 게을리하지 아니한 경우에는 그러하지 아니하다.

☀ 양벌규정

쌍벌규정(雙罰規定)이라고도 한다. 법인의 대표자나 법인 또는 개인의 대리인·사용인 및 기타의 종업원이 법인 또는 개인의 업무에 관하여 위법행위를 한 때에 행위자를 처벌하는 외에 그 법인 또는 개인도 처벌하는 규정을 말하며, 행정법규의 실효성을 확보하기 위하여 인정된다. 종래에는 위법행위에 대하여 그 행위의 효과의 귀속주체만을 처벌하는 전가규정(轉嫁規定)이 많았으나, 최근에는 양벌규정이 많아지고 있다

제78조(과태료)

① 다음 각 호의 어느 하나에 해당하는 자에게는 300만원 이하의 과태료를 부과한다.

1. 제7조제2항을 위반하여 설계도서에 서명 또는 기명날인하지 아니한 자
2. 거짓이나 그 밖의 부정한 방법으로 제8조제5항에 따른 감리원의 자격증을 발급받은 사람

3. 제11조에 따른 감리 결과의 통보를 하지 아니한 자
4. 제23조에 따른 신고 또는 폐업신고를 하지 아니하거나 거짓으로 신고한 자
5. 제27조제3항을 위반하여 공사실적, 자본금, 그 밖에 대통령령으로 정하는 사항에 관한 서류를 거짓으로 제출한 자
6. 제33조제2항을 위반하여 정당한 사유 없이 그 공사의 현장을 이탈한 사람
7. 거짓이나 그 밖의 부정한 방법으로 제39조제3항에 따른 정보통신기술자의 경력수첩을 발급받은 사람
8. 제40조제1항을 위반하여 동시에 두 곳 이상의 공사업체에 종사한 사람
9. 제63조제1항에 따른 조사 또는 검사를 거부·방해 또는 기피하거나 자료 제출 또는 보고를 거짓으로 한 자

② 다음 각 호의 어느 하나에 해당하는 자에게는 100만원 이하의 과태료를 부과한다.

1. 제22조제2항에 따른 통지를 하지 아니한 자
2. 제63조제1항에 따른 자료를 제출하지 아니하거나 보고를 하지 아니한 자

③ 제1항 및 제2항에 따른 과태료는 대통령령으로 정하는 바에 따라 방송통신위원회 또는 시·도지사가 부과·징수한다.

☀ 과태료

벌금이나 과료(科料)와 달리 형벌의 성질을 가지지 않는 법령위반에 대하여 과해지는 금전벌(金錢罰).

연습문제

1. 전기 통신 공사업법의 목적과 정의에 대하여 설명하시오.
2. 전기 통신 공사업법의 공사의 제한에 대하여 설명하시오.
3. 전기 통신 공사업법의 공사의 설계와 감리에 대하여 설명하시오.
4. 전기 통신 공사업법의 등록기준과 결격사유에 대하여 설명하시오.
5. 전기 통신 공사업법의 도급 및 하도급에 대해서 설명하시오.
6. 전기 통신 공사업법의 정보통신 기술사의 배치에 대해서 설명하시오.
7. 전기 통신 공사업법의 정보통신협회의 역할에 대해서 설명하시오.
8. 전기 통신 공사업법의 감독, 감리(원)에 대하여 설명하시오.
9. 전기 통신 공사업법의 벌칙, 양벌규정, 과태료에 대하여 설명하시오.

객관식 문제

1. 정보통신공사업의 제정취지로 틀린 것은?
   가. 정보통신공사업의 경영과 감독
   나. 정보통신공사의 적정한 시공
   다. 정보통신공사업의 건전한 발전도모
   라. 정보통신공사의 조사, 설계, 시공, 감리, 유지관리, 기술 관리 등에 관한 기본적 사항

2. 다음 중 정보통신공사의 종류가 아닌 것은?
   가. 통신설비공사
   나. 방송설비공사
   다. 정보통신공사
   라. 정보통신공사와 공동발주된 건설 및 토목공사

3. 다음 중 통신설비공사에 해당하지 않는 것은?
   가. 전화국의 구내보수공사
   나. 선로설비공사
   다. 교환설비공사
   라. 전송설비공사

4. 다음 중 정보설비공사가 아닌 것은?
   가. 정보 제어 보안설비공사
   나. 전자적 방식에 의한 사이렌 설비공사
   다. 정보매체설비공사
   라. 정보망설비공사

5. 다음 중 공사업자 이외의 자가 시공할 수 없는 공사는?
   가. 간이무선국의 설치 공사
   나. 아마추어국 및 실험국의 무선 설비 설치 공사
   다. 건축물에 설치하는 공동 시청 안테나 시설의 설치 공사
   라 연면적 1,000[㎡] 이하 건축물의 구내방송, 자가유선방송, CCTV의 설비공사

6. 정보통신공사업의 등록기준 사항이 아닌 것은?
   가. 기술능력
   나. 자본금
   다. 시공능력평가서
   라. 사무실 (작업실)

7. 정보통신공사업의 등록신청은 누구에게 신청하여야 하는가?
   가. 정보통신공사협회
   나. 정보통신공제조합
   다. 전파연구소장
   라. 관할 체신청장

8. 정보통신공사의 하도급을 올바르게 설명한 것은?
   가. 수급한 공사를 일괄하여 제3자에게 하도급할 수 없다.
   나. 하도급을 하고자 할 때에는 도급자의 서면 승낙을 얻지 않는다.
   다. 하수급인은 하도급된 공사를 다시 제3자에게 하도급 할수 있다.
   라. 하도급의 경우 완성된 목적물에 하자가 있는 경우 수급인만 도급인에게 대하여 책임을 지며 하수인은 연대 책임이 없다.

9. 정보화의 기반 구축을 위하여 공사업의 설계, 감리제도가 필요하며 이에 해당사항 이 아닌것은?

가. 설계업 및 감리업은 엔지니어링 활동 주체로 과학기술부장관에게 신고한 자
나. 정보통신부장관으로부터 공사업의 등록을 받은 자
다. 기술사법에 의한 기술사사무소개서를 신고한 기술사가 담당
라. 설계 및 감리 대상인 공사의 범위 · 설계도서의 보관, 감리원의 자격 및 업무범위는 대통령령으로 한다.

10. 토지 등의 사용에 관하여 틀리게 기술된 것은?
가. 사유의 토지를 사용하는 경우에는 소유자와 사전 협의를 해야 한다.
나. 토지 등의 사용 출입시 발생하는 손실을 보상하여야 한다.
다. 전기 통신 업무 이용에 제공하기 이하여 토지 등을 사용한 경우 사용료를 지급하지 않는다.
라. 도로법에 의한 국공유의 토지 등을 사용시는 그 소관청의 허가를 받아야 한다.

11. 자가 통신 설비를 그 설치 목적과 다르게 특례적으로 사용할 수 있는 경우가 아닌 것은?
가. 타인의 통신을 매개하기 위하여 특별히 필요한 때
나. 경찰, 재해구조에 종사하는 자로 하여금 치안 유지를 위해 사용할 때
다. 긴급한 재해구조를 위해서 사용하게 되는 경우
라. 자가 통신 설비의 설치자와 업무상 특수한 관계가 있는 자 간에 사용하는 경우로 방송통신위원장이 고시하는 경우

12. 기간 통신 사업자가 국 · 유의 토지, 영조물 또는 공유수면에 선로 등을 설치 또는 부설하고자 하는 때에는 원칙적으로 어떻게 하는가?(단, 도로법에 의한 도로와 하천법에 의한 하천의 사용은 제외)
가. 소관청에 미리 신고하여야 한다.
나. 소관청의 허가를 받아야 한다.
다. 방송통신위원장은 허가를 받아야 한다.
라. 건설 교통부 장관은 허가를 받아야 한다.

13. 전기 통신 설비의 설치 또는 보수에 종사하는 자가 설치 또는 보수 공사를 하기 위하여 타인의 주택 구내에 출입하려면 어떻게 해야 하는가?
   가. 마음대로 출입할 수 있다.
   나. 거주자의 승낙을 얻은 후 들어가야 한다.
   다. 거주자에게 통고만 하면 들어갈 수 있다.
   라. 소유자에게 일단 통보한 후 들어가야 한다.

14. 수저 선로의 보호 구역 내에서 할 수 있는 행위는?
   가. 수산물의 채취
   나. 어로 작업
   다. 선박의 계류
   라. 해안 보전 시설 공사

15. 토지에의 출입을 정당한 사유없이 거부 방해하거나 장해물 등의 이전, 개조, 수리, 기타의 조치 및 식물의 제거 요구를 정당한 사유없이 거부 방해한 자는?
   가. 1,000만원 이하 벌금
   나. 2,000만원 이하 벌금
   다. 500만원 이하 벌금
   라. 300만원 이하 벌금

정답 : 1.가 2.라 3.가 4.나 5.다 6.다 7.라 8.가 9. 나 10.다 11.가 12.가 13.나 14.라 15.가

위치정보의 보호 및 이용 등에 관한 법률

8

제1장 총칙

제1조 (목적)

이 법은 위치정보의 유출·오용 및 남용으로부터 사생활의 비밀 등을 보호하고 위치정보의 안전한 이용환경을 조성하여 위치정보의 이용을 활성화함으로써 국민생활의 향상과 공공복리의 증진에 이바지함을 목적으로 한다.

제2조 (정의)

이 법에서 사용하는 용어의 정의는 다음과 같다.

1. "위치정보"라 함은 이동성이 있는 물건 또는 개인이 특정한 시간에 존재하거나 존재하였던 장소에 관한 정보로서 전기통신기본법 제2조제2호 및 제3호의 규정에 따른 전기통신설비 및 전기통신회선설비를 이용하여 수집된 것을 말한다.
2. "개인위치정보"라 함은 특정 개인의 위치정보(위치정보만으로는 특정 개인의 위치를 알 수 없는 경우에도 다른 정보와 용이하게 결합하여 특정 개인의 위치를 알수 있는 것을 포함한다)를 말한다.
3. "개인위치정보주체"라 함은 개인위치정보에 의하여 식별되는 자를 말한다.
4. "위치정보 수집사실 확인자료"라 함은 위치정보의 수집요청인, 수집일시 및 수집방법에 관한 자료(위치정보를 제외한다)를 말한다.
5. "위치정보 이용·제공사실 확인자료"라 함은 위치정보를 제공받는 자, 취득경로, 이용·제공일시 및 이용·제공방법에 관한 자료(위치정보를 제외한다)를 말한다.

그림 8.1 GPS 단말기

6. "위치정보사업"이라 함은 위치정보를 수집하여 위치기반서비스사업자에게 제공하는 것을 사업으로 영위하는 것을 말한다.
7. "위치기반서비스사업"이라 함은 위치정보를 이용한 서비스(이하 "위치기반서비스"라 한다)를 제공하는 것을 사업으로 영위하는 것을 말한다.
8. "위치정보시스템"이라 함은 위치정보사업 및 위치기반서비스사업을 위하여 정보통신망이용촉진및정보보호등에관한법률 제2조제1항제1호의 규정에 의한 정보통신망을 통하여 위치정보를 수집·저장·분석·이용 및 제공할 수 있도록 서로 유기적으로 연계된 컴퓨터의 하드웨어, 소프트웨어, 데이터베이스 및 인적자원의 결합체를 말한다.

제3조 (위치정보의 보호 및 이용 등을 위한 시책의 강구)

방송통신위원회는 관계중앙행정기관의 장과 협의를 거쳐 위치정보의 안전한 보호와 건전한 이용 등을 위하여 다음 각호의 사항이 포함되는 시책을 마련하여야 한다.

1. 위치정보의 보호 및 이용 등을 위한 시책의 기본방향
2. 위치정보의 보호에 관한 사항
3. 공공목적을 위한 위치정보의 이용에 관한 사항
4. 위치정보사업 및 위치기반서비스사업과 관련된 기술개발 및 표준화에 관한 사항
5. 위치정보사업 및 위치기반서비스사업의 안전성 및 신뢰성 향상에 관한 사항

6. 위치정보사업 및 위치기반서비스사업의 품질개선 및 품질평가 등에 관한 사항
7. 그 밖에 위치정보의 보호 및 이용 등을 위하여 필요한 사항

제4조 (다른 법률과의 관계)

위치정보의 수집, 저장, 보호 및 이용 등에 관하여 다른 법률에 특별한 규정이 있는 경우를 제외하고는 이 법이 정하는 바에 의한다.

제2장 위치정보사업의 허가 등

제5조 (위치정보사업의 허가 등)

① 위치정보사업을 하고자 하는 자는 상호, 주된 사무소의 소재지, 위치정보사업의 종류 및 내용, 위치정보시스템을 포함한 사업용 주요 설비 등에 대하여 대통령령으로 정하는 바에 따라 방송통신위원회의 허가를 받아야 한다.

② 삭제

③ 방송통신위원회가 제1항의 규정에 의한 허가를 함에 있어서는 다음 각호의 사항을 종합적으로 심사하여야 한다.

1. 위치정보사업계획의 타당성
2. 개인위치정보 보호 관련 기술적·관리적 조치계획
3. 위치정보사업 관련 설비규모의 적정성
4. 재정 및 기술적 능력
5. 그 밖에 사업수행에 필요한 사항

④ 방송통신위원회는 제1항의 규정에 의하여 허가를 하는 경우에는 위치정보의 정확성·신뢰성 제고, 공정경쟁 또는 개인위치정보의 보호를 위한 연구·개발에 필요한 조건을 붙일 수 있다.

⑤ 제1항의 규정에 의한 허가의 대상자는 법인에 한한다.

⑥ 제1항의 규정에 의한 허가의 신청요령·절차 등에 관한 사항 및 제3항의 규정에

의한 심사사항별 세부심사기준은 대통령령으로 정한다.

⑦ 제1항에 따라 위치정보사업의 허가를 받은 자(이하 "위치정보사업자"라 한다)가 허가를 받은 사항 중 위치정보시스템을 변경(그 변경으로 개인위치정보 보호를 위한 기술적 수준이 허가받은 때보다 저하되는 경우에 한한다)하려는 경우에는 대통령령으로 정하는 바에 따라 방송통신위원회의 변경허가를 받아야 하고, 상호 또는 주된 사무소의 소재지를 변경하려는 경우에는 방송통신위원회에 변경신고를 하여야 한다.

제6조 (임원의 결격사유)

① 다음 각호의 1에 해당하는 자는 위치정보사업자의 임원이 될 수 없다.

1. 미성년자·금치산자 또는 한정치산자
2. 파산자로서 복권되지 아니한 자
3. 이 법, 정보통신망이용촉진및정보보호등에관한법률, 전기통신기본법, 전기통신사업법 또는 전파법을 위반하여 금고 이상의 실형을 선고받고 그 집행이 종료(집행이 종료된 것으로 보는 경우를 포함한다)되거나 집행이 면제된 날부터 3년이 경과되지 아니한 자
4. 이 법, 정보통신망이용촉진및정보보호등에관한법률, 전기통신기본법, 전기통신사업법 또는 전파법을 위반하여 금고 이상의 형의 집행유예를 선고받고 그 유예기간 중에 있는 자
5. 이 법, 정보통신망이용촉진및정보보호등에관한법률, 전기통신기본법, 전기통신사업법 또는 전파법을 위반하여 벌금형을 선고받고 3년이 경과되지 아니한 자
6. 제13조제1항의 규정에 의한 허가의 취소처분 또는 사업의 폐지명령을 받은 후 3년이 경과되지 아니한 자. 이 경우 법인인 때에는 허가취소 또는 사업폐지명령의 원인이 된 행위를 한 자와 그 대표자를 말한다.

② 임원이 제1항 각호의 1에 해당하게 되거나 선임 당시 그에 해당하는 자임이 판명된 때에는 당연히 퇴직한다.

③ 제2항의 규정에 의하여 퇴직한 임원이 퇴직 전에 관여한 행위는 그 효력을 잃지 아니한다.

제7조 (위치정보사업의 양수 및 법인의 합병 등)

① 위치정보사업자의 사업의 전부 또는 일부를 양수하거나 위치정보사업자인 법인의 합병·분할(분할합병을 포함한다. 이하 같다)을 하고자 하는 자는 대통령령이 정하는 바에 의하여 방송통신위원회의 인가를 받아야 한다.

② 제1항의 규정에 의하여 인가를 받은 양수인 또는 합병·분할에 의하여 설립되거나 합병·분할 후 존속하는 법인은 양도인 또는 합병·분할 전의 법인의 위치정보사업자로서의 지위를 각각 승계한다.

제8조 (위치정보사업의 휴지 · 폐지 등)

① 위치정보사업자가 사업의 전부 또는 일부를 휴지하고자 하는 때에는 휴지기간을 정하여 방송통신위원회의 승인을 얻어 휴지하고자 하는 날의 30일 전까지 이를 개인위치정보주체에게 통보하여야 한다. 이 경우 휴지기간은 6월을 초과할 수 없으며, 휴지와 동시에 개인위치정보(사업의 일부를 휴지하는 경우에는 휴지하는 사업의 개인위치정보에 한한다)를 파기하여야 한다.

② 위치정보사업자가 사업의 전부 또는 일부를 폐지하고자 하는 때에는 방송통신위원회의 승인을 얻어 폐지하고자 하는 날의 30일 전까지 이를 개인위치정보주체에게 통보하고, 폐지와 동시에 개인위치정보 및 위치정보 수집사실 확인자료(사업의 일부를 폐지하는 경우에는 폐지하는 사업의 개인위치정보 및 위치정보 수집사실 확인자료에 한한다)를 파기하여야 한다.

③ 제1항 및 제2항의 규정에 의한 위치정보사업의 휴지 또는 폐지의 승인 및 개인위치정보 등의 파기 등에 관하여 필요한 사항은 대통령령으로 정한다.

제9조 (위치기반서비스사업의 신고)

① 위치기반서비스사업을 하고자 하는 자는 상호, 주된 사무소의 소재지, 사업의 종류, 위치정보시스템을 포함한 사업용 주요 설비 등에 대하여 대통령령으로 정하는 바에 따라 방송통신위원회에 신고하여야 한다.

② 제13조제1항의 규정에 의한 사업의 폐지명령을 받은 후 1년이 경과하지 아니한 자(법인인 경우에는 그 대표자를 포함한다)는 제1항의 규정에 의한 사업의 신고를 할 수 없다.

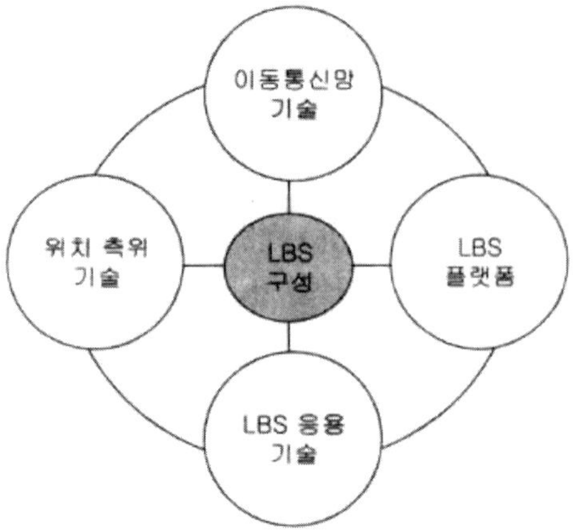

그림 8.2 위치 기반 서비스의 구성도

③ 제1항에 따라 위치기반서비스사업의 신고를 한 자(이하 "위치기반서비스사업자"라 한다)가 그 신고한 사항 중 상호, 주된 사무소의 소재지 또는 위치정보시스템을 변경(변경으로 인하여 개인위치정보 보호를 위한 기술적 수준이 신고한 때보다 저하되는 경우에 한한다)하고자 하는 때에는 대통령령이 정하는 바에 따라 방송통신위원회에 변경신고를 하여야 한다.

④ 위치정보사업자가 제5조제1항에 따른 허가를 신청할 당시 위치기반서비스사업의 신고에 필요한 서류를 첨부한 경우에는 제9조제1항에 따른 위치기반서비스사업의 신고를 한 것으로 본다.

제10조 (위치기반서비스사업의 양수 및 법인의 합병 등)

① 위치기반서비스사업자의 사업의 전부 또는 일부의 양수, 상속 또는 위치기반서비스사업자인 법인의 합병·분할이 있는 경우에는 그 사업의 양수인, 상속인 또는 합병·분할에 의하여 설립되거나 합병·분할 후 존속하는 법인은 대통령령이 정하는 바에 의하여 방송통신위원회에 신고하여야 한다.

② 제1항의 규정에 의하여 신고한 양수인, 상속인 또는 합병·분할에 의하여 설립되거나 합병·분할 후 존속하는 법인은 양도인, 피상속인 또는 합병·분할 전의 법인의 위치기반서비스사업자로서의 지위를 각각 승계한다.

제11조 (위치기반서비스사업의 휴지 · 폐지 등)

① 위치기반서비스사업자가 사업의 전부 또는 일부를 휴지하고자 하는 때에는 휴지기간을 정하여 휴지하고자 하는 날의 30일 전까지 이를 개인위치정보주체에게 통보하고 방송통신위원회에 신고하여야 한다. 이 경우 휴지기간은 6월을 초과할 수없으며, 휴지와 동시에 개인위치정보(사업의 일부를 휴지하는 경우에는 휴지하는 사업의 개인위치정보에 한한다)를 파기하여야 한다.

② 위치기반서비스사업자가 사업의 전부 또는 일부를 폐지하고자 하는 때에는 폐지하고자 하는 날의 30일 전까지 이를 개인위치정보주체에게 통보하고 방송통신위원회에 신고하여야 한다. 이 경우 폐지와 동시에 개인위치정보 및 위치정보 이용·제공사실 확인자료(사업의 일부를 폐지하는 경우에는 폐지하는 사업의 개인위치정보 및 위치정보 이용·제공사실 확인자료에 한한다)를 파기하여야 한다.

③ 제1항 및 제2항의 규정에 의한 위치기반서비스사업의 휴지 또는 폐지의 신고 및 개인위치정보 등의 파기 등에 관하여 필요한 사항은 대통령령으로 정한다.

제12조 (이용약관의 신고 등)

① 위치정보사업자 및 위치기반서비스사업자(이하 "위치정보사업자등"이라 한다)는 그가 제공하고자 하는 위치정보의 수집, 이용 및 제공에 관한 요금 및 조건 등(이하 "이용약관"이라 한다)을 정하여 방송통신위원회에 신고하여야 한다. 이를 변경하고자 하는 때에도 또한 같다.

② 방송통신위원회는 위치정보사업자등의 이용약관이 개인위치정보의 보호, 공정경쟁 또는 공공이익을 침해할 우려가 있다고 판단되는 경우에는 위치정보사업자등에게 이용약관의 변경을 명할 수 있다.

제13조 (허가의 취소 및 사업의 폐지 · 정지 등)

① 방송통신위원회는 위치정보사업자 등이 다음 각호의 1에 해당하는 때에는 허가 또는 인가의 취소, 사업의 폐지 또는 6월 이내의 범위에서 기간을 정하여 사업의 전부 또는 일부의 정지(이하 "사업의 정지"라 한다)를 명할 수 있다. 다만, 제1호에 해당하는 때에는 허가 또는 인가를 취소하거나 사업의 폐지를 명하여야 한다.

1. 속임수 그 밖의 부정한 방법으로 제5조제1항·제7항 또는 제7조제1항의 규정에 의

한 허가·변경허가 또는 인가를 받거나 제9조제1항의 규정에 의한 신고를 한 때

2. 제8조제1항 또는 제11조제1항의 규정에 의한 휴지기간 경과 후 정당한 사유없이 사업을 개시하지 아니한 때
3. 위치정보의 수집 관련 설비 또는 위치정보 보호 관련 기술적·관리적 조치에 중대한 변경이 발생하여 서비스를 지속적으로 제공할 수 없게 된 때
4. 제16조제1항의 규정에 따른 관리적 조치와 기술적 조치 또는 같은 조 제2항의 규정에 따른 위치정보 수집사실 확인자료 및 위치정보 이용·제공사실 확인자료(이하 "위치정보 수집·이용·제공사실 확인자료"라 한다)의 보존조치를 취하지 아니한 때
5. 제18조제1항 또는 제19조제1항의 규정을 위반하여 이용약관에 명시하지 아니하거나 동의를 받지 아니하고 위치정보를 수집·이용 또는 제공한 때
6. 제18조제2항 또는 제19조제4항의 규정을 위반하여 동의의 범위를 넘어 개인위치 정보를 수집·이용 또는 제공한 때
7. 제21조의 규정을 위반하여 이용약관에 명시하거나 고지한 범위를 넘어 개인위치정보를 이용하거나 제3자에게 제공한 때

② 제1항의 규정에 의한 행정처분의 세부적인 기준은 그 위반행위의 유형과 위반의 정도 등을 참작하여 대통령령으로 정한다.

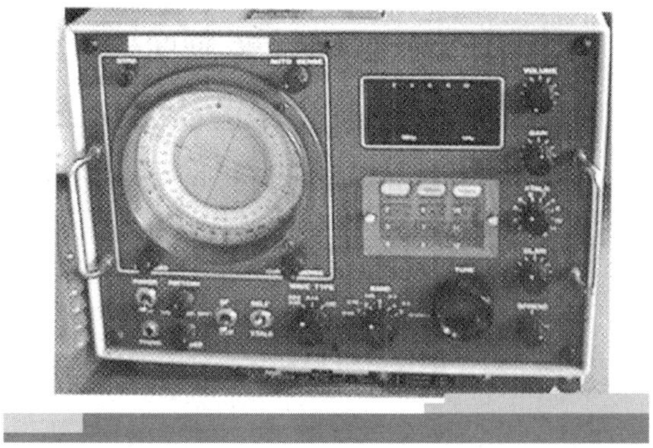

그림 8.3 무선 방위 측정기

제14조 (과징금의 부과 등)

① 방송통신위원회는 제13조제1항의 규정에 의한 사업의 정지가 개인위치정보주체의 이익을 현저히 저해할 우려가 있는 경우에는 사업의 정지명령 대신 위치정보사업 또는 위치기반서비스사업 매출액의 100분의 3 이하의 과징금을 부과할 수 있다.

② 제1항의 규정에 의한 매출액의 산정 등 과징금을 부과하는 기준 및 절차에 관하여 필요한 사항은 대통령령으로 정한다.

③ 방송통신위원회는 제1항의 규정에 의한 과징금을 납부하여야 할 자가 납부기한 이내에 이를 납부하지 아니한 때에는 체납된 과징금에 대하여 납부기한의 다음날부터 연 100분의 8 범위 안에서 대통령령이 정하는 비율의 가산금을 징수한다.

④ 방송통신위원회는 과징금납부의무자가 납부기한 이내에 과징금을 납부하지 아니한 때에는 기간을 정하여 독촉을 하고, 그 지정한 기간 이내에 과징금 및 제3항의 규정에 의한 가산금을 납부하지 아니한 때에는 국세체납처분의 예에 따라 이를 징수한다.

제3장 위치정보의 보호

제1절 통칙

제15조 (위치정보의 수집 등의 금지)

① 누구든지 개인 또는 소유자의 동의를 얻지 아니하고 당해 개인 또는 이동성이 있는 물건의 위치정보를 수집·이용 또는 제공하여서는 아니된다. 다만, 제29조의 규정에 의한 긴급구조기관의 긴급구조 또는 경보발송 요청이 있거나 다른 법률에 특별한 규정이 있는 경우에는 그러하지 아니하다.

② 누구든지 타인의 정보통신기기를 복제하거나 정보를 도용하는 등의 방법으로 위치정보사업자등을 속여 타인의 개인위치정보를 제공받아서는 아니된다.

③ 위치정보를 수집할 수 있는 장치가 부착된 물건을 대여하는 자는 위치정보 수집

장치가 부착된 사실을 대여받는 자에게 고지하여야 한다.

제16조 (위치정보의 보호조치 등)

① 위치정보사업자등은 위치정보의 누출, 변조, 훼손 등을 방지하기 위하여 위치정보의 취급·관리 지침을 제정하거나 접근권한자를 지정하는 등의 관리적 조치와 방화벽의 설치나 암호화 소프트웨어의 활용 등의 기술적 조치를 하여야 한다. 이 경우 관리적 조치와 기술적 조치의 구체적 내용은 대통령령으로 정한다.

② 위치정보사업자등은 위치정보 수집·이용·제공사실 확인자료를 위치정보시스템에 자동으로 기록되고 보존되도록 하여야 한다.

③ 방송통신위원회는 위치정보를 보호하고 오용·남용을 방지하기 위하여 소속 공무원으로 하여금 제1항의 규정에 의한 기술적·관리적 조치의 내용과 제2항의 규정에 의한 기록의 보존실태를 대통령령이 정하는 바에 의하여 점검하게 할 수 있다.

④ 제3항의 규정에 의하여 보존실태를 점검하는 공무원은 그 권한을 표시하는 증표를 지니고 이를 관계인에게 내보여야 한다.

제17조 (위치정보의 누설 등의 금지)

위치정보사업자등과 그 종업원이거나 종업원이었던 자는 직무상 알게 된 위치정보를 누설·변조·훼손 또는 공개하여서는 아니된다.

제2절 개인위치정보의 보호

제18조 (개인위치정보의 수집)

① 위치정보사업자가 개인위치정보를 수집하고자 하는 경우에는 미리 다음 각호의 내용을 이용약관에 명시한 후 개인위치정보주체의 동의를 얻어야 한다.

1. 위치정보사업자의 상호, 주소, 전화번호 그 밖의 연락처
2. 개인위치정보주체 및 법정대리인(제25조제1항의 규정에 의하여 법정대리인의 동의를 얻어야 하는 경우에 한한다)의 권리와 그 행사방법
3. 위치정보사업자가 위치기반서비스사업자에게 제공하고자 하는 서비스의 내용
4. 위치정보 수집사실 확인자료의 보유근거 및 보유기간

5. 그 밖에 개인위치정보의 보호를 위하여 필요한 사항으로서 대통령령이 정하는 사항

② 개인위치정보주체는 제1항의 규정에 의한 동의를 하는 경우 개인위치정보의 수집의 범위 및 이용약관의 내용 중 일부에 대하여 동의를 유보할 수 있다.

③ 위치정보사업자가 개인위치정보를 수집하는 경우에는 수집목적을 달성하기 위하여 필요한 최소한의 정보를 수집하여야 한다.

제19조 (개인위치정보의 이용 또는 제공)

① 위치기반서비스사업자가 개인위치정보를 이용하여 서비스를 제공하고자 하는 경우에는 미리 다음 각호의 내용을 이용약관에 명시한 후 개인위치정보주체의 동의를 얻어야 한다.

1. 위치기반서비스사업자의 상호, 주소, 전화번호 그 밖의 연락처
2. 개인위치정보주체 및 법정대리인(제25조제1항의 규정에 의하여 법정대리인의 동의를 얻어야 하는 경우에 한한다)의 권리와 그 행사방법
3. 위치기반서비스사업자가 제공하고자 하는 위치기반서비스의 내용
4. 위치정보 이용·제공사실 확인자료의 보유근거 및 보유기간
5. 그 밖에 개인위치정보의 보호를 위하여 필요한 사항으로서 대통령령이 정하는 사항

② 위치기반서비스사업자가 개인위치정보를 개인위치정보주체가 지정하는 제3자에게 제공하는 서비스를 하고자 하는 경우에는 제1항 각호의 내용을 이용약관에 명시한 후 제공받는 자 및 제공목적을 개인위치정보주체에게 고지하고 동의를 얻어야 한다.

③ 제2항의 규정에 의하여 위치기반서비스사업자가 개인위치정보를 개인위치정보주체가 지정하는 제3자에게 제공하는 경우에는 매회 개인위치정보주체에게 제공받는 자, 제공일시 및 제공목적을 즉시 통보하여야 한다.

④ 개인위치정보주체는 제1항 및 제2항의 규정에 의한 동의를 하는 경우 개인위치정보의 이용·제공목적, 제공받는 자의 범위 및 위치기반서비스의 일부에 대하여 동의를 유보할 수 있다.

제20조 (위치정보사업자의 개인위치정보 제공 등)

① 제19조제1항 또는 제2항의 규정에 의하여 개인위치정보주체의 동의를 얻은 위치기반서비스사업자는 제19조제1항 또는 제2항의 이용 또는 제공목적을 달성하기 위하여 해당 개인위치정보를 수집한 위치정보사업자에게 해당 개인위치정보의 제공을 요청할 수 있다. 이 경우 위치정보사업자는 정당한 사유없이 제공을 거절하여서는 아니된다.

② 제1항의 규정에 의하여 위치정보사업자가 위치기반서비스사업자에게 개인위치정보를 제공하는 절차 및 방법에 대하여는 대통령령으로 정한다.

제21조 (개인위치정보 등의 이용 · 제공의 제한 등)

위치정보사업자등은 개인위치정보주체의 동의가 있거나 다음 각호의 1에 해당하는 경우를 제외하고는 개인위치정보 또는 위치정보 수집·이용·제공사실 확인자료를 제18조제1항 및 제19조제1항·제2항에 의하여 이용약관에 명시 또는 고지한 범위를 넘어 이용하거나 제3자에게 제공하여서는 아니된다.

1. 위치정보 및 위치기반서비스 등의 제공에 따른 요금정산을 위하여 위치정보 수집·이용·제공사실 확인자료가 필요한 경우
2. 통계작성, 학술연구 또는 시장조사를 위하여 특정 개인을 알아볼 수 없는 형태로 가공하여 제공하는 경우

제22조 (사업의 양도 등의 통지)

위치정보사업자등으로부터 사업의 전부 또는 일부의 양도·합병 또는 상속 등(이하 "양도등"이라 한다)으로 그 권리와 의무를 이전받은 자는 30일 이내에 다음 각호의 사항을 대통령령이 정하는 바에 의하여 개인위치정보주체에게 통지하여야 한다.

1. 사업의 전부 또는 일부의 양도등의 사실
2. 위치정보사업자등의 권리와 의무를 승계한 자의 성명, 주소, 전화번호 그 밖의 연락처
3. 그 밖에 개인위치정보 보호를 위하여 필요한 사항으로서 대통령령이 정하는 사항

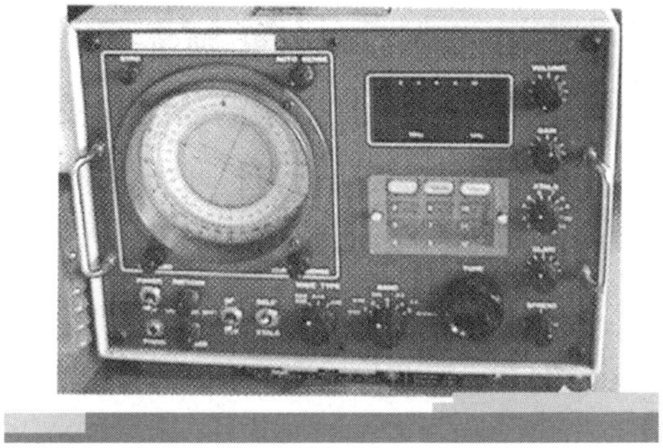

그림 8.4 방향 탐지기

제23조 (개인위치정보의 파기 등)

위치정보사업자등은 개인위치정보의 수집, 이용 또는 제공목적을 달성한 때에는 제16조 제2항의 규정에 의하여 기록·보존하여야 하는 위치정보 수집·이용·제공사실 확인자료 외의 개인위치정보는 즉시 파기하여야 한다.

제3절 개인위치정보주체 등의 권리

제24조 (개인위치정보주체의 권리 등)

① 개인위치정보주체는 위치정보사업자등에 대하여 언제든지 제18조제1항 및 제19조제1항·제2항의 규정에 의한 동의의 전부 또는 일부를 철회할 수 있다.

② 개인위치정보주체는 위치정보사업자등에 대하여 언제든지 개인위치정보의 수집, 이용 또는 제공의 일시적인 중지를 요구할 수 있다. 이 경우 위치정보사업자등은 요구를 거절하여서는 아니되며, 이를 위한 기술적 수단을 갖추어야 한다.

③ 개인위치정보주체는 위치정보사업자등에 대하여 다음 각호의 1의 자료 등의 열람 또는 고지를 요구할 수 있고, 당해 자료 등에 오류가 있는 경우에는 그 정정을 요구할 수 있다. 이 경우 위치정보사업자등은 정당한 사유없이 요구를 거절하여

서는 아니된다.

1. 본인에 대한 위치정보 수집·이용·제공사실 확인자료
2. 본인의 개인위치정보가 이 법 또는 다른 법률의 규정에 의하여 제3자에게 제공된 이유 및 내용

④ 위치정보사업자등은 개인위치정보주체가 제1항의 규정에 의하여 동의의 전부 또는 일부를 철회한 경우에는 지체없이 수집된 개인위치정보 및 위치정보 수집·이용·제공사실 확인자료(동의의 일부를 철회하는 경우에는 철회하는 부분의 개인위치정보 및 위치정보 이용·제공사실 확인자료에 한한다)를 파기하여야 한다.

제25조 (법정대리인의 권리)

① 위치정보사업자등이 14세 미만의 아동으로부터 제18조제1항, 제19조제1항·제2항 또는 제21조의 규정에 의하여 개인위치정보를 수집·이용 또는 제공하고자 하는 경우에는 그 법정대리인의 동의를 얻어야 한다.

② 제18조제2항·제19조제4항 및 제24조의 규정은 제1항의 규정에 의하여 법정대리인이 동의를 하는 경우에 이를 준용한다. 이 경우 "개인위치정보주체"는 "법정대리인"으로 본다.

제26조 (8세 이하의 아동등의 보호를 위한 위치정보 이용)

① 다음 각호의 1에 해당하는 자(이하 "8세 이하의 아동등"이라 한다)의 보호의무자가 8세 이하의 아동등의 생명 또는 신체의 보호를 위하여 8세 이하의 아동등의 개인위치정보의 수집·이용 또는 제공에 동의하는 경우에는 본인의 동의가 있는 것으로 본다.

1. 8세 이하의 아동
2. 금치산자
3. 장애인복지법 제2조제2항제2호의 규정에 의한 정신적 장애를 가진 자로서 장애인고용촉진및직업재활법 제2조제2호의 규정에 의한 중증장애인에 해당하는 자(「장애인복지법」 제32조의 규정에 의하여 장애인등록을 한 자에 한한다)

② 제1항의 규정에 의한 8세 이하의 아동등의 보호의무자는 8세 이하의 아동등을 사실상 보호하는 자로서 다음 각호의 1에 해당하는 자를 말한다.

1. 8세 이하의 아동의 법정대리인 또는 보호시설에있는미성년자의후견직무에관한법률 제3조의 규정에 의한 후견인
2. 금치산자의 법정대리인
3. 제1항제3호의 자의 법정대리인 또는「장애인복지법」제58조제1항제1호의 규정에 의한 장애인생활시설(국가 또는 지방자치단체가 설치·운영하는 시설에 한한다)의 장, 정신보건법 제3조제4호의 규정에 의한 정신질환자사회복귀시설(국가 또는 지방자치단체가 설치·운영하는 시설에 한한다)의 장, 정신보건법 제3조제5호의 규정에 의한 정신요양시설의 장

③ 제1항의 규정에 의한 동의의 요건은 대통령령으로 정한다.

④ 제18조 내지 제22조 및 제24조의 규정은 제2항의 규정에 의하여 보호의무자가 동의를 하는 경우에 이를 준용한다. 이 경우 "개인위치정보주체"는 "보호의무자"로 본다.

제27조 (손해배상)

개인위치정보주체는 위치정보사업자등의 제15조 내지 제26조의 규정을 위반한 행위로 손해를 입은 경우에 그 위치정보사업자등에 대하여 손해배상을 청구할 수 있다. 이 경우 그 위치정보사업자등은 고의 또는 과실이 없음을 입증하지 아니하면 책임을 면할 수 없다.

제28조 (분쟁의 조정 등)

① 위치정보사업자 또는 위치기반서비스사업자는 위치정보와 관련된 분쟁에 대하여 당사자간 협의가 이루어지지 아니하거나 협의를 할 수 없는 경우에는 방송통신위원회에 재정을 신청할 수 있다.

② 위치정보사업자등과 이용자는 위치정보와 관련된 분쟁에 대하여 당사자간 협의가 이루어지지 아니하거나 협의를 할 수 없는 경우에는「정보통신망이용촉진 및 정보보호등에 관한 법률」제33조의 규정에 의한 개인정보분쟁조정위원회에 조정을 신청할 수 있다.

제4장 긴급구조를 위한 개인위치정보 이용

제29조 (긴급구조를 위한 개인위치정보의 이용)

① 「재난 및 안전관리 기본법」 제3조제7항의 규정에 따른 긴급구조기관(이하 "긴급구조기관"이라 한다)은 급박한 위험으로부터 생명·신체를 보호하기 위하여 개인위치정보주체, 개인위치정보주체의 배우자, 2촌 이내의 친족 또는 「민법」 제928조의 규정에 따른 후견인(이하 "배우자등"이라 한다)의 긴급구조요청이 있는 경우 긴급구조 상황 여부를 판단하여 위치정보사업자에게 개인위치정보의 제공을 요청할 수 있다. 이 경우 배우자등은 긴급구조 외의 목적으로 긴급구조요청을 하여서는 아니된다.

② 제1항의 규정에 의한 개인위치정보주체 또는 배우자등의 긴급구조요청은 공공질서의 유지와 공익증진을 위하여 부여된 대통령령이 정하는 특수번호 전화서비스를 통한 호출에 한한다.

③ 제1항의 요청을 받은 위치정보사업자는 그 개인위치정보주체의 동의없이 개인위치정보를 수집할 수 있으며, 개인위치정보주체의 동의가 없음을 이유로 긴급구조기관의 요청을 거부하여서는 아니된다.

④ 위치정보사업자는 제1항의 규정에 의하여 개인위치정보를 긴급구조기관에게 제공하는 경우 개인위치정보의 제공사실을 당해 개인위치정보주체에게 즉시 통보하여야 한다.

⑤ 긴급구조기관은 태풍, 호우, 화재, 화생방사고 등 재난 또는 재해의 위험지역 안에 위치한 개인위치정보주체에게 생명 또는 신체의 위험을 경보하기 위하여 대통령령이 정하는 바에 의하여 위치정보사업자에게 경보발송을 요청할 수 있으며, 요청을 받은 위치정보사업자는 위험지역 안에 위치한 개인위치정보주체의 동의가 없음을 이유로 경보발송을 거부하여서는 아니된다.

⑥ 긴급구조기관과 긴급구조업무에 종사하거나 종사하였던 자는 긴급구조 목적으로 제공받은 개인위치정보를 긴급구조 외의 목적에 사용하여서는 아니된다.

⑦ 제1항의 규정에 의한 긴급구조요청, 제5항의 규정에 의한 경보발송의 방법 및 절차에 관하여 필요한 사항은 대통령령으로 정한다.

제30조 (개인위치정보의 요청 및 방식)

① 긴급구조기관은 제29조제1항의 규정에 의하여 위치정보사업자에게 개인위치정보를 요청할 경우 위치정보시스템을 통한 방식으로 요청하여야 하며, 위치정보사업자는 긴급구조기관으로부터 요청을 받아 개인위치정보를 제공하는 경우 위치정보시스템을 통한 방식으로 제공하여야 한다.

② 제1항의 규정에 의한 긴급구조기관의 요청에 관하여 필요한 사항은 대통령령으로 정한다.

제31조 (비용의 감면)

위치정보사업자는 제29조제5항의 규정에 의하여 경보발송을 하거나 제30조제1항의 규정에 의하여 긴급구조기관에 개인위치정보를 제공할 경우 비용을 감면할 수 있다.

제32조 (통계자료의 제출 등)

위치정보사업자는 제29조제5항의 규정에 의한 경보발송 및 제30조제1항의 규정에 의한 개인위치정보의 제공에 관한 통계자료를 매 반기별로 방송통신위원회에 제출하여야 한다.

제5장 위치정보의 이용기반 조성 등

제33조 (기술개발의 추진 등)

① 방송통신위원회는 위치정보의 수집, 이용 또는 제공과 관련된 기술 및 기기의 개발을 효율적으로 추진하기 위하여 대통령령이 정하는 관련 연구기관으로 하여금 연구개발, 기술협력, 기술이전 또는 기술지도 등(이하 이 조에서 "연구개발등"이라 한다)의 사업을 하게 할 수 있다. 이 경우 방송통신위원회는 관계중앙행정기관의 장과 협의를 거쳐야 한다.

② 방송통신위원회는 제1항의 규정에 의하여 연구개발등의 사업을 실시하는 연구기관에 대하여 소요 비용의 전부 또는 일부를 지원할 수 있다.

제34조 (표준화의 추진)

① 방송통신위원회는 관계중앙행정기관의 장과 협의를 거쳐 위치정보의 보호 및 이용을 위한 위치정보의 수집·이용 또는 제공에 관한 표준을 정하여 고시할 수 있다. 다만, 「산업표준화법」 제12조에 따른 한국산업표준이 제정되어 있는 사항에 대하여는 그 표준에 따른다.

② 방송통신위원회는 위치정보사업자등 또는 위치정보와 관련된 제품을 제조하거나 공급하는 자에게 제1항의 규정에 의한 표준의 준수를 권고할 수 있다.

③ 제1항에 따른 표준화의 대상은 다음 각 호와 같다.

1. 위치정보의 보호 및 인증 관련 기술
2. 위치정보의 수집, 저장, 관리 및 제공 관련 기술
3. 긴급구조와 그 밖의 공공서비스 관련 기술
4. 그 밖에 위치정보의 보호 및 이용 관련 기반 기술

④ 제1항에 따른 표준화의 방법 및 절차 등에 관하여 필요한 사항은 대통령령으로 정한다.

⑤ 방송통신위원회는 위치정보의 수집·이용 또는 제공에 관한 표준화 활동을 지원할 수 있다.

제35조 (위치정보의 이용촉진)

① 방송통신위원회는 관계중앙행정기관의 장과 협의를 거쳐 위치정보의 보호 및 이용을 위하여 공공, 산업, 생활 및 복지 등 각 분야에서 관련 기술 및 응용서비스의 효율적인 활용과 보급을 촉진하기 위한 사업을 대통령령이 정하는 바에 의하여 실시할 수 있다.

② 방송통신위원회는 제1항의 규정에 의한 사업에 참여하는 자에게 기술 및 재정 등에 관하여 필요한 지원을 할 수 있다.

제36조 (위치정보심의위원회)

① 위치정보의 안전한 이용환경 조성에 관한 사항을 협의하고 공공목적의 위치정보 이용을 활성화하기 위하여 방송통신위원회 소속하에 위치정보심의위원회(이하 "위원회"라 한다)를 둔다.

그림 8.5 GPS 수신기

② 위원회는 다음 각호의 사항을 심의한다.

1. 위치정보의 중요정책에 관한 사항
2. 위치정보의 지원시책 및 지원체계에 관한 사항
3. 위치정보의 제도정비에 관한 사항
4. 공공목적의 위치정보 이용에 관한 사항
5. 위치정보에 관한 관계기관간의 협조사항
6. 위치정보의 보호 및 이용에 관한 연구·개발에 관한 사항
7. 그 밖에 위치정보와 관련한 주요사항으로서 위원장이 부의하는 사항

③ 위원회는 위원장을 포함한 20인 이내의 위원으로 구성한다.

④ 위원장은 방송통신위원회 부위원장이 되고, 위원은 다음 각호의 자가 된다.

1. 교육과학기술부, 행정안전부, 국토해양부, 소방방재청, 경찰청 및 해양경찰청 소속의 3급 이상 공무원(3급 이상에 상당하는 특정직·별정직 국가공무원을 포함한다)중 해당 관계기관의 장이 위촉하는 자
2. 위치정보사업자·위치기반서비스사업자를 대표하는 자, 이용자를 대표하는 자 및 위치정보에 관한 민간전문가 중 방송통신위원회 위원장이 위촉하는 자

⑤ 제4항제2호의 위원의 임기는 3년으로 하되, 연임할 수 있다.

⑥ 위원회는 필요에 따라 분과위원회 및 전문위원회를 둘 수 있다.

⑦ 그 밖에 위원회의 구성·운영 등에 관하여 필요한 사항은 대통령령으로 정한다.

제37조 (청문)

방송통신위원회는 제13조의 규정에 의한 허가 또는 인가의 취소, 사업의 폐지 처분을 하고자 하는 경우에는 청문을 실시하여야 한다.

제38조 (권한의 위임)

방송통신위원회는 이법에 의한 권한의 일부를 대통령령이 정하는 바에 따라 그 소속기관의 장 또는 체신청장에게 위임·위탁할 수 있다.

제6장 벌칙

제39조 (벌칙)

다음 각호의 1에 해당하는 자는 5년 이하의 징역 또는 5천만원 이하의 벌금에 처한다.

1. 제5조제1항의 규정을 위반하여 허가를 받지 아니하고 위치정보사업을 하는 자 또는 속임수 그 밖의 부정한 방법으로 허가를 받은 자
2. 제17조의 규정을 위반하여 개인위치정보를 누설·변조·훼손 또는 공개한 자
3. 제18조제1항·제2항 또는 제19조제1항·제2항·제4항의 규정을 위반하여 개인위치정보주체의 동의를 얻지 아니하거나 동의의 범위를 넘어 개인위치정보를 수집·이용 또는 제공한 자 및 그 정을 알고 영리 또는 부정한 목적으로 개인위치정보를 제공받은 자
4. 제21조의 규정을 위반하여 이용약관에 명시하거나 고지한 범위를 넘어 개인위치정보를 이용하거나 제3자에게 제공한 자
5. 제29조제6항의 규정을 위반하여 개인위치정보를 긴급구조 외의 목적에 사용한 자

제40조 (벌칙)

다음 각호의 1에 해당하는 자는 3년 이하의 징역 또는 3천만원 이하의 벌금에 처한다.

1. 제5조제7항의 규정을 위반하여 변경허가를 받지 아니하거나 변경신고를 하지 아니하고 위치정보사업을 하는 자 또는 속임수 그 밖의 부정한 방법으로 변경허가를 받거나 변경신고를 한 자
2. 제9조제1항의 규정을 위반하여 신고를 하지 아니하고 위치기반서비스사업을 하는 자 또는 속임수 그 밖의 부정한 방법으로 신고한 자
3. 제13조제1항의 규정에 의한 사업폐지명령을 위반한 자
4. 제15조제1항의 규정을 위반하여 개인의 동의를 얻지 아니하고 당해 개인의 위치정보를 수집·이용 또는 제공한 자
5. 제15조제2항의 규정을 위반하여 타인의 정보통신기기를 복제하거나 정보를 도용하는 등의 방법으로 위치정보사업자등을 속여 타인의 개인위치정보를 제공받은 자

제41조 (벌칙)

다음 각호의 1에 해당하는 자는 1년 이하의 징역 또는 2천만원 이하의 벌금에 처한다.

1. 제8조제1항·제2항, 제11조제1항·제2항, 제23조 또는 제24조제4항의 규정을 위반하여 개인위치정보를 파기하지 아니한 자
2. 제9조제3항의 규정을 위반하여 변경신고를 하지 아니하고 위치기반서비스사업을 하는 자 또는 속임수 그 밖의 부정한 방법으로 변경신고한 자
3. 제13조제1항의 규정에 의한 사업의 정지명령을 위반한 자
4. 제16조제1항의 규정을 위반하여 기술적·관리적 조치를 하지 아니하거나 제16조제2항의 규정을 위반하여 위치정보 수집·이용·제공사실 확인자료가 위치정보시스템에 자동으로 기록·보존되도록 하지 아니한 자
5. 제29조제3항의 규정을 위반하여 긴급구조기관의 요청을 거부하거나 제29조제5항의 규정을 위반하여 경보발송을 거부한 자

제42조 (양벌규정)

법인의 대표자나 법인 또는 개인의 대리인, 사용인, 그 밖의 종업원이 그 법인 또는 개인의 업무에 관하여 제39조 부터 제41조까지의 어느 하나에 해당하는 위반행위를 하면 그 행위자를 벌하는 외에 그 법인 또는 개인에게도 해당 조문의 벌금형을 과(科)한다.

다만, 법인 또는 개인이 그 위반행위를 방지하기 위하여 해당 업무에 관하여 상당한 주의와 감독을 게을리하지 아니한 경우에는 그러하지 아니하다.

제43조 (과태료)

① 다음 각 호의 1에 해당하는 자는 2천만원 이하의 과태료에 처한다.

1. 제5조제4항의 규정에 의한 허가조건을 위반한 자
2. 제7조제1항의 규정을 위반하여 인가를 받지 아니하고 사업을 양수하거나 합병·분할한 자
3. 제8조제1항 또는 제2항의 규정을 위반하여 승인을 얻지 아니하고 사업의 전부 또는 일부를 휴지하거나 폐지한 자
4. 제20조제1항의 규정을 위반하여 개인위치정보의 제공을 거절한 자
5. 제24조제2항의 규정을 위반하여 일시적인 중지 요구를 거절 또는 기술적 수단을 갖추지 아니한 자

② 다음 각호의 1에 해당하는 자는 1천만원 이하의 과태료에 처한다.

1. 제10조제1항의 규정을 위반하여 사업의 양수, 상속 또는 합병·분할의 신고를 하지 아니한 자
2. 제11조제1항 또는 제2항의 규정을 위반하여 사업의 전부 또는 일부의 휴지·폐지를 신고하지 아니한 자
3. 제12조제1항의 규정을 위반하여 이용약관의 신고 또는 변경신고를 하지 아니하거나 제12조제2항의 규정에 의한 이용약관 변경명령을 위반한 자
4. 제15조제1항의 규정을 위반하여 소유자의 동의를 얻지 아니하고 이동성이 있는 물건의 위치정보를 수집·이용 또는 제공하거나 제15조제3항의 규정을 위반하여 위치정보 수집장치가 부착된 사실을 고지하지 아니한 자
5. 제18조제1항 또는 제19조제1항의 규정을 위반하여 이용약관명시의무를 다하지 아니한 자
6. 제18조제3항의 규정을 위반하여 개인위치정보를 수집한 자
7. 제19조제2항 또는 제3항의 규정을 위반하여 고지 또는 통보를 하지 아니한 자
8. 제22조의 규정을 위반하여 사업의 양도등의 통지를 하지 아니한 자

9. 제24조제3항의 규정을 위반하여 열람, 고지 또는 정정요구를 거절한 자
10. 제25조제1항의 규정을 위반하여 법정대리인의 동의를 얻지 아니하고 개인위치정보를 수집·이용 또는 제공한 자
11. 제29조제1항의 규정에 따른 긴급구조요청을 허위로 한 자
12. 제29조제4항의 규정을 위반하여 개인위치정보의 제공사실을 통보하지 아니한 자

③ 제32조의 규정을 위반하여 통계자료를 제출하지 아니한 자는 500만원 이하의 과태료에 처한다.

④ 제1항, 제2항제1호 내지 제10호, 동항제12호 및 제3항의 규정에 의한 과태료는 대통령령이 정하는 바에 따라 방송통신위원회가 부과·징수한다.

⑤ 제4항의 규정에 의한 과태료 처분에 불복이 있는 자는 그 처분의 고지를 받은 날부터 30일 이내에 방송통신위원회에 이의를 제기할 수 있다.

⑥ 제4항의 규정에 의하여 과태료 처분을 받은 자가 제5항의 규정에 의하여 이의를 제기한 때에는 방송통신위원회는 지체없이 관할법원에 그 사실을 통보하여야 하며, 그 통보를 받은 관할법원은 비송사건절차법에 따른 과태료의 재판을 한다.

⑦ 제5항의 규정에 의한 기간 이내에 이의를 제기하지 아니하고 과태료를 납부하지 아니한 때에는 국세체납처분의 예에 따라 이를 징수한다.

⑧ 제2항제11호의 규정에 따른 과태료는 대통령령이 정하는 바에 따라 소방본부장 또는 소방서장이 부과·징수한다.

⑨ 제5항 내지 제7항의 규정은 제8항의 규정에 의한 과태료 처분에 이를 준용한다. 이 경우 "방송통신위원회"와 "국세체납처분의 예"는 각각 "소방본부장 또는 소방서장"과 "지방세체납처분의 예"로 본다.

부 칙

제1조(시행일)

이 법은 공포 후 6개월이 경과한 날부터 시행한다.

연습문제

1. 위치정보의 보호를 하여야 하는 목적을 설명하시오.

2. 개인위치정보의 이용, 제공의 제한에 관한 사항을 기술 하시오.

3. 개인위치정보주체의 권리는 어떻게 주어지는가를 설명하시오.

4. 긴급구조를 위한 개인위치정보의 이용에 대하여 설명하시오.

5. 위치정보심의위원회의 역할에 대하여 아는 바를 쓰시오.

통신비밀보호법 9

제1조 (목적)

이 법은 통신 및 대화의 비밀과 자유에 대한 제한은 그 대상을 한정하고 엄격한 법적 절차를 거치도록 함으로써 통신비밀을 보호하고 통신의 자유를 신장함을 목적으로 한다.

제2조 (정의)

이 법에서 사용하는 용어의 정의는 다음과 같다.

1. "통신"이라 함은 우편물 및 전기통신을 말한다.
2. "우편물"이라 함은 우편법에 의한 통상우편물과 소포우편물을 말한다.
3. "전기통신"이라 함은 전화·전자우편·회원제정보서비스·모사전송·무선호출 등과 같이 유선·무선·광선 및 기타의 전자적 방식에 의하여 모든 종류의 음향·문언·부호 또는 영상을 송신하거나 수신하는 것을 말한다.
4. "당사자"라 함은 우편물의 발송인과 수취인, 전기통신의 송신인과 수신인을 말한다.
5. "내국인"이라 함은 대한민국의 통치권이 사실상 행사되고 있는 지역에 주소 또는 거소를 두고 있는 대한민국 국민을 말한다.
6. "검열"이라 함은 우편물에 대하여 당사자의 동의없이 이를 개봉하거나 기타의 방법으로 그 내용을 지득 또는 채록하거나 유치하는 것을 말한다.
7. "감청"이라 함은 전기통신에 대하여 당사자의 동의없이 전자장치·기계장치등을 사용하여 통신의 음향·문언·부호·영상을 청취·공독하여 그 내용을 지득 또는 채록하거나 전기통신의 송·수신을 방해하는 것을 말한다.

8. "감청설비"라 함은 대화 또는 전기통신의 감청에 사용될 수 있는 전자장치·기계장치 기타 설비를 말한다. 다만, 전기통신 기기·기구 또는 그 부품으로서 일반적으로 사용되는 것 및 청각교정을 위한 보청기 또는 이와 유사한 용도로 일반적으로 사용되는 것 중에서, 대통령령이 정하는 것은 제외한다.

8의2. "불법감청설비탐지"라 함은 이 법의 규정에 의하지 아니하고 행하는 감청 또는 대화의 청취에 사용되는 설비를 탐지하는 것을 말한다.

9. "전자우편"이라 함은 컴퓨터 통신망을 통해서 메시지를 전송하는 것 또는 전송된 메시지를 말한다.

10. "회원제정보서비스"라 함은 특정의 회원이나 계약자에게 제공하는 정보서비스 또는 그와 같은 네트워크의 방식을 말한다.

11. "통신사실확인자료"라 함은 다음 각목의 어느 하나에 해당하는 전기통신사실에 관한 자료를 말한다.
   가. 가입자의 전기통신일시
   나. 전기통신개시·종료시간
   다. 발·착신 통신번호 등 상대방의 가입자번호
   라. 사용도수
   마. 컴퓨터통신 또는 인터넷의 사용자가 전기통신역무를 이용한 사실에 관한 컴퓨터통신 또는 인터넷의 로그기록자료
   바. 정보통신망에 접속된 정보통신기기의 위치를 확인할 수 있는 발신기지국의 위치추적자료
   사. 컴퓨터통신 또는 인터넷의 사용자가 정보통신망에 접속하기 위하여 사용하는 정보통신기기의 위치를 확인할 수 있는 접속지의 추적자료

12. "단말기기 고유번호"라 함은 이동통신사업자와 이용계약이 체결된 개인의 이동전화 단말기기에 부여된 전자적 고유번호를 말한다.

제3조 (통신 및 대화비밀의 보호)

① 누구든지 이 법과 형사소송법 또는 군사법원법의 규정에 의하지 아니하고는 우편물의 검열·전기통신의 감청 또는 통신사실확인자료의 제공을 하거나 공개되지 아니한 타인간의 대화를 녹음 또는 청취하지 못한다. 다만, 다음 각호의 경우에는

당해 법률이 정하는 바에 의한다.

1. 환부우편물등의 처리 : 우편법 제28조·제32조·제35조·제36조등의 규정에 의하여 폭발물등 우편금제품이 들어 있다고 의심되는 소포우편물(이와 유사한 우편물을 포함한다) 을 개피하는 경우, 수취인에게 배달할 수 없거나 수취인이 수령을 거부한 우편물을 발송인에게 환부하는 경우, 발송인의 주소·성명이 누락된 우편물로서 수취인이 수취를 거부하여 환부하는 때에 그 주소·성명을 알기 위하여 개피하는 경우 또는 유가물이 든 환부불능우편물을 처리하는 경우
2. 수출입우편물에 대한 검사 : 관세법 제256조·제257조 등의 규정에 의한 신서외의 우편물에 대한 통관검사절차
3. 구속 또는 복역중인 사람에 대한 통신 : 형사소송법 제91조, 군사법원법 제131조, 「형의 집행 및 수용자의 처우에 관한 법률」 제41조·제43조·제44조 및 「군에서의 형의 집행 및 군수용자의 처우에 관한 법률」 제42조·제44조 및 제45조에 따른 구속 또는 복역중인 사람에 대한 통신의 관리
4. 파산선고를 받은 자에 대한 통신 : 「채무자 회생 및 파산에 관한 법률」 제484조의 규정에 의하여 파산선고를 받은 자에게 보내온 통신을 파산관재인이 수령하는 경우
5. 혼신제거등을 위한 전파감시 : 전파법 제49조 내지 제51조의 규정에 의한 혼신제거등 전파질서유지를 위한 전파감시의 경우

② 우편물의 검열 또는 전기통신의 감청(이하 " 통신제한조치" 라 한다)은 범죄수사 또는 국가안전보장을 위하여 보충적인 수단으로 이용되어야 하며, 국민의 통신비밀에 대한 침해가 최소한에 그치도록 노력하여야 한다.

③ 누구든지 단말기기 고유번호를 제공하거나 제공받아서는 아니된다. 다만, 이동전화단말기 제조업체 또는 이동통신사업자가 단말기의 개통처리 및 수리 등 정당한 업무의 이행을 위하여 제공하거나 제공받는 경우에는 그러하지 아니하다.

제4조 (불법검열에 의한 우편물의 내용과 불법감청에 의한 전기통신내용의 증거사용 금지)

제3조의 규정에 위반하여, 불법검열에 의하여 취득한 우편물이나 그 내용 및 불법감청에 의하여 지득 또는 채록된 전기통신의 내용은 재판 또는 징계절차에서 증거로 사용

할 수 없다.

제5조 (범죄수사를 위한 통신제한조치의 허가요건)

① 통신제한조치는 다음 각호의 범죄를 계획 또는 실행하고 있거나 실행하였다고 의심할만한 충분한 이유가 있고 다른 방법으로는 그 범죄의 실행을 저지하거나 범인의 체포 또는 증거의 수집이 어려운 경우에 한하여 허가할 수 있다.

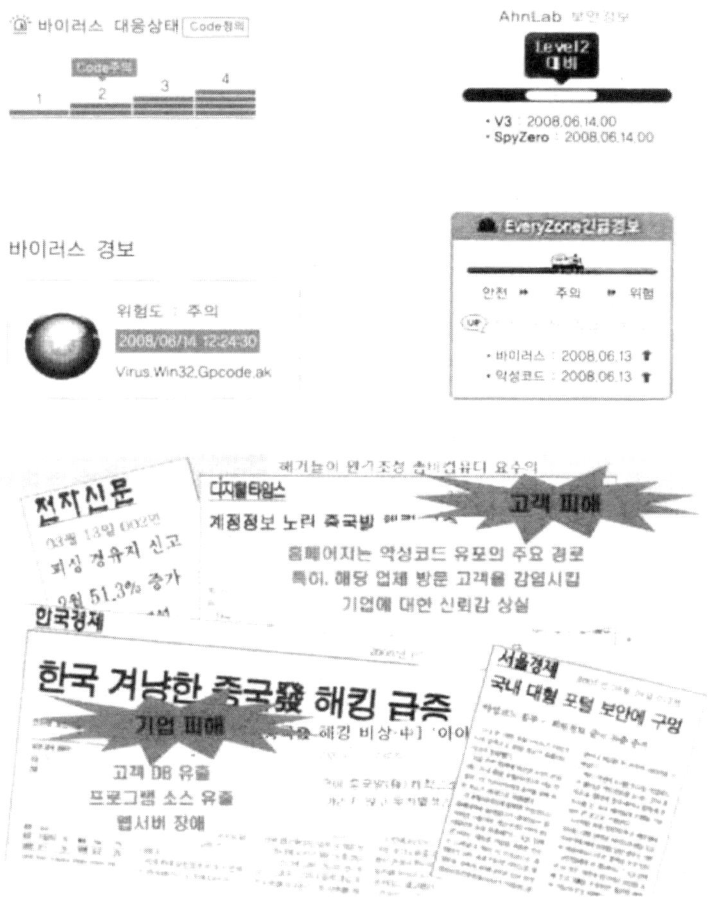

(출처: 경찰청 사이버테러대응센터)

② 통신제한조치는 제1항의 요건에 해당하는 자가 발송·수취하거나 송·수신하는 특정한 우편물이나 전기통신 또는 그 해당자가 일정한 기간에 걸쳐 발송·수취하거나 송·수신하는 우편물이나 전기통신을 대상으로 허가될 수 있다.

제6조 (범죄수사를 위한 통신제한조치의 허가절차)

① 검사(검찰관을 포함한다. 이하 같다)는 제5조제1항의 요건이 구비된 경우에는 법원(군사법원을 포함한다. 이하 같다)에 대하여 각 피의자별 또는 각 피내사자별로 통신제한조치를 허가하여 줄 것을 청구할 수 있다.

② 사법경찰관(군사법경찰관을 포함한다. 이하 같다)은 제5조제1항의 요건이 구비된 경우에는 검사에 대하여 각 피의자별 또는 각 피내사자별로 통신제한조치에 대한 허가를 신청하고, 검사는 법원에 대하여 그 허가를 청구할 수 있다.

③ 제1항 및 제2항의 통신제한조치 청구사건의 관할법원은 그 통신제한조치를 받을 통신당사자의 쌍방 또는 일방의 주소지·소재지, 범죄지 또는 통신당사자와 공범관계에 있는 자의 주소지·소재지를 관할하는 지방법원 또는 지원(보통군사법원을 포함한다)으로 한다.

④ 제1항 및 제2항의 통신제한조치청구는 필요한 통신제한조치의 종류·그 목적·대상·범위·기간·집행장소·방법 및 당해 통신제한조치가 제5조제1항의 허가요건을 충족하는 사유등의 청구이유를 기재한 서면(이하 "청구서"라 한다)으로 하여야 하며, 청구이유에 대한 소명자료를 첨부하여야 한다. 이 경우 동일한 범죄사실에 대하여 그 피의자 또는 피내사자에 대하여 통신제한조치의 허가를 청구하였거나 허가받은 사실이 있는 때에는 다시 통신제한조치를 청구하는 취지 및 이유를 기재하여야 한다.

⑤ 법원은 청구가 이유 있다고 인정하는 경우에는 각 피의자별 또는 각 피내사자별로 통신제한조치를 허가하고, 이를 증명하는 서류(이하 " 허가서" 라 한다)를 청구인에게 발부한다.

⑥ 제5항의 허가서에는 통신제한조치의 종류·그 목적·대상·범위·기간 및 집행장소와 방법을 특정하여 기재하여야 한다.

⑦ 통신제한조치의 기간은 2월을 초과하지 못하고, 그 기간중 통신제한조치의 목적

이 달성되었을 경우에는 즉시 종료하여야 한다. 다만, 제5조제1항의 허가요건이 존속하는 경우에는 제1항 및 제2항의 절차에 따라 소명자료를 첨부하여 2월의 범위안에서 통신제한조치기간의 연장을 청구할 수 있다.

⑧ 법원은 청구가 이유없다고 인정하는 경우에는 청구를 기각하고 이를 청구인에게 통지한다.

제7조 (국가안보를 위한 통신제한조치)

① 대통령령이 정하는 정보수사기관의 장(이하 "정보수사기관의 장"이라 한다)은 국가안전보장에 대한 상당한 위험이 예상되는 경우에 한하여 그 위해를 방지하기 위하여 이에 관한 정보수집이 특히 필요한 때에는 다음 각호의 구분에 따라 통신제한조치를 할 수 있다.

1. 통신의 일방 또는 쌍방당사자가 내국인인 때에는 고등법원 수석부장판사의 허가를 받아야 한다. 다만, 군용전기통신법 제2조의 규정에 의한 군용전기통신(작전수행을 위한 전기통신에 한한다)에 대하여는 그러하지 아니하다.
2. 대한민국에 적대하는 국가, 반국가활동의 혐의가 있는 외국의 기관·단체와 외국인, 대한민국의 통치권이 사실상 미치지 아니하는 한반도내의 집단이나 외국에 소재하는 그 산하단체의 구성원의 통신인 때 및 제1항제1호 단서의 경우에는 서면으로 대통령의 승인을 얻어야 한다.

② 제1항의 규정에 의한 통신제한조치의 기간은 4월을 초과하지 못하고, 그 기간중 통신제한조치의 목적이 달성되었을 경우에는 즉시 종료하여야 하되, 제1항의 요건이 존속하는 경우에는 소명자료를 첨부하여 고등법원 수석부장판사의 허가 또는 대통령의 승인을 얻어 4월의 범위 이내에서 통신제한조치의 기간을 연장할 수 있다. 다만, 제1항제1호 단서의 규정에 의한 통신제한조치는 전시·사변 또는 이에 준하는 국가비상사태에 있어서 적과 교전상태에 있는 때에는 작전이 종료될 때까지 대통령의 승인을 얻지 아니하고 기간을 연장할 수 있다.

③ 제6조제2항·제4항 내지 제6항 및 제8항은 제1항제1호의 규정에 의한 허가에 관하여 이를 적용한다. 이 경우 "사법경찰관(군사법경찰관을 포함한다. 이하 같다)"은 "정보수사기관의 장"으로, "법원"은 "고등법원 수석부장판사"로, "제5조제1항"은 "제7조제1항제1호본문"으로, 제6조제2항 및 제5항중 "각 피의자별 또는 각 피내

사자별로 통신제한조치"를 각각 "통신제한조치"로 한다.

④ 제1항제2호의 규정에 의한 대통령의 승인에 관한 절차등 필요한 사항은 대통령령으로 정한다.

제8조 (긴급통신제한조치)

① 검사, 사법경찰관 또는 정보수사기관의 장은 국가안보를 위협하는 음모행위, 직접적인 사망이나 심각한 상해의 위험을 야기할 수 있는 범죄 또는 조직범죄등 중대한 범죄의 계획이나 실행 등 긴박한 상황에 있고 제5조제1항 또는 제7조제1항제1호의 규정에 의한 요건을 구비한 자에 대하여 제6조 또는 제7조제1항 및 제3항의 규정에 의한 절차를 거칠 수 없는 긴급한 사유가 있는 때에는 법원의 허가없이 통신제한조치를 할 수 있다.

② 검사, 사법경찰관 또는 정보수사기관의 장은 제1항의 규정에 의한 통신제한조치(이하 "긴급통신제한조치"라 한다)의 집행착수후 지체없이 제6조 및 제7조제3항의 규정에 의하여 법원에 허가청구를 하여야 하며, 그 긴급통신제한조치를 한 때부터 36시간 이내에 법원의 허가를 받지 못한 때에는 즉시 이를 중지하여야 한다.

③ 사법경찰관이 긴급통신제한조치를 할 경우에는 미리 검사의 지휘를 받아야 한다. 다만, 특히 급속을 요하여 미리 지휘를 받을 수 없는 사유가 있는 경우에는 긴급통신제한조치의 집행착수후 지체없이 검사의 승인을 얻어야 한다.

④ 검사, 사법경찰관 또는 정보수사기관의 장이 긴급통신제한조치를 하고자 하는 경우에는 반드시 긴급검열서 또는 긴급감청서(이하 "긴급감청서등"이라 한다)에 의하여야 하며 소속기관에 긴급통신제한조치대장을 비치하여야 한다.

⑤ 긴급통신제한조치가 단시간내에 종료되어 법원의 허가를 받을 필요가 없는 경우에는 그 종료후 7일 이내에 관할 지방검찰청검사장(제1항의 규정에 의하여 정보수사기관의 장이 제7조제1항제1호의 규정에 의한 요건을 구비한 자에 대하여 긴급통신제한조치를 한 경우에는 관할 고등검찰청검사장)은 이에 대응하는 법원장에게 긴급통신제한조치를 한 검사, 사법경찰관 또는 정보수사기관의 장이 작성한 긴급통신제한조치통보서를 송부하여야 한다. 다만, 검찰관 또는 군사법경찰관이 제5조제1항의 규정에 의한 요건을 구비한 자에 대하여 긴급통신제한조치를 한 경우에는 관할 보통검찰부장이 이에 대응하는 보통군사법원 군판사에게 긴급통신

제한조치통보서를 송부하여야 한다.

⑥ 제5항의 규정에 의한 통보서에는 긴급통신제한조치의 목적·대상·범위·기간·집행장소·방법 및 통신제한조치허가청구를 하지 못한 사유 등을 기재하여야 한다.

⑦ 제5항의 규정에 의하여 긴급통신제한조치통보서를 송부받은 법원 또는 보통군사법원 군판사는 긴급통신제한조치통보대장을 비치하여야 한다.

⑧ 정보수사기관의 장은 국가안보를 위협하는 음모행위, 직접적인 사망이나 심각한 상해의 위험을 야기할 수 있는 범죄 또는 조직범죄등 중대한 범죄의 계획이나 실행 등 긴박한 상황에 있고 제7조제1항제2호에 해당하는 자에 대하여 대통령의 승인을 얻을 시간적 여유가 없거나 통신제한조치를 긴급히 실시하지 아니하면 국가안전보장에 대한 위해를 초래할 수 있다고 판단되는 때에는 소속 장관(국가정보원장을 포함한다)의 승인을 얻어 통신제한조치를 할 수 있다.

⑨ 제8항의 규정에 의하여 긴급통신제한조치를 한 때에는 지체없이 제7조의 규정에 의하여 대통령의 승인을 얻어야 하며, 36시간 이내에 대통령의 승인을 얻지 못한 때에는 즉시 그 긴급통신제한조치를 중지하여야 한다.

제9조 (통신제한조치의 집행)

① 제6조 내지 제8조의 통신제한조치는 이를 청구 또는 신청한 검사·사법경찰관 또는 정보수사기관의 장이 집행한다. 이 경우 체신관서 기타 관련기관등(이하 "통신기관등"이라 한다)에 그 집행을 위탁하거나 집행에 관한 협조를 요청할 수 있다.

② 통신제한조치의 집행을 위탁하거나 집행에 관한 협조를 요청하는 자는 통신기관등에 통신제한조치허가서(제7조제1항제2호의 경우에는 대통령의 승인서를 말한다. 이하 이 조, 제16조제2항제1호 및 제17조제1항제1호·제3호에서 같다) 또는 긴급감청서등의 표지의 사본을 교부하여야 하며, 이를 위탁받거나 이에 관한 협조요청을 받은 자는 통신제한조치허가서 또는 긴급감청서등의 표지 사본을 대통령령이 정하는 기간동안 보존하여야 한다.

③ 통신제한조치를 집행하는 자와 이를 위탁받거나 이에 관한 협조요청을 받은 자는 당해 통신제한조치를 청구한 목적과 그 집행 또는 협조일시 및 대상을 기재한 대장을 대통령령이 정하는 기간동안 비치하여야 한다.

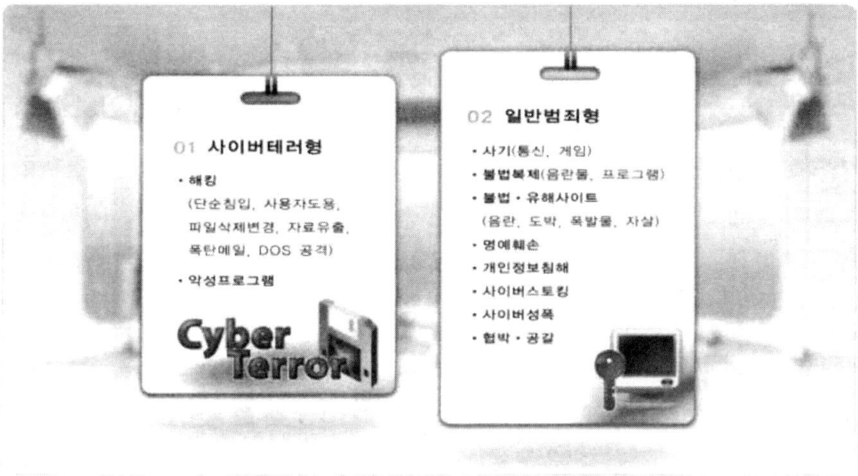

그림 9.1 사이버 범죄의 분류

④ 통신기관등은 통신제한조치허가서 또는 긴급감청서등에 기재된 통신제한조치 대상자의 전화번호 등이 사실과 일치하지 않을 경우에는 그 집행을 거부할 수 있으며, 어떠한 경우에도 전기통신에 사용되는 비밀번호를 누설할 수 없다.

제9조의2 (통신제한조치의 집행에 관한 통지)

① 검사는 제6조제1항 및 제8조제1항의 규정에 의한 통신제한조치를 집행한 사건에 관하여 공소를 제기하거나, 공소의 제기 또는 입건을 하지 아니하는 처분(기소중지 결정을 제외한다)을 한 때에는 그 처분을 한 날부터 30일 이내에 우편물 검열의 경우에는 그 대상자에게, 감청의 경우에는 그 대상이 된 전기통신의 가입자에게 통신제한조치를 집행한 사실과 집행기관 및 그 기간 등을 서면으로 통지하여야 한다.

② 사법경찰관은 제6조제1항 및 제8조제1항의 규정에 의한 통신제한조치를 집행한 사건에 관하여 검사로부터 공소를 제기하거나 제기하지 아니하는 처분(기소중지 결정을 제외한다)의 통보를 받거나 내사사건에 관하여 입건하지 아니하는 처분을 한 때에는 그 날부터 30일 이내에 우편물 검열의 경우에는 그 대상자에게, 감청의 경우에는 그 대상이 된 전기통신의 가입자에게 통신제한조치를 집행한 사실과

집행기관 및 그 기간 등을 서면으로 통지하여야 한다.

③ 정보수사기관의 장은 제7조제1항제1호 본문 및 제8조제1항의 규정에 의한 통신제한조치를 종료한 날부터 30일 이내에 우편물 검열의 경우에는 그 대상자에게, 감청의 경우에는 그 대상이 된 전기통신의 가입자에게 통신제한조치를 집행한 사실과 집행기관 및 그 기간 등을 서면으로 통지하여야 한다.

④ 제1항 내지 제3항의 규정에 불구하고 다음 각호의 1에 해당하는 사유가 있는 때에는 그 사유가 해소될 때까지 통지를 유예할 수 있다.

1. 통신제한조치를 통지할 경우 국가의 안전보장·공공의 안녕질서를 위태롭게 할 현저한 우려가 있는 때
2. 통신제한조치를 통지할 경우 사람의 생명·신체에 중대한 위험을 초래할 염려가 현저한 때

⑤ 검사 또는 사법경찰관은 제4항의 규정에 의하여 통지를 유예하고자 하는 경우에는 소명자료를 첨부하여 미리 관할지방검찰청검사장의 승인을 얻어야 한다. 다만, 검찰관 및 군사법경찰관이 제4항의 규정에 의하여 통지를 유예하고자 하는 경우에는 소명자료를 첨부하여 미리 관할 보통검찰부장의 승인을 얻어야 한다.

⑥ 검사, 사법경찰관 또는 정보수사기관의 장은 제4항 각호의 사유가 해소된 때에는 그 사유가 해소된 날부터 30일 이내에 제1항 내지 제3항의 규정에 의한 통지를 하여야 한다.

제9조의3 (압수·수색·검증의 집행에 관한 통지)

① 검사는 송·수신이 완료된 전기통신에 대하여 압수·수색·검증을 집행한 경우 그 사건에 관하여 공소를 제기하거나 공소의 제기 또는 입건을 하지 아니하는 처분(기소중지결정을 제외한다)을 한 때에는 그 처분을 한 날부터 30일 이내에 수사대상이 된 가입자에게 압수·수색·검증을 집행한 사실을 서면으로 통지하여야 한다.

② 사법경찰관은 송·수신이 완료된 전기통신에 대하여 압수·수색·검증을 집행한 경우 그 사건에 관하여 검사로부터 공소를 제기하거나 제기하지 아니하는 처분의 통보를 받거나 내사사건에 관하여 입건하지 아니하는 처분을 한 때에는 그 날부터 30일 이내에 수사대상이 된 가입자에게 압수·수색·검증을 집행한 사실을 서

면으로 통지하여야 한다.

제10조 (감청설비에 대한 인가기관과 인가절차)

① 감청설비를 제조·수입·판매·배포·소지·사용하거나 이를 위한 광고를 하고자 하는 자는 방송통신위원회의 인가를 받아야 한다. 다만, 국가기관의 경우에는 그러하지 아니하다.

② 삭제

③ 방송통신위원회는 제1항의 인가를 하는 경우에는 인가신청자, 인가연월일, 인가된 감청설비의 종류와 수량등 필요한 사항을 대장에 기재하여 비치하여야 한다.

④ 제1항의 인가를 받아 감청설비를 제조·수입·판매·배포·소지 또는 사용하는 자는 인가연월일, 인가된 감청설비의 종류와 수량, 비치장소등 필요한 사항을 대장에 기재하여 비치하여야 한다. 다만, 지방자치단체의 비품으로서 그 직무수행에 제공되는 감청설비는 해당 기관의 비품대장에 기재한다.

⑤ 제1항의 인가에 관하여 기타 필요한 사항은 대통령령으로 정한다.

제10조의2 (국가기관 감청설비의 신고)

① 국가기관(정보수사기관을 제외한다)이 감청설비를 도입하는 때에는 매 반기별로 그 제원 및 성능 등 대통령령이 정하는 사항을 방송통신위원회에 신고하여야 한다.

② 정보수사기관이 감청설비를 도입하는 때에는 매 반기별로 그 제원 및 성능 등 대통령령이 정하는 사항을 국회 정보위원회에 통보하여야 한다.

제10조의3 (불법감청설비탐지업의 등록 등)

① 영리를 목적으로 불법감청설비탐지업을 하고자 하는 자는 대통령령이 정하는 바에 의하여 방송통신위원회에 등록을 하여야 한다.

② 제1항의 규정에 의한 등록은 법인에 한하여 할 수 있다.

③ 제1항의 규정에 의한 등록을 하고자 하는 자는 대통령령이 정하는 이용자보호계획·사업계획·기술·재정능력·탐지장비 그 밖에 필요한 사항을 갖추어야 한다.

④ 제1항의 규정에 의한 등록의 변경요건 및 절차, 등록한 사업의 양도·양수·승계·휴지·폐지 및 그 신고, 등록업무의 위임 등에 관하여 필요한 사항은 대통령령으로 정한다.

제10조의4 (불법감청설비탐지업자의 결격사유)

법인의 대표자가 다음 각호의 1에 해당하는 경우에는 제10조의3의 규정에 의한 등록을 할 수 없다.

1. 금치산자 또는 한정치산자
2. 파산선고를 받은 자로서 복권되지 아니한 자
3. 금고 이상의 실형을 선고받고 그 집행이 종료(집행이 종료된 것으로 보는 경우를 포함한다)되거나 집행이 면제된 날부터 2년이 경과되지 아니한 자
4. 금고 이상의 형의 집행유예 선고를 받고 그 유예기간 중에 있는 자
5. 법원의 판결 또는 다른 법률에 의하여 자격이 상실 또는 정지된 자
6. 제10조의5의 규정에 의하여 등록이 취소된 법인의 취소 당시 대표자로서 그 등록이 취소된 날부터 2년이 경과되지 아니한 자

제10조의5 (등록의 취소)

방송통신위원회는 불법감청설비탐지업을 등록한 자가 다음 각호의 1에 해당하는 경우에는 그 등록을 취소하거나 6월 이내의 기간을 정하여 그 영업의 정지를 명할 수 있다. 다만, 제1호 또는 제2호에 해당하는 경우에는 그 등록을 취소하여야 한다.

1. 거짓 그 밖의 부정한 방법으로 등록 또는 변경등록을 한 경우
2. 제10조의4의 규정에 의한 결격사유에 해당하게 된 경우
3. 영업행위와 관련하여 알게된 비밀을 다른 사람에게 누설한 경우
4. 불법감청설비탐지업 등록증을 다른 사람에게 대여한 경우
5. 영업행위와 관련하여 고의 또는 중대한 과실로 다른 사람에게 중대한 손해를 입힌 경우
6. 다른 법률의 규정에 의하여 국가 또는 지방자치단체로부터 등록취소의 요구가 있는 경우

제11조 (비밀준수의 의무)

① 통신제한조치의 허가·집행·통보 및 각종 서류작성 등에 관여한 공무원 또는 그 직에 있었던 자는 직무상 알게 된 통신제한조치에 관한 사항을 외부에 공개하거

나 누설하여서는 아니된다.

② 통신제한조치에 관여한 통신기관의 직원 또는 그 직에 있었던 자는 통신제한조치에 관한 사항을 외부에 공개하거나 누설하여서는 아니된다.

③ 제1항 및 제2항에 규정된 자외에 누구든지 이 법의 규정에 의한 통신제한조치로 지득한 내용을 이 법의 규정에 의하여 사용하는 경우외에는 이를 외부에 공개하거나 누설하여서는 아니된다.

④ 법원에서의 통신제한조치의 허가절차·허가여부·허가내용 등의 비밀유지에 관하여 필요한 사항은 대법원규칙으로 정한다.

제12조 (통신제한조치로 취득한 자료의 사용제한)

제9조의 규정에 의한 통신제한조치의 집행으로 인하여 취득된 우편물 또는 그 내용과 전기통신의 내용은 다음 각호의 경우외에는 사용할 수 없다.

1. 통신제한조치의 목적이 된 제5조제1항에 규정된 범죄나 이와 관련되는 범죄를 수사·소추하거나 그 범죄를 예방하기 위하여 사용하는 경우

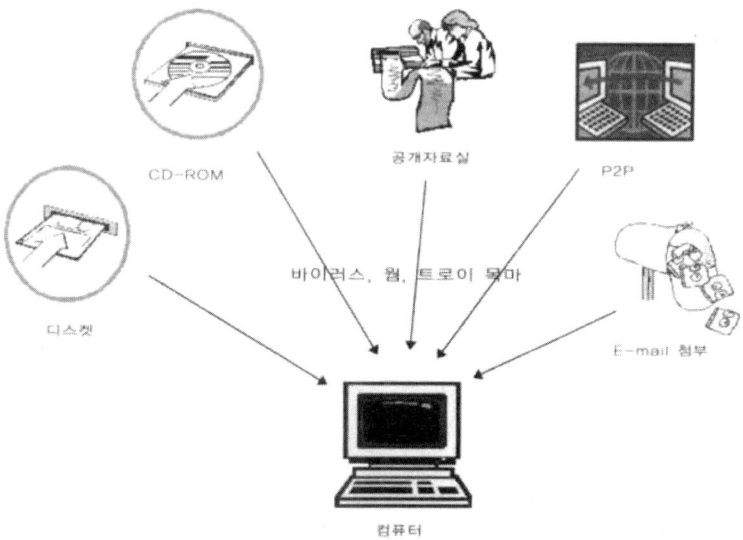

그림 9.2 악성 프로그램 감염 경로

2. 제1호의 범죄로 인한 징계절차에 사용하는 경우
3. 통신의 당사자가 제기하는 손해배상소송에서 사용하는 경우
4. 기타 다른 법률의 규정에 의하여 사용하는 경우

제13조 (범죄수사를 위한 통신사실 확인자료제공의 절차)

① 검사 또는 사법경찰관은 수사 또는 형의 집행을 위하여 필요한 경우 전기통신사업법에 의한 전기통신사업자(이하 "전기통신사업자"라 한다)에게 통신사실 확인자료의 열람이나 제출(이하 "통신사실 확인자료제공"이라 한다)을 요청할 수 있다.

② 제1항의 규정에 의한 통신사실 확인자료제공을 요청하는 경우에는 요청사유, 해당 가입자와의 연관성 및 필요한 자료의 범위를 기록한 서면으로 관할 지방법원(보통군사법원을 포함한다. 이하 같다) 또는 지원의 허가를 받아야 한다. 다만, 관할 지방법원 또는 지원의 허가를 받을 수 없는 긴급한 사유가 있는 때에는 통신사실 확인자료제공을 요청한 후 지체 없이 그 허가를 받아 전기통신사업자에게 송부하여야 한다.

③ 제2항 단서의 규정에 의하여 긴급한 사유로 통신사실확인자료를 제공받았으나 지방법원 또는 지원의 허가를 받지 못한 경우에는 지체 없이 제공받은 통신사실확인자료를 폐기하여야 한다.

④ 삭제

⑤ 검사 또는 사법경찰관은 제2항의 규정에 따라 통신사실 확인자료제공을 받은 때에는 당해 통신사실 확인자료제공요청사실 등 필요한 사항을 기재한 대장과 통신사실 확인자료제공요청서 등 관련자료를 소속기관에 비치하여야 한다.

⑥ 지방법원 또는 지원은 제2항의 규정에 따라 통신사실 확인자료제공 요청허가청구를 받은 현황, 이를 허가한 현황 및 관련된 자료를 보존하여야 한다.

⑦ 전기통신사업자는 검사, 사법경찰관 또는 정보수사기관의 장에게 통신사실 확인자료를 제공한 때에는 자료제공현황 등을 연 2회 방송통신위원회에 보고하고, 당해 통신사실 확인자료 제공사실등 필요한 사항을 기재한 대장과 통신사실 확인자료 제공요청서등 관련자료를 통신사실확인자료를 제공한 날부터 7년간 비치하여야 한다.

⑧ 방송통신위원회는 전기통신사업자가 제7항의 규정에 의하여 보고한 내용의 사실

여부 및 비치하여야 하는 대장등 관련자료의 관리실태를 점검할 수 있다.

⑨ 이 조에서 규정된 사항 외에 범죄수사를 위한 통신사실 확인자료제공과 관련된 사항에 관하여는 제6조(동조제7항을 제외한다)의 규정을 준용한다.

제13조의2 (법원에의 통신사실확인자료제공)

법원은 재판상 필요한 경우에는 민사소송법 제294조 또는 형사소송법 제272조의 규정에 의하여 전기통신사업자에게 통신사실확인자료제공을 요청할 수 있다.

제13조의3 (범죄수사를 위한 통신사실 확인자료제공의 통지)

① 제13조의 규정에 의하여 통신사실 확인자료제공을 받은 사건에 관하여 공소를 제기하거나, 공소의 제기 또는 입건을 하지 아니하는 처분(기소중지결정을 제외한다)을 한 때에는 그 처분을 한 날부터 30일 이내에 통신사실 확인자료제공을 받은 사실과 제공요청기관 및 그 기간 등을 서면으로 통지하여야 한다.

② 제1항에 규정된 사항 외에 통신사실 확인자료제공을 받은 사실 등에 관하여는 제9조의2(동조제3항을 제외한다)의 규정을 준용한다.

제13조의4 (국가안보를 위한 통신사실 확인자료제공의 절차 등)

① 정보수사기관의 장은 국가안전보장에 대한 위해를 방지하기 위하여 정보수집이 필요한 경우 전기통신사업자에게 통신사실 확인자료제공을 요청할 수 있다.

② 제7조 내지 제9조 및 제9조의2제3항·제4항·제6항의 규정은 제1항의 규정에 의한 통신사실 확인자료제공의 절차 등에 관하여 이를 준용한다. 이 경우 "통신제한조치"는 "통신사실 확인자료제공 요청"으로 본다.

③ 제13조제3항 및 제5항의 규정은 통신사실확인자료의 폐기 및 관련 자료의 비치에 관하여 이를 준용한다.

제13조의5 (비밀준수의무 및 자료의 사용 제한)

제11조 및 제12조의 규정은 제13조의 규정에 의한 통신사실 확인자료제공 및 제13조의4의 규정에 의한 통신사실 확인자료제공에 따른 비밀준수의무 및 통신사실확인자료의 사용제한에 관하여 이를 각각 준용한다.

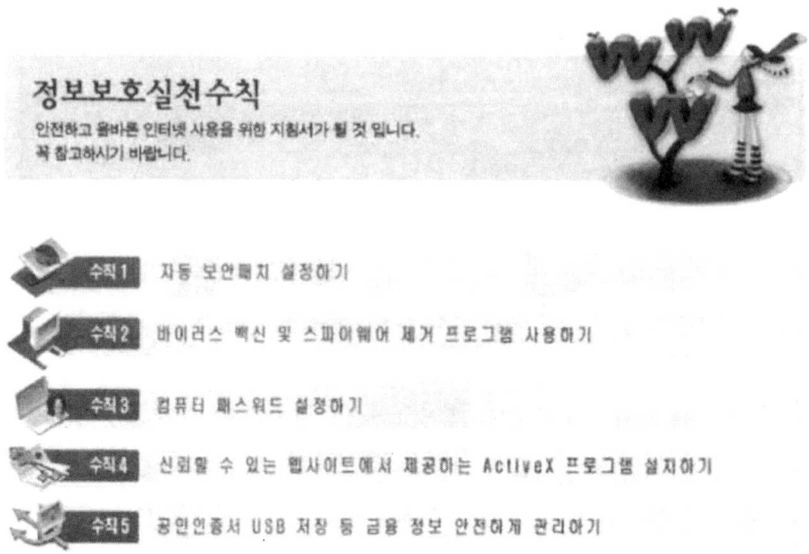

그림 9.3 정보보호 실천 5대 수칙

제14조 (타인의 대화비밀 침해금지)

① 누구든지 공개되지 아니한 타인간의 대화를 녹음하거나 전자장치 또는 기계적 수단을 이용하여 청취할 수 없다.

② 제4조 내지 제8조, 제9조제1항 전단 및 제3항, 제9조의2, 제11조제1항·제3항·제4항 및 제12조의 규정은 제1항의 규정에 의한 녹음 또는 청취에 관하여 이를 적용한다.

제15조 (국회의 통제)

① 국회의 상임위원회와 국정감사 및 조사를 위한 위원회는 필요한 경우 특정한 통신제한조치 등에 대하여는 법원행정처장, 통신제한조치를 청구하거나 신청한 기관의 장 또는 이를 집행한 기관의 장에 대하여, 감청설비에 대한 인가 또는 신고내역에 관하여는 방송통신위원회에 대하여 보고를 요구할 수 있다.

② 국회의 상임위원회와 국정감사 및 조사를 위한 위원회는 그 의결로 수사관서의

감청장비보유현황, 감청집행기관 또는 감청협조기관의 교환실 등 필요한 장소에 대하여 현장검증이나 조사를 실시할 수 있다. 이 경우 현장검증이나 조사에 참여한 자는 그로 인하여 알게 된 비밀을 정당한 사유없이 누설하여서는 아니된다.

③ 제2항의 규정에 의한 현장검증이나 조사는 개인의 사생활을 침해하거나 계속중인 재판 또는 수사중인 사건의 소추에 관여할 목적으로 행사되어서는 아니된다.

④ 통신제한조치를 집행하거나 위탁받은 기관 또는 이에 협조한 기관의 중앙행정기관의 장은 국회의 상임위원회와 국정감사 및 조사를 위한 위원회의 요구가 있는 경우 대통령령이 정하는 바에 따라 제5조 내지 제10조와 관련한 통신제한조치보고서를 국회에 제출하여야 한다. 다만, 정보수사기관의 장은 국회정보위원회에 제출하여야 한다.

제15조의2 (전기통신사업자의 협조의무)

① 전기통신사업자는 검사·사법경찰관 또는 정보수사기관의 장이 이 법에 따라 집행하는 통신제한조치 및 통신사실 확인자료제공의 요청에 협조하여야 한다.

② 제1항의 규정에 따라 통신제한조치의 집행을 위하여 전기통신사업자가 협조할 사항, 통신사실확인자료의 보관기간 그 밖에 전기통신사업자의 협조에 관하여 필요한 사항은 대통령령으로 정한다.

제16조 (벌칙)

① 다음 각호의 1에 해당하는 자는 10년 이하의 징역과 5년 이하의 자격정지에 처한다.

1. 제3조의 규정에 위반하여 우편물의 검열 또는 전기통신의 감청을 하거나 공개되지 아니한 타인간의 대화를 녹음 또는 청취한 자
2. 제1호의 규정에 의하여 지득한 통신 또는 대화의 내용을 공개하거나 누설한 자

②다음 각호의 1에 해당하는 자는 10년 이하의 징역에 처한다.

1. 제9조제2항의 규정에 위반하여 통신제한조치허가서 또는 긴급감청서등의 표지의 사본을 교부하지 아니하고 통신제한조치의 집행을 위탁하거나 집행에 관한 협조를 요청한 자 또는 통신제한조치허가서 또는 긴급감청서등의 표지의 사본을 교부받지 아니하고 위탁받은 통신제한조치를 집행하거나 통신제한조치의 집행에

관하여 협조한 자

2.제11조제1항(제14조제2항의 규정에 의하여 적용하는 경우 및 제13조의5의 규정에 의하여 준용되는 경우를 포함한다)의 규정에 위반한 자

③ 제11조제2항(제13조의5의 규정에 의하여 준용되는 경우를 포함한다)의 규정에 위반한 자는 7년 이하의 징역에 처한다.

④ 제11조제3항(제14조제2항의 규정에 의하여 적용하는 경우 및 제13조의5의 규정에 의하여 준용되는 경우를 포함한다)의 규정에 위반한 자는 5년 이하의 징역에 처한다.

제17조 (벌칙)

① 다음 각호의 1에 해당하는 자는 5년 이하의 징역 또는 3천만원 이하의 벌금에 처한다.

1. 제9조제2항의 규정에 위반하여 통신제한조치허가서 또는 긴급감청서등의 표지의 사본을 보존하지 아니한 자
2. 제9조제3항(제14조제2항의 규정에 의하여 적용하는 경우를 포함한다)의 규정에 위반하여 대장을 비치하지 아니한 자
3. 제9조제4항의 규정에 위반하여 통신제한조치허가서 또는 긴급감청서등에 기재된 통신제한조치 대상자의 전화번호 등을 확인하지 아니하거나 전기통신에 사용되는 비밀번호를 누설한 자
4. 제10조제1항의 규정에 위반하여 인가를 받지 아니하고 감청설비를 제조·수입·판매·배포·소지·사용하거나 이를 위한 광고를 한 자
5. 제10조제3항 또는 제4항의 규정에 위반하여 감청설비의 인가대장을 작성 또는 비치하지 아니한 자

5의2. 제10조의3제1항의 규정에 의한 등록을 하지 아니하거나 거짓으로 등록하여 불법감청설비탐지업을 한 자

6. 제13조제4항의 규정에 위반하여 통신사실확인자료를 제공받거나 제공한 자

② 다음 각호의 1에 해당하는 자는 3년 이하의 징역 또는 1천만원 이하의 벌금에 처한다.

1. 제3조제3항의 규정을 위반하여 단말기기 고유번호를 제공하거나 제공받은 자
2. 제8조제2항 후단 또는 제9항 후단의 규정에 위반하여 긴급통신제한조치를 즉시 중지하지 아니한 자
3. 제9조의2(제14조제2항의 규정에 의하여 적용하는 경우를 포함한다)의 규정에 위반하여 통신제한조치의 집행에 관한 통지를 하지 아니한 자
4. 제13조제7항의 규정에 위반하여 통신사실확인자료제공 현황등을 방송통신위원회에 보고하지 아니하였거나 관련자료를 비치하지 아니한 자

제18조 (미수범)

제16조 및 제17조에 규정된 죄의 미수범은 처벌한다.

부 칙

[2009.11.2 제9819호(군에서의 형의 집행 및 군수용자의 처우에 관한 법률)]

제1조(시행일)

이 법은 공포 후 6개월이 경과한 날부터 시행한다.

제2조부터 제4조까지 생략

연습문제

1. 통신비밀 보호법의 목적을 설명하시오.

2. 다음 용어중 검열, 감청에 대하여 설명하시오.

3. 감청설비 제외대상에 대하여 설명하시오.

4. 국가안보를 위한 통신제한조치의 허가요건에 대하여 설명하시오.

5. 통신제한 조치의 집행에 관한 규약을 종류별로 들어 설명하시오.

용어정리

- 가드밴드(guardband) : 전송 채널상에서 대역을 나눌 때 인접 대역과의 간섭을 방지하기 위한 공간이다.
- 가상 LAN(Virtual LAN : VLAN) : 네트워크 관리자로 하여금 그룹단위 혹은 세그먼트 포트 단위의 유용성을 보장하기 위해 논리적인 개별 스위칭동작을 하게 하는 스위칭 LAN의 옵션으로 표준은 IEEE 802.1Q이다.
- 가상회선(virtual circuit) : 전송초기에 논리적 접속에 이루어지는 패킷교환 체계로서 모든 전송 패킷은 같은 경로를 통해서 전달되기 때문에 주소정보가 필요치 않다.
- 가입자 회선(Local Loop) : 전화 기술에서의 가입자 회선은 전화회사로부터 각 가정 또는 회사의 가입자 전화기까지의 연결된 회선을 의미하며, 일반 공중통신망에서는 전화가입자와 교환기 사이의 접속 선로를 말한다.
- 개방시스템 상호연결 참조 모델(Open-System Interconnection Reference Model) : 통신을 위한 상호연결 시스템 사이의 표준 모델로서 통신기능의 7계층 구조를 가진다.
- 게이트웨이(gateway) : 상이한 통신구조를 사용하는컴퓨터망을 연결해주는 상호접속 장치이다.
- 경쟁 시스템(Contention System) : 하나의 채널을 복수의 사용자로 하여금 경쟁을 유발하여 사용하게 하는 시스템이다.
- 계층(layer) : 통신을 위한 전반적인 소프트웨어 하드웨어적인 사항의 여러 관련된 부분을 모아서 수직적 구조를 갖도록 한 것.
- 고속 이더넷(Fast Ethernet) : 기존의 LAN 구성, MAC 프로토콜, 프레임 형태등을 유지하면서 전송 거리를 줄여 100Mbps의 속도를 내는 전송기술이다.
- 고수준 데이터 링크 제어(HDLC : High-Level Data Link Control) : ISO에서 개발한 비트 중심형 동기식 데이터 링크 계층 프로토콜이다.
  SDLC에서 도출된 HDLC는 프레임 문자와 체크섬(checksum)을 사용하여 동기식

시리얼 링크에서 데이터 캡슐화 방식을 지정한다.

- 공통 채널 신호방식(common-channel signaling) : 주어진 경로에서 모든 채널의 제어신호를 전달하기 위한 방법이다.
- 광대역-ISDN(broadband Integrated Service Digital Network) : 광대역 네트워크에서 디지털 전송 서비스를 통합하기 위한 개념으로 ITU-T통신 표준이다. 본래의 IDSN보다 더 큰 전송채널을 제공한다.
- 광역통신망(WAN:Wide-Area Network) : 국가 및 대륙을 포함하는 방대한 지역에 걸쳐 사용자에게 서비스를 제공하는 네트워크를 말한다. SMDS, X.25등이 WAN의 예이다.
- 구상진폭변조(QAM) : 반송파의 세 특성(진폭, 주파스, 위상) 중 위상편이 변조와 진폭편이 변조의 복합형태를 취하여 디지털 신호를 아날로그 신호로 변환한다.
- 기가비트 이더넷(Gigabit Ethernet) : 고속 이더넷의 10배, 즉 1Gbps의 전송속도를 내는 고속 네트워크로 광 채널 기술과 CSMA/CD 기술이 접목된 형태를 띄고 있다.
- 기간 회선(Basic Trunk) : 회선망의 구성분류로서, 상위국과 하위국간에 연결되는 회선을 말한다.
- 내부 직접 다이얼링(direct inword dialing) : 교환원의 도움 없이 내부직접 전화를 특정의 사설교환기로 전달해 주는 서비스이다.
- 네트워트 운영 체제(NOS:network operating system) : 통신망을 관리하고 제어하도록 만든 시스템 소프트웨어이다. 예로서 LAN Manager, NetWare, NFS등이 있다.
- 네트워크 계층(Network Layer) : 논리적 물리적인 접속을 관리한다. 논리적 주소를 물리적 주소로 변환하거나 라우팅을 수행하며 IP 캡슐화(IP encapsulation)을 한다.
- 논리적 연결 제어(Logica Link Control : LPC) : 데이터링크 계층의 상위 계층으로 IEEE 802.2표준으로 각종 연결 방식에서 공통으로 사용하는 통신규약을 말하며 ISO 8802.2로 정의 되어 있다.
- 다중점(muiti-point) : 세 개 이상의 특정기기가 하나의 링크를 공유하는 방식이다. 다중점 환경에서의 채널의 용량은 공간적 혹은 시간적으로 공유한다.
- 다중접근 방식(Multi Access : MA) : 하나의 네트워크에 여러 개의 장치들이 연결되어, 네트워크를 공유하는 매체 접근 방식이다.

◈ 다중화(multiplexing) : 데이터를 전송 할 때, 두 개 이상의 데이터 전송이 한 매체를 통하여 가능할 수 있도록 여러 개 채널을 이용하여 전송하는 방법이다.

◈ 단국(End Office) : 회선망 계위 중 최하위의 국 계위로 가입자가 직접 연결되어 있는 교환국을 말한다.

◈ 대역제(Zone System) : 교환국과 그 교환국이 관할하는 구역(대역)을 서로 대응시켜 다단의 계층적 구조로서 망을 구성하는 방법을 말한다.

◈ 데이터 투명성(Data transparency) : 전송하고자 하는 데이터내에 프로토콜의 제어문자나 제어비트와 같은 것이 있을 때 이를 수신측이 제어용으로 오인하지 않도록 다른 제어문자로 구분짓는 것이다.

◈ 데이터 회선 종단 장비(DCE : Data Circuit-terminating Equipment) : 데이터 통신장비(data communication equipment)라고도 하며, DTE와 회선 사이에서 신호변환이나 코딩을 수행하는 장비이다. 때로는 회선 종단에서 수행되어져야 할 기능을 대신할 수 도 있다.

◈ 데이터그램(datagram) : 패킷교환 방식의 회선에서 발신지와 수신지 사이의 네트워크를 데이터 교환과 관계없이 이동하기 위한 모든 정보를 지닌 패킷이다.

◈ 도시권 통신망(MAN : Metropolitan-Area Network) : 한 대도시 지역 전체에 구축되어 있는 네트워크를 말하며, 일반적으로 MAN의 영역은 LAN보다는 크지만, WAN보다는 작다.

◈ 동기식 전송(synchronous transmission) : 문자 또는 비트들의 데이터 블록을 송수측의 기준 클럭으로 동기신호를 맞추어 전송하는 방법이다. 비동기식에 비해 전송효율이 높지만 비트 계산 및 문자 조립 과정이 필요하다.

◈ 동기화 : 송신장치와 수신장치 사이에서 데이터를 손실 없이 주고받기 위해서 수신자에게 시작과 끝을 알려주는 예비신호를 보내어 타이밍을 맞추는 것이다.

◈ 동축 케이블(Coaxial Cable) : 중심에 있는 구리 심선에 폴리에틸렌의 절연물로 감싸고, 다시 그물 모양의 외선으로 싼 다음 피복을 입힌 구조로 된 케이블이다. 장거리 전화망, 유선TV, LAN 등에 사용된다.

◈ 디지털 서비스 유니트(DSU:Digital Service Unit) : 컴퓨터나 각종 DTE에 있는 물리적인 인터페이스를 T1이나 E1과 같은 전송로에 접속하여 조정하는 디지털 전송에

서 사용되는 장치이다.

- 디지털 신호(digital signal) : 도파 매체를 통해 전송되는 일련의 전압펄스로서 이산적인 신호이다.
- 라우터(router) : 두 개의 네트워크를 연결하는 네트워크 접속장치로서 네트워크 계층의 정보를 기초로 네트워크간 패킷을 전송한다. 때때로 게이트웨이(gateway)라고도 한다.
- 라우팅(routing) : 여러 경로를 이용해서 패킷을 보낼 수 있을 때, 패킷을 보내기 위한 가장좋은 경로를 선택하는 것을 말한다.
- 로컬 액세스 및 전달영역(Local Access and Transport Area) : 표준광역 통계지역(Standard Metropolitan Statistical Area)과 일치하는 지역으로서 벨 시스템에 의해 서비스가 공급되던 지역은 약 160개 로컬 액세스 및 전달영역으로 분할되었다.
- 매체접근제어(Medium Access Control : MAC) : 한 매체를 여러 시스템들이 동시에 접근하여 사용할 때 일정 시점에 있는 어느 한 스테이션에게 매체에 대한 접슨 권한을 부여하는 것으로 CSMA/CD, 토큰 링, 토큰 버스 등이 있다.
- 멀티포인트 방식(Multi-point) : 2개 이상의 터미널이 하나의 통신회선에 연결되어 있는 방식으로 멀티드롭 방식이라고도 한다.
- 모뎀(Modulation/DEModulation : MODEM) : 컴퓨터의 이진신호를 통신회선상에 있는 아날로그 신호로 변조(Modulation)하고 또 회선상에 수신되어지는 아날로그 신호를 이진신호로 복조(DEModulation)하는데 사용되는 장비이다.
- 무선 LAN : 적외선 및 라디오 주파수와 같은 무선 전송매체를 이용하여 한정된 지역내에서 데이터 통신을 하는 LAN이다.
- 무선통신영역(radio communication) : 주파수 스펙트럼중에서 무선통신에서 주로 쓰이는 초저주파(VLF)로부터 극 초고주파(EHF)까지 정부 당국에 의해 규제되는 8개 대역을 말한다.
- 바이패스 회선(By-Pass Trunk) : 통신망에서 연결 대상이 되는 두 국 사이에 상당히 많은 트래픽이 존재하여 상위국을 경유하여 중계 전송하는 것보다 직통회선을 설치하여 전송하는 것이 경제적인 경우에 구성된다.
- 반송파(carrier wave) : 아날로그 전송에서 송신장치가 생산하는 전송 신호의 기반이

되는 고주파 신호이다.

- 반이중(half-duplex)전송방식 : 연결된 두 장치 간의 전송 방향이 한번에 한쪽 방향으로만 교대로 이루어지는 전송방식이다.
- 발산 적외선(Diffused Infrared) 기술 : 빌딩 혹은 벽과 같은 장애물이 있는 환경에서 송신기가 넓은 각도로 빛을 퍼트리기 위해 적외선을 광학적으로 발산시키는 기술이다.
- 방화벽(firewall) : 연결된 외부의 공공 네트워크와 내부의 네트워크 사이에 위치한 라우터나 연관 프로그램들로서 네트워크 보안성을 보장하기 위한 방법을 의미한다. 방화벽은 내부 네트워크와 외부망 사이에 위치하여 두 네트워크 사이를 오가는 패킷들을 검사하고 제어하는 기능을 제공한다.
- 버스트 모드(Burst Mode) : 기가비트 이더넷에서 캐리어 확장으로 인한 대역폭의 낭비를 위해 정의한 최대 전송 비트량만큼 연속적으로 전송하는 방식이다.
- 베이스밴드 전송방식 : 컴퓨터나 단말장치의 디지털 출력신호를 변조하지 않고 전송로를 통하여 그래도 전송하는 방식이다.
- 변조(Modulation) : 디지털 신호를 아날로그 신호로 변환하는 것이다.
- 보오 : 통신회선을 통하여 1초 동안에 전달되는 데이터 비트의 수이다.
- 복국지(Multiple-Office Area) : 한 개의 가입 구역에 2국 이상의 수용구역이 있는 가입 구역을 말한다.
- 복조(Demodulation) : 아날로스 신호를 디지털 신호로 변환하는 것이다.
- 부호화(encoding) : 신호를 특정한 형태의 부호의 나열로 표현하는 것이다.
- 브릿지(bridge) : 동일한 통신 프로토콜을 사용하는 두 네트워크 세그먼트 사이를 연결해 주는 장치이다. OSI 참조 모델의 데이터 링크 계층(2계층)에서 작동한다.
- 블루투스(Bluetooth) : 블루투스는 SIG에서 개발되고 있는 무선 통신 기술로 음성과 데이터 모두 전송가능하며 1Mbps의 전송속도를 낼 수 있다. 그리고 IEEE 802.11에서 표준화를 담당하고 있다.
- 비동기식 전송(asynchronous transmission) : 송신측의 송신 클럭과 관계없이 수신신호의 클럭으로 타이밍슬롯을 식별하여 한 문자씩 전송하는 방법이다. 대체로각 문자의 시작과 끝을 지정하는 스타트비트와 스톱비트를 사용하여 동기화한다.
- 비디오 텍스(videotex) : TV 수상기 및 컴퓨터 터미널을 전화회선과 연결하여 이용

자의 요구가있을 때, 정보센터 또는 외부 컴퓨터에 축적시킨 정보를 검출 송신하여 도형 문자로 재생하는 시스템이다.

- 비트 스터핑(Bit stuffing) : 전송될 프레임내의 데이터 부분에 제어비트 패턴(control bit pattern)과 동일한 것이 있다면 수신측은 이를 제어비트 패턴으로 인식하고 올바른 데이터 수신에 실패할 것이다. 이러한 현상을 방지하기 위하여 송신측에서 제이비트 패턴과 동일한데이터에 송수신측이 약속한 비트를 삽입함으로서 이러한 현상을 방지 하는 것이다.
- 비트율(bit rate) : 시간당 비트 간격의 개수로서 1초 동안 전송된 비트의 수를 의미하고 일반적으로 bps(bit per second)로 표현된다.
- 샤논의 샘플링 정이 : 샘플링 주기는 수신측에서 원래의 신호를 복원화 하기 위해 최소한 최고 주파수의 두배가 되어야 한다.
- 세션 계층(session layer) : OSI 참조 모델의 5계층으로서 애플리케이션들사이의 세션을 설정하고 유지하고 종료시키는 일을 하며, 프리젠테이션 계층의 객체들 사이의 데이터 교환을 위한 세션과 대화 방식도 결정한다.
- 소프트웨어 통신망(SDN:Software-Defined Network) : 사용자들이 사설 통신마처럼 사용할 수 있는 공중 패킷교환망으로서 서비스 공급자는 망을 감시하고 관리할 수 있다.
- 순서번호(Sequence number) : 전송할 각 프레임에 부여되는 일련번호이다. 이것은 주로 Sliding-window를 사용하는 네트워크에서 사용된다. 또한 포괄적 수신확인의 수단으로 사용된다.
- 순환 잉여 검사(Cyclic Redundancy Check : CRC) : 에러 검출코드 방식으로서 검사대상 비트를 미리 정해진 이진수로 나눈 후 나머지로 검사하는 방식이다.
- 스위칭 LAN : 스위칭 기술과 LAN이 접목된 것으로 LAN의 비효율적인 브로드캐스팅 혹은 멀티캐스팅의 한계를 Foeward 방식의 스위칭 기술로 극복하고 있다.
- 스위칭(switching) : 네트워크 전송을 위해 물리 링크들을 임시적으로 연결하여 더 긴 링크를 만드는 것을 말한다.
- 스펙트럼(spectrum) : 주파수의 범위를 뜻하는 말로 절대적이며 밀집해 있는 특성을 지니고 있다.

◆ 슬라이딩 윈도위 기법(Sliding-window Technique) : 전송스테이션이 윈도우 안에 순서화된 PDU를 동적으로 변화하면서 정송한다.

◆ 슬롯타임(Slot time) : LAN상에서 프레임의 충돌감지가 가능한 최대 지연 시간을 말한다.

◆ 시간 압축 다중화(Time-Compresing Multiplexing) : 단일 트위스티드페어(Twisted pair)를 통하여 전이중 디지털 데이터를 전송 시키는 수단으로서 데이터는 각 노드에서 버퍼링된 상태에서 데이터 전송속도를 두 배로 하여 차례로 전송하는 방법이다.

◆ 시내 교환기(Local Switch) : 주로 가입자선을 수용하는 교환기이다. 디지털 방식에서는 다중화된 채널이 수용된다.

◆ 시내 탄뎀국(Local Tandem Office) : 분국수가 20~30국 이상으로 구성되는 대규모 시내 전화망에서 국 사이의 경로수가 많아져서 생성되는 시내 중계교환기를 갖는 국이다.

◆ 시분할 교환(Time-division Switching) : 교환기의 통화로를 시간적으로 분할하여 다중으로 사용하는 교환방식이다.

◆ 시분할 다중화 교환(Time-multiplexing Switching : TMS) : 공간분할교환의 일종으로서 각 입력회선은 TDM의 흐름이다. 교환구성은 각 시간 슬롯에 따라 달라질 수 있다.

◆ 시스템 망 구조(System Network Architecture : SNA) : IBM과의 연결을 위해서 다른 업자들도 채택하고 있는 구조로서 IBM에 의해 구축된 통신 구조이다.

◆ 시외 교환기(Toll Switch) : 서로 다른 패쇄 번호 구역 상호간의 국 계위로서 집중국 이상에 설치되는 교환기이다. 보통 시의 발신 교환기 및 시외 착신 교환기의 두 가지 기능이 있다.

◆ 신호방식(Signaling) : 통신망에서 통신의 설정, 접속제어, 관리와 관련된 정보를 교환하는 방식을 말한다.

◆ 아날로그 데이터(Analog Data) : 진폭, 주파수, 주기의 특징을 가지고 있는 아날로그 신호이다.

◆ 아날로그 신호(analog signal) : 주파수에 따라 다양한 매체를 통해 전송되는 연속적

으로 변하는 전자기파를 나타낸다.

- 아날로그 전송(analog transmission) : 다양하게 구성된 아날로그 신호 진폭, 주파수, 위상 등을 통해 정보가 전달되는, 유선 또는 무선의 신호 전송이다.
- 아스키(American Standard Code for Information Interchange : ASCⅡ) : 미국의 정보 교환용 표준 부호이다. 문자 및 특수기호등에 대해 수의 값을 부여하는 방식이다. 128개의 표준집합과 또 다른 128개의 확장집합으로 총 256개로 구성되어 있다.
- 암호(Encryption) : 의미를 알 수 없는 형식으로 정보를 변환하는 것이다.
- 양극형(Bipolar) : 세 개의 전압을 사용하여 디지털 신호를 표현한다.
- 양자화(Quantization) : PAM 표본화에서 생성된 PAM 펄스를 정량화하는 단계이다.
- 영상응답시스템(VRS : Video Response System) : 대화형의 화상 정보시스템으로 보통 VRS로 약칭한다. VRS는 공중망을 사용하지만 비디오텍스(videotex)와는 다르게 광대역 전송로로 전송을 하기 때문에 문자, 도형뿐만 아니라 동화상 정보, 정지화상 정보 및 음성정보도 전송이 가능하다. 이러한 여러 가지 영상정보를 한곳에 모아놓고 필요에 따라 원하는 정보를 볼 수 있게 해주는 시스템으로 영화, 뉴스, 스포츠 등 여러 가지 영상 정보를 저장 하여 보관함으로써 필요할 때 정보를 선택하여 볼 수 있다. VOD(Video On Demand)도 같은 개념이다.
- 옥텟(Octet) : 8개의 2진수로 구성된 조합이다. 즉 바이트와 동일하다.
- 우편, 전신, 전화국(postal, telegraph and telephone : TTP) : 국가 기관이 운영하는 공공통신망을 말한다.
- 원격회의(teleconference) : 원거리에 떨어져 있는 다수의 인원이 원격 통신 시스템을 사용하여 회의를 할 수 있도록 하는 시스템을 말한다.
- 위상(Phase) : 주기적으로 반복되는 파형에서 한 순간에 다른 장소에서 동일한 파의 파형위치를 기준 위치와 비교했을 때 기준 위치에 대한 상대 위치이다.
- 위상 변조(PM) : 입력신호의 전압의 변화에 따라 반송파의 위상를 변조하는 방식이다.
- 위상편이변조(PSK) : 반송파의 위상을 변화시켜서 0과 1을 표현한다.
- 응답시간(Response Time) : 데이터 시스템에서 데이터가 전송된 이후에 반응이 시작되는 순간까지 걸리는 시간이다.
- 이더넷(Ethernet) : 미국의 DEC, 인텔, 제록스 3사가 공동 개발한 LAN모델로 IEEE

802.3 표준의 전신이다. 10Mbps의 전송속도를 내며 최대 1,024개의 스테이션을 연결할 수 있는 동축케이블 네트워크이다.

- 저역통과필터 : 일정 주파수 이하의 디지털 신호만 받아들여 아날로그 신호로 만든다.
- 전송계층(Transport Layer) : 데이터전송에 대한 관리를 한다. 데이터 전송이 성공적인지 실패인지에 따라 재전송을 수행하며 상위 계층에 대한 네트워크와의 독립성을 보장해 준다.
- 전신(Telegraph) : 문자나 숫자 및 기호 등을 부호화하여 무선 또는 유선으로 보내는 통신방식이다.
- 전이중(full-duplex) 전송방식 : 연결된 두 장치 간의 전송 방향이 동시에 양쪽 방향으로 이루어지는 전송방식이다.
- 전진에러정정기법(Forward Error Correction : FEC) : 에러정정이 가능한 코드들을 원시프레임에 삽입하여 전송하는 것으로 재전송으로 발생하는 대역폭의 낭비를 줄일 수 있다.
- 전파지연시간(Propagation delay time) : 데이터가 전송매체 내 또는 공중매체에 전파될E때 생기는 지연 시간이다.
- 정현파 : 주기적 아날로그 신호의 가장 근복적인 형태를 말한다.
- 종합정보 통신망(Intergated Service Digital Network : ISDN) : 전화, 전신, 텔렉스, 데이터, 비디오텍스 등의 각종 서비스를 종합적으로 제공하는 디지털 통신망이다.
- 주파수(frequency) : 초당 생성되는 사이클의 수를 의미하는 것으로 신호가 한 사이클을 이루는 데 걸린 시간의 양을 의미하는 주기와는 서로 역의 관계이다.
- 주파수 변조(FM) : 입력정보의 변화에 따라 주파수만 변화시켜 신호를 표현하는 방식이다.
- 진폭(amplitude) : 신호의 높이를 나타내는 것으로 임의의 점에서의 신호가 지니는 값이다. 단위로는 볼트, 암페어, 와트로 측정되는데, 이는 신호의 종류에 따라 달라지는 것으로 볼트는 전압, 암페어는 전류, 와트는 전력의 단위이다.
- 진폭변조(AM) : 입력정보의 변화에 따라 진폭만 변화시켜 신호를 표현하는 방식이다.
- 진폭편이 변조(ASK) : 0과 1을 표현하기 위해 반송파의 진폭만 변화시키는 방법이다.
- 채널용량 : 데이터를 전송할 수 있는 전송매체의 최대 비트율을 말한다.

◆ 캐리어 확장(Carrier Extension) : 기가비트 이더넷에서 기존 이더넷과의 호환성 및 충돌감지를 보장하기 위해 확장 비트(extension bit)를 추가하는 것이다.

◆ 캡슐화(encapsulation) : 데이터를 특정한 프로토콜 개체의 제어정보를 부가하는 것이다. 예를 들어, 이더넷 데이터는 네트워크 전송을 하기 전에 특정한 이더넷 헤더를 붙여야 한다.

◆ 코덱(CODEC) : 아날로그-디지털 변화와 디지털-아날로그 변화를 하나의 칩에서 수행하는 변복조기이다.

◆ 텔레텍스(Teletex) : 메시지 준비와 전송 설비를 제공하는 텍스트 통신 서비스를 말한다.

◆ 토큰 링(Token Ring) : 링 형태로 구성된 LAN 네트워크에서 토큰 패싱 방식을 사용하여 매체 접근 제어 방식이다.

◆ 토큰 버스(Token Bus) : 물리적으로는 버스 형태의 네트워크이지만 논리적으로 링 형태로 구성된 LAN상에서 토큰 패싱 방식을 사용하여 매체에 접근 하는 방식이다.

◆ 토큰 패싱(TOken Passing) : 네트워크에서 토큰의 순환을 제어하는 메커니즘이다.

◆ 통신 사업자(Common Carrier) : 미국에서의 장거리 전화 서비스를 제공하는 회사로서 연방정부 및 주 정부의 규제를 받는다.

◆ 통신망 구조(Communication Architecture) : 통신기능을 구현하기 위한 하드웨어와 소프트웨어 구조를 말한다.

◆ 트리(tree) : 네트워크 토폴로지 중 한 방식으로 주로 LAN에서 쓰인다. 이 방식에서 중앙 허브는 데이터를 전송하기 전에 받은 비트 패턴을 재생시키는 하드웨어 장치인 중계기를 포함하고 있는 능동적인 허브이다.

◆ 트위스티드 페어(Twisted-pair) : 잡음을 줄이기 위하여 두 개의 절연선을 꼬아서 만든 전송매체이다.

◆ 패리티 검사(Parity) : 에러검출의 한 방법으로 데이터의 1의 개수에 홀수인지 짝수인지를 판단해 한비트의 값(패리티 비트)을 추가하고, 수신측에서 다시 1의 개수를 세어 송신측과의 약속과 같은지 판단하는 기술을 말한다.

◆ 패킷교환(packet switching) : 전송 메시지를 패킷의 단위로 분할하여 통신망을 통하

여 전송시키는 방식이다. 이러한 패킷들은 송신지에서 수신지까지 중간노드들을 통하여 전송이 되며, 각 노드에서는 전체 메시지를 수신한 후에 잠시 저장하였다가 다음 노드로 전송한다.

- 펄스코드변조(PCM) : 아날로그 신호를 받아서 표본화, 양자화, 부호화 과정을 거쳐 디지털 신호로 변환하는 방식이다.
- 폭주에러(burst error) : 데이터 전송시에 한 무리의 데이터에 에러가 발생하는 것이다. 원인으로는 번개, 접촉불량, 릴레이 작동이상등이 있다.
- 표본화(Sampling) : 연속적인 아날로그 신호를 받아 불연속적인 진폭을 갖는 펄스를 생성하는 과정이다.
- 프레임(frame) : 네트워크 계층으로부터 받은 데이터(SDU)에 헤더(PCI)를 붙인 PDU를 말한다.
- 프로토콜(protocol) : 네트워크 상의 장치들이 정보를 교환할 때 적용되는 일련의 규칙이나 범례를 나타낸다.
- 프로토콜 데이터 단위(PDU : Protocol Data Unit) : 특정계층의 프로토콜 안에서 지정되는 데이터 단위이다.
- 프록시 서버(proxy server) : 단말 사용자와 인터넷 사이에서 중개자 역할을 수행하는 서버로서, 보안이나 관리적 차원에서의 통제 그리고 캐시 서비스 등을 제공한다. 내부의 네트워크를외부 네트워크와 분리시켜주는 게이트웨이 서버, 외부의 침입으로부터 보호하는 방화벽 서버 등과 관련이 있거나, 또는 그 일부가 된다.
- 피기백킹(Piggybacking) : 데이터 프레임에 확인응답을 포함시키는 것이다.
- 해밍 코드(Hamming code) : 1950년에 R.W. 해밍에 의해 고안된 에러정정 기법으로, 1비트에 대한 에러정정이 가능하다.
- 허브(Hub) : 다수의 독립적인 네트워크 모듈이나 인터네트워크 장비들을 연결시켜주는 장비이다. 일반적으로 성형 토폴로지 네트워크의 중심 역할을 하는 장치를 뜻한다.
- 홀수 패리티(Odd parity) : 패리티 비트를 부가하고자 하는 데이터내의 1의 개수가 짝수인 경우 홀수를 만들기 위해 패리티 비트는 1이 되고, 홀수라면 0이 된다.
- 회선교환망(Circuit Switching Network) : 발신 단말의 접속 정보로부터 교환기가 수신 단말기까지의 회선을 설정한 후에 통신 정보를 송수신하는 방식을 취하는 교환망이다. 이

런 망은 다량의 정보를 연속적으로 송수신하는 통신 서비스에 적합하다.

- 흐름제어(flow control) : 송신 개체와 수신 개체 사이에 전송되어지는 데이터의 양이나 속도를 제어하는 기능을 말한다.
- ARQ(Automatic Repeat reQuest) : 전송상에 발생할 수 있는 손실에 대해 송수신측이 검출하고 자동 재전송을 하거나 재전송 요청을 하여 에러를 정정하는 방식이다.
- Biphase : 동기화 문제를 해결하는 방법으로 비트의 중간에 다른 전압 레벨로 바뀐다.
- Bipolar AMI : 0전압은 0을 나타내고 (+), (-)전압은 1일 표현하는 방식이다.
- CDDI(Copper Distributed Data Interface) : 구리 케이블을 이용하여 FDDI를 구현한 것이다.
- Differential Manchester : 동기화를 위해 맨쳇터와 같이 비트 중간에서 전압이 바뀌는 것은 같지만 정해진 패턴이 있는게 아니라 0인 경우는 전 패턴을 그대로 유지하고 1인 경우에는 패턴이 반대로 바뀌게 된다.
- DTE : 컴퓨터나 단말기 같은 데이터 단말장치이다.
- FTP(File Transfer Protocol) : 인터넷에서 사용되는 파일전송 프로토콜로서 전송파일을 일정크기의 블록으로 나누어 전송하면서 통신중의 에러발생을 감시하고, 에러가 발생한 블록을 재전송하여 완벽한 통신을 수행할 수 있게 해주는 프로토콜이다.
- HDB3 : Bipolar AMI에서 연속적인 0이 나타날 때 발생하는 동기화 문제를 해결하는 방시으로 연속적인 0이 3개 이상 발생하지 않도록 한다.
- HIPERACCESS :최대 5Km 거리에 있는 중/소규모의 가입자를 연결하기위한 광대역 고정 무선 접속 기술(Broadband Fixed Wireless Access)이다.
- HomeRF : 가정내 또는 소규모 사무실에 데이터 통신과 음성 및 영상의 통합 통신망을 제공하기 위해 컴팩, 에릭슨, HP, IBM, 인텔 등의 통신 사업자들이 결성한 그룹명이다. 블루투스보다 전송거리가 길며 SWAP(Shared Wireless Access Protocol)라는 규격명이 있다.
- IEEE 802 표준 : NIC, 브리지, 라우터, 커넥터, 케이블 등과 같은 물리적인네트워크의 인터페이스, 시그널링 및 물리적인 네트워크와의 연결과 관련된 접근 방식 등에 대한 표준을 다루고 있다.
- IEEE 802.11a : 1999년 5GHz의 UNII(Unlicensed National Information

Infrastructure)대역에서 동작하는 고속 물리 계층에 대한 규정으로 직교 주파수 분할 다중화 방식을 사용한다.

- IEEE 802.11b : 기존의 802.11표준에 추가한 새로운 고속 물리 계층에 관한 규격으로 CCK변조 방식을 사용하여 최대 11Mbps의 속도를 내는 고속 무선 표준이다.
- LAN(Local Area Network) : 한정된 범위 내에서 여러대의 컴퓨터 혹은 통신기기들이 상호 연결되어 데이터 통신을 하는 네트워크를 말한다.
- Manchester : 동기화를위해 비트 중간에서 신호의 반전이 발생하게 한다.
- Non-persistent 방식 : CSMA/CD에서 프레임을 전송하기 위해 채널을 검사시 충돌이 발생하면, 임의의 시간을 대기한 후 다시 채널을 검사하는 방식이다.
- NRZ : 신호의 레벨이 항상 (+)이거나(-)전압 둘 중에 하나의 전압만이 나타난다.
- NRZ-1 : 0일때는 전 신호 레벨을 유지하고 1일 경우 신호 레벨을 반전 시킨다.
- NRZ-2 : 0을 나타내기 위해 하나의 전압 레벨로 정해지면 다른 하나의 전압 레벨이 1을 나타낸다.
- OSI 모델 : 하드웨어나 소프트웨어의 논리상의 변경없이 서로 다른 시스템간의 통신을 가능하게 하는 것으로 ISO에서 표준으로 제공하는 기본 참조 모델이다.
- PCI : 계층간의 통신에서 네트워크의 다른 지역에 있는 동일 계층에세 보내지는 정보를 말하며, 그 계층에게 어떤 서비스 기능을 수행하도록 지시하는 헤더역할을 한다.
- RZ : 매 비트마다 신호의 변화를 발생시켜 수신측에서 동기화 문제를 해결하는 방법이다.
- SDU : 계층간의 통신에서 N+1계층으로부터 N계층, N-1계층으로 계속 투명하게 전달되는 사용자 데이터를 말한다.
- X.500 : 인터넷 엑세스가 가능한 사용자는 누구라도 활용가능한 글로벌 디렉토리의 일부가 될 수 있도록 해주는 디렉토리 서비스의 표준 방식이다.

참 고 문 헌

1. 전기통신관계법령집
2. 왕지균. 전기통신법전. 한국통신학회
3. 왕지균. 정보통신법전. 한국통신학회
4. 통신관계법령. 문운당
5. 전파관계법규론. 동양과학사
6. 신현식 외 1인 전파관리법 강의. 대구. :학문사. 1980
7. 백영대. 국내전파법규. 전파과학사. 1978
8. 김응주. 국제전파관계법규. 동양과학사. 1978
9. 전파관리법 및 시행령. 체신부. 19
10. 신현식. 전파법규 및 통신보안. 조원사. 1981
11. 조정현. 전파법규 전파과학사. 1981
12. 김종철. 전파관리법 해설. 세문사. 1981
13. 조학현 외 1인. 선박통신 실무. 삼광출판사. 1983
14. 신현식. 전파통신관계법규 문답해설. 서울 일신 서적공사. 1978
15. 신현식. 무선설비 시험문답해설. 서울 일신 서적공사. 1979
16. 신현식. 전파통신 시험문답해설. 서울 일신 서적공사. 1979
17. 신현식. 텔렉스 시험문답해설. 서울 일신 서적공사. 1980
18. 신현식. 유선통신 시험문답해설. 서울 일신 서적공사. 1980
19. 신현식. 데이터 통신 시험문답해설. 서울 일신 서적공사. 1980
20. 신현식 외1인. 유선통신공학. 학문사. 1981
21. 신현식 외5인. 설비통신. 태화서림. 1983
22. 신현식 외1인. 통신술 강의. 형설출판사. 1983
23. 신현식 외5인. 전파통신문제와 해설. 태화. 1984

24. 신현식 외5인. 무선설비 문제와 해설. 태화. 1984
25. 신현식 외5인. 유선설비 문제와 해설. 태화. 1984
26. 신현식 외5인. 아마추어 무선문제와 해설. 학문사. 1983
27. 신현식 외5인. 무선설비 기능사 2급문제와 해설. 태화. 1984
28. 신현식 외5인. 전파통신 기능사 2급문제와 해설. 태화. 1984
29. 신현식 외5인. 무선설비 기사 문제와 해설. 태정. 1985
30. 신현식 외5인. 전파통신 문제와 해설. 석탑. 1985
31. 신현식 외5인. 무선설비 문제와 해설. 석탑. 1983
32. 정만영 외1인. 실용무선공학. 문운당.1975
33. 전파과학사편. 연습기초무선공학. 1979
34. 김응묵. 전자기능사실기. 성안당. 1980
35. 광운대학교 통신과학연구소. 통신종합실습. 문교부. 1989
36. 고진호. 전자사실기. 성안당. 1980
37. 민강찬. 유선,무선설비실기대비. 성안당. 1982
38. 황운택. 일반전자실험. 형설출판사. 1985
39. 전자통신공학총서편. 전자측정, 공중선과 전파전파. 조원사. 1989
40. 김천석. 일렉트로닉스. 문운당. 1990
41. 김영권. 통신전자공학. 형성출판사. 1985
42. 홍백용. 기초전자실험. 옴사. 1985
43. 검정기술편. 무선기기,무선측정 공중선과 전파전파. 세진사
44. 기사문제집시리즈1. 무선기기,무선측정. 상학당. 1983
45. 박광채. 전자회로연습. 학문사. 1985
46. 이정한. 디지털전자공학. 동양과학사. 1983
47. 윤현모. 무선통신기기. 동양과학사. 1976
48. 신용천. 유선 통신 공학. 문운당. 1986
49. KS총람. 한국공업표준협회. 1983
50. Telematics와 Data 통신. 한국통신학회. 1983
51. James Martin. 'Computer Networks and Distributed Processing'. Prentice-Hall. 1981

52. Dixon R.Doll. 'Data Communication'. John Wiley & Sons. 1978 Roger L.Freeman. 'Telecommunication System Engineering'. John Wiley & Sons. 1980
53. Josef Puzmanm. Radoslav Poriz다. 'Communication Control in Computer Networks'. John Wiley & Sons. 1979
54. D.W.Davies. D.L.A.Barber. W.L.Price. C.M.Solomonides. 'Computer Networks and Their Protocol'. John Wiley & Sone. 1979
55. John E.McNamara. 'Technical Aspects of Data Communication'. DEC. 1982
56. Franklin F.Kuo. 'Protocol and Techniques for Data Communication Networks'. Prentice-Hall. 1981
57. Cay Weitzman.'Distributed Micro/Minicomputer System'. Prentice-Hall. 1980
58. Mischa Schwartz. 'Computer Communication Network Design and Analysis'. Prentice-Hall. 1977
59. Trevor Housley. 'Data Communication and Teleprocessing System'. Prentice-Hall. 1979
60. J.J.Spilker. Jr. 'Digital Communication by Satellite'. Prentic-Hall. 1977
61. Vijay Ahuja. 'Design and Analysis of Computer Communication Network'. McGraw-Hill. 1982
62. Harold C.Folts. 'Data Communication Standards Edition Ⅱ'. McGraw-Hill. 1982
63. Harvery A. Freeman. Kenneth J.Thunder. 'Microcomputer Network'. IEEE Computer society press. 1981
64. Kennth J.Thunder. Harvery A.Freeman. 'Local Computer Networks'. IEEE. Computer society press. 1981
65. A.West. P.Janson. 'Local Networks for Computer Communication'. North-Holland. 1981
66. P.C.Ravasio. G.Hopkins. N.Naffah. 'Local Computer Networks'. North-Holland. 1982
67. IBM. 'Synchronous Data Link Control'. GA 27-3 093-1
68. IBM. 'System Network Architecture'. GC30-307 2-0
69. 'Datapro Solution(Communication Ⅰ,Ⅱ)'. Datapro reserach corporation
70. 'Data Communication Ⅰ,Ⅱ,Ⅲ'. Datapro reserach coporation
71. 신윤기. 전자회로의 입문. 인터비젼. 2003
72. 이상렬. 전자기학, 인터비젼. 2003
73. 김준년. 디지털공학. 인터비젼. 2003

74. 권용진. 현대암호이론. 인터비젼. 2003
75. 김남. 광통신. 인터비젼. 2003
76. 청문각. 정보통신과 뉴미디어. 1988
77. 박일. 이종원 공저. 전자교환기시스템. 청암. 1986
78. 성안당. 유선설비기사 1,2급 문제. 1983
79. 박두석외 1인. 정보통신개론. 도서출판 동광. 1996
80. 전순권외 1인. 정보산업. 금성교과서(주). 1995
81. 이기현외 3인. 정보산업. 교학사(주). 1995
82. 강창언외 2인. 데이터통신. 연세대학교 산업기술연구소. 1993
83. 신현식외 8인. 선박일반. 부산수산대학교. 1996
84. 신윤식외 3인. 정보사회론. 데이콤출판부 1992
85. 천조운. 초고속정보통신기반구축. 정보통신지. 한국통신학회. 1995
86. 양승택. 정보통신기술개발방향. 정보통신지. 한국통신학회. 1995
87. 임경순. 정보통신의 혁명. Smart & Soft. 1996. 3,4월호
88. 정보통신산업의 동향분석 및 시장전망. 한국전자통신연구소. 1992
89. 김 규. 방송미딩. 나남출판. 1996
90. 신현식. 선박일반. 교육부. 1997
91. 강창언. 정보통신이론. 복두출판사. 1996
92. 전용진. 경영정보와 통신. 학문사. 1996
93. 박관희. 경영정보시스템. 진영사. 1996
94. 이태원외 1인. EDPS요론. 학문사. 1984
95. 김학선외 1인. 정보통신기기. 광문각. 1996
96. 김용규. 하계세미나 자료 "CT-2 시스템의 기지국 구성에 관한 연구". SOS연구회. 1997
97. 이준용. 하계세미나 자료 "LAN 과 프로토콜". SOS연구회. 1996
98. 고남영 외 2인. 시공간적 상관성에 기반한 오디오 인덱싱. 한국해양정보통신학회. 1997

99. 신현식. 해상재해의 행정관리체제에 관한 연구. 경남대학교. 박사학위 청구논문. 1995
100. 신현식. 전파통신관계법. 학문사. 1997
101. 신현식. 소형선박에서 이용할 SHIP PHONE개발에 관한 연구. 한국해양정보통신학회. 1997
102. 신현식. 해상재해관리의 이론적 배경에 관한 연구. 여수대학교 논문집. 1997
103. 신현식. 해상재해 안전관리 시스템에 관한 연구. 여수대하교 논문집. 1998
104. 신현식.우리나라의 정보통신 산업정책에 관한연구. 여수대학교 논문집. 1999
105. 신현식. 해상재해의 정보망 구축에 관한 연구. 한국도서학회. 1999
106. 신현식외 1인. 무선통신기사 문제와 해설. 서울 진영사. 1999
107. 차동완. 정보통신세계. 영지문화사. 1999
108. 편집부. 전자정보통신편람. 기라리. 1999
109. 연세대학교. 무선공학. 교육부. 1993
110. 박장배 외 2인. 정보통신원론. 형설출판사. 1998
111. 이노우에 노부오. 정보통신뉴미디어 세계. 전자신문. 1995
112. 신현식. 해상무선통신의 정책에 관한 고찰. 한국해양정보통신학회 춘계학술대회논문집. 2000
113. 신현식. 재미있는 정보통신 이야기. 광문각. 2000
114. 송주석. 정보통신의 이해. 생능출판사. 2003
115. 교육인적자원부. 여수대학교 국정 도서 편찬 위원회. 전자 통신 공학, 2002
116. 교육인적자원부. 여수대학교 국정 도서 편찬 위원회. 전자 통신 기기. 2003
117. 교육인적자원부. 여수대학교 국정 도서 편찬 위원회. 전자 통신 운용. 2003
118. 신현식. 전파통신관계법규. 광문각. 2001
119. 신현식. 전파통신법과 운용. 광문각. 2002
120. 정진욱외 1인. 데이터통신. 생능출판사. 2002
121. 신현식. 우리나라의 해양종합정보망 시스템 구축 설계 방안. 한국해양정보통신학회 추계학술대회논문집. 2003

122. 신현식. 해상재해방지를 위한 안전통신망 네트워크 구축에 관한 연구. 한국해양정보통신학회 추계학술대회논문집. 2003
123. 박연식 외 1인 정보통신관계법 문운당 2009년
124. 김남선 외 2인 정보통신산업기사 필기 도서출판 세화 2003년
125. 교육과학기술부 부경대학교 국정도서편찬위원회 통신시스템 2009년
126. 고웅남 정보통신개론 한빛미디어 2009년
127. 김석태 외 3인 정보통신 GS인터비젼
128. 신현식 전자통신공학 교육과학기술부 2010년
129. 신현식 전자통신운용 교육과학기술부 2010년
130. 한국전파진흥원 전파 2009,2010년
131. 한국직업능력개발원 통신일반 교육인적자원부 2002년
132. 한국전파진흥협회 전파진흥 7.8월호 2010년

유비쿼터스시대의
정보통신 관련법

2010년 8월 25일 초판 인쇄

2010년 8월 31일 인쇄 발행

저　　자　신현식

발 행 인　송기수

발 행 처　도서출판 **GS인터비전**

편 집 처　도서출판 **GS인터비전**

인 쇄 처　삼성문화사

등록번호　제 2008 - 27호

I S B N　978-89-93668-60-5 (92560)

주　　소　서울 중랑구 묵동 신도브래뉴 1차 102동 1301호

전　　화　**02-976-7898, 0707-720-7898**

팩　　스　02-6468-7898

이-메일　gsinter7@chol.com

홈페이지　www.gsintervision.co.kr

정 가　18,000원